普通高等院校"新工科"建设特色系列教材

武器制造工艺学

杨 丽　柴小冬　胡 明　编著

北京理工大学出版社
BEIJING INSTITUTE OF TECHNOLOGY PRESS

内 容 简 介

本书是一部建立在机械制造工艺学基础上，把武器制造工艺特点、武器特殊结构制造工艺，以及传统和现代加工工艺基础联系在一起的跨学科的教材，吸收了不同学科的新理论、新材料、新工艺、新技术、新方法。本书共9章，内容包括：武器加工工艺基础、机械加工工艺设计、武器加工精度控制、机床夹具设计、机械加工表面质量控制、机器装配工艺设计、现代制造技术、武器身管制造工艺、武器系统的靶场试验与后勤保障，具备了基础性、实践性和跨学科的知识结构。

本书适合作为本科生和研究生兵器类专业相应课程的教材，也可供相关工程技术人员参考。

图书在版编目（CIP）数据

武器制造工艺学／杨丽，柴小冬，胡明编著. --北京：北京理工大学出版社，2022.8（2023.1 重印）
ISBN 978-7-5763-1658-2

Ⅰ. ①武… Ⅱ. ①杨… ②柴… ③胡… Ⅲ. ①武器装备-机械制造工艺-研究 Ⅳ. ①TJ05

中国版本图书馆 CIP 数据核字（2022）第 159092 号

出版发行／	北京理工大学出版社有限责任公司
社　　址／	北京市海淀区中关村南大街 5 号
邮　　编／	100081
电　　话／	（010）68914775（总编室）
	（010）82562903（教材售后服务热线）
	（010）68944723（其他图书服务热线）
网　　址／	http：//www.bitpress.com.cn
经　　销／	全国各地新华书店
印　　刷／	三河市天利华印刷装订有限公司
开　　本／	787 毫米×1092 毫米　1/16
印　　张／	18.25
字　　数／	429 千字
版　　次／	2022 年 8 月第 1 版　2023 年 1 月第 2 次印刷
定　　价／	48.00 元

责任编辑／高　芳
文案编辑／李　硕
责任校对／刘亚男
责任印制／李志强

前　言

随着科学技术的发展，现代机械制造业也得到了快速发展。未来战场对新型武器制造工艺的要求越来越高，新的制造工艺方法和手段层出不穷。武器使用时处于高过载、高温、高初速、火药腐蚀等非常恶劣的工作环境的特殊性，使得传统机械的制造工艺和制造方法并不适用于武器系统的全部零（部）件。因此，本书在传统机械制造工艺的内容基础上，将国内外最新的制造工艺理论、原理与方法臻选入书，结合现有的武器制造工艺的特点，将军工企业的武器生产工艺和生产流程作为教材的重点和特色。教材的编写，旨在落实"以本为本，四个回归"，固本强基，体现"实施工程教育、突出工程实践和社会实践"的人才培养模式内涵，与培养满足经济社会发展和国防现代化建设需要的高素质应用型人才的培养定位相吻合，注重学生获取知识、分析问题、解决工程技术问题的实践能力、综合素质与创新能力的培养。

本书是一部建立在机械制造工艺学基础上，把武器制造工艺特点、武器特殊结构制造工艺，以及传统和现代加工工艺基础联系在一起的宽口径、涉及不同学科的教材，吸收了不同学科的新理论、新材料、新工艺、新技术、新方法。本书具备基础性、实践性和跨学科的知识结构。在内容的编写上，本书重视基础性知识，对于目前仍广泛应用于现代机械制造业的传统常规工艺精选保留，对于过时的内容予以淘汰，同时重视跟踪科学技术的发展，既体现了常规制造技术与现代制造技术、材料科学、现代信息技术的密切交叉与融合，也体现了武器制造技术的历史传承和未来发展趋势，为学生进一步学习及今后从事机械和武器产品设计和加工制造方面的工作奠定基础。每章都附有本章知识小结和习题，便于学生把握每章内容的脉络、掌握学习要点，有助于培养学生综合分析和解决问题的能力。

本书中的名词术语采用国家最新标准，取材新颖，结构紧凑，文字简练，插图丰富，图文并茂。本书有一定的灵活性，在保证教学基本要求的前提下，各院校在安排课程内容时，可结合自己学校的情况来进行调整。

全书共分9章，由杨丽、柴小冬、胡明编著。杨丽编写了第1、2、6、8章，柴小冬

编写了第 3、4、5 章，胡明编写了第 7、9 章。全书由杨丽、柴小冬统稿。徐笑阳、常永卿、王野、李俊辰也为本书做了部分工作，在此表示感谢。

由于编者水平所限，本书难免存在不当之处，诚请读者提出宝贵意见。

编　者

2022 年 7 月

目　录

第1章　武器加工工艺基础 ································ （1）

1.1　武器加工工艺过程 ································ （1）

1.2　生产类型及其工艺特点 ························ （2）

1.3　机械零件的加工质量 ························ （4）

1.4　加工精度获得方法 ·························· （6）

1.5　机械加工工艺过程组成 ···················· （8）

1.6　设计基准与工艺基准 ······················ （12）

1.7　基本尺寸链理论 ···························· （15）

1.8　武器的生产特点 ···························· （18）

本章知识小结 ···································· （20）

习题 ·· （21）

第2章　机械加工工艺设计 ························ （22）

2.1　机械加工工艺规程 ·························· （22）

2.2　机械加工工艺性审查 ······················ （26）

2.3　毛坯的选择 ································ （32）

2.4　零件图加工分析 ···························· （34）

2.5　机械加工工艺过程设计 ···················· （41）

2.6　工序设计 ································ （47）

2.7　零件的机械加工结构工艺性 ················ （54）

2.8　工艺方案的生产率、技术经济分析和价值分析 ···· （59）

2.9　提高机械制造生产率的措施 ················ （64）

本章知识小结 ···································· （68）

习题 ·· （69）

第3章　武器加工精度控制 ························ （70）

3.1　影响机械加工精度的因素 ·················· （70）

3.2　工艺系统的几何误差及磨损 ·· (71)

3.3　工艺系统的受力变形 ··· (76)

3.4　工艺系统的热变形 ··· (80)

3.5　其他影响加工精度的因素及改进措施 ································ (83)

3.6　控制加工精度的途径 ··· (86)

本章知识小结 ··· (87)

习题 ··· (87)

第4章　机床夹具设计 ·· (88)

4.1　机床夹具概述 ··· (88)

4.2　工件在夹具中的定位 ··· (92)

4.3　定位误差的分析与计算 ·· (104)

4.4　工件在夹具中的夹紧 ·· (110)

4.5　各类机床夹具 ··· (116)

4.6　机床夹具的设计要求、步骤与实例 ·································· (126)

本章知识小结 ·· (129)

习题 ·· (130)

第5章　机械加工表面质量控制 ··· (131)

5.1　影响加工表面质量的因素 ··· (131)

5.2　机械加工中的振动 ·· (135)

5.3　控制机械加工表面质量的措施 ······································ (138)

本章知识小结 ·· (142)

习题 ·· (142)

第6章　机器装配工艺设计 ··· (143)

6.1　机器装配与装配精度 ·· (143)

6.2　装配的组织形式及生产纲领 ··· (147)

6.3　装配尺寸链 ··· (149)

6.4　保证装配精度的装配方法 ··· (153)

6.5　装配工艺规程设计 ·· (155)

6.6　机械零（部）件装配后的调试 ······································ (161)

6.7　机器的拆卸与清洗 ·· (164)

6.8　装配过程自动化 ·· (172)

本章知识小结 ·· (181)

习题 ·· (181)

第7章　现代制造技术 ·· (182)

7.1　特种加工方法 ··· (182)

7.2　CAD/CAM 集成 ·· (189)

7.3　成组技术 ··· (199)

7.4　柔性制造系统 ···（203）

7.5　快速成型技术 ···（206）

7.6　制造技术的发展 ···（216）

本章知识小结 ···（218）

习题 ···（219）

第8章　武器身管制造工艺 ···（220）

8.1　枪管和身管的结构与技术要求 ···································（221）

8.2　枪管和身管的材料和毛坯 ·······································（225）

8.3　枪管和身管的制造过程 ···（226）

8.4　枪管和身管的深孔钻削 ···（231）

8.5　枪管和身管的深孔铰削 ···（237）

8.6　枪膛的电解加工 ···（240）

8.7　挤压法形成膛线 ···（244）

8.8　弹膛的加工 ···（248）

8.9　枪管和身管的校直 ···（249）

8.10　枪管和身管的检验和试验 ·······································（250）

本章知识小结 ···（251）

习题 ···（251）

第9章　武器系统的靶场试验与后勤保障 ·······························（253）

9.1　武器的整体装配 ···（253）

9.2　武器靶场试验 ···（256）

9.3　武器的维修与维护 ···（258）

9.4　RMS 工程的发展 ···（263）

9.5　武器系统可靠性设计 ···（276）

本章知识小结 ···（283）

习题 ···（283）

参考文献 ··（284）

第1章
武器加工工艺基础

 1.1　武器加工工艺过程

任何机器都是由若干个甚至成千上万个零件组成的，其制造过程往往相当复杂，需要通过原材料的供应、保管、运输、生产准备、毛坯制造、机械加工、装配、检验、试车、涂装和包装等许多环节才能完成。

1. 生产过程

产品的生产过程是指由原材料到制成产品之间的各个相互联系的劳动过程的总和。生产过程示意图如图1-1所示。

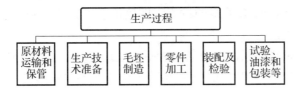

图1-1　生产过程示意图

产品的生产一般由多个工厂协作完成，一个工厂仅完成生产过程的某些阶段或生产某些零件或部件。这样的优点是：生产专业化、产品质量高，劳动生产率高和劳动成本低。例如：制造56式14.5 mm四联高射机枪的工厂本身只生产枪架的主要部分及进行整枪的装配，而枪身、瞄准具、轮胎、轴承、滚道用的滚珠都外协。

2. 工艺过程

工艺过程是指在生产过程中，通过改变生产对象的形状、尺寸、相互位置和性质等，使其成为成品或半成品的过程。工艺过程示意图如图1-2所示。

与原材料变为成品直接有关系的过程，即直接生产过程，包括铸造、锻造、冲压、焊接、机械加工、热处理、装配和涂装等，它是生产过程的主要部分。直接生产过程内容如图1-3所示。

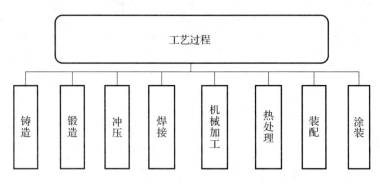

图1-2　工艺过程示意图

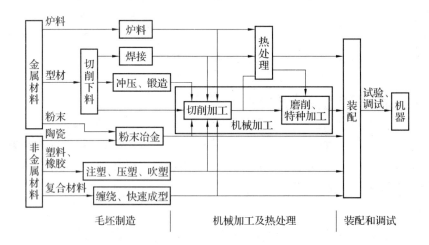

图1-3　直接生产过程内容

与原材料变为成品间接有关系的过程，即辅助生产过程，包括生产准备、运输、保管、机床与工艺设备维修等。

机械制造的工艺过程包括机械加工工艺过程(加工过程)和机械装配工艺过程。

机械加工工艺过程是指用机械加工的方法直接改变毛坯的形状、尺寸、相对位置和性质等，使之成为合格零件的工艺过程。加工过程直接决定零件和机械产品的质量，对产品的成本和生产率都有较大影响，是整个工艺过程的重要组成部分。

1.2　生产类型及其工艺特点

▶▶▶ 1.2.1　生产纲领 ▶▶▶ ▶

机械零件生产的工艺特点与该零件的生产类型有直接关系。同一种零件的生产类型不同，其生产工艺也会不同。产品的批量是划分生产类型的主要依据之一。确定产品批量的依据则是生产纲领。

生产纲领是指企业在计划期内应当生产的产品产量和进度计划，计划期通常为1年，故生产纲领也称为年产量。对零件而言，产品的产量除了制造机器所需的数量之外，还包

括一定的备品和废品，因此零件的生产纲领计算公式为

$$N = Q_n(1+a)(1+b)$$

式中：N——零件年产量，件/年；

Q——产品年产量，台/年；

n——每台产品零件数，件/台；

a——备品率；

b——废品率。

▶▶▶| 1.2.2　生产类型 ▶▶▶▶

生产类型是指企业生产专业化程度的分类。生产类型可以分为单件生产、大量生产、批量生产。生产类型的划分具有相对性，它与产品种类及所属行业类型有一定关系。

(1) 单件生产：单个生产不同结构和尺寸的产品，产品生产很少重复甚至不重复。例如：新产品试制，维修车间的配件制造和重型机械样机的制造，大型船只、人造卫星、航空母舰、核潜艇等的生产。生产特点：产品种类较多，而同一产品的产量很小，工作地点的加工对象经常改变。

(2) 大量生产：同一产品的生产数量很大，大多数工作地点经常按一定节奏重复进行某一零件的某一工序的加工。例如：紧固件、轴承等标准件的专业化生产，汽车、自行车、自动步枪、冲锋枪等的生产。生产特点：同一产品的产量大，工作地点较少改变，加工过程重复。

(3) 批量生产：一年中分批轮流制造几种不同的产品，每种产品均有一定的数量，工作地点的加工对象周期性地重复。例如：机床、机车、重机枪、大口径机枪、火炮等的生产。生产特点：产品种类较少，有一定的生产数量，加工对象周期性地改变，加工过程周期性地重复。

根据零件或产品批量的大小，批量生产分为：大批量生产、中批量生产、小批量生产。大批量生产发展成大量生产。产量越大，生产的专业化程度越高；小批量生产发展成单件生产，更注重对单件零件或产品的特殊要求。

生产类型与生产纲领的关系如表 1-1 所示。

表 1-1　生产类型与生产纲领的关系

生产类型		生产纲领（件/年或台/年）		
		重型（>30 kg）	中型（4 ~ 30 kg）	轻型（<4 kg）
单件生产		<5	<10	<100
批量生产	小批量生产	5 ~ 100	10 ~ 200	100 ~ 500
	中批量生产	100 ~ 300	200 ~ 500	500 ~ 5 000
	大批量生产	300 ~ 1 000	500 ~ 5 000	5 000 ~ 50 000
大量生产		>1 000	>5 000	>50 000

▶▶▶| 1.2.3　生产类型的工艺特点 ▶▶▶▶

几种生产类型的工艺特点如表 1-2 所示。

表1-2 几种生产类型的工艺特点

项目	生产类型		
	单件或小批量生产	中批量生产	大批量或大量生产
零件数量及其变换	数量少、常变换	数量中等,周期性变换	数量大,固定不变
毛坯制造方法	铸件用木模手工造型,锻件用自由锻	部分铸件用金属模造型,部分锻件用模锻	铸件广泛用金属模机器造型,锻件广泛用模锻
零件互换性	无须互换,修配法装配	大部分零件有互换性,少数用修配法	全部零件有互换性,某些精度高的装配采用分组装配
机床类型及其布置	通用机床,"机群式"排列	部分通用机床、部分专用机床,零件加工分"工段"排列	专用机床和自动机床,流水线形式排列
加工方法	试切法	大部分调整法,其余部分采用试切法	调整法(且自动化加工)
机床夹具	通用夹具	大量采用专用夹具,部分采用通用夹具	广泛采用专用夹具
刀具和量具	通用刀具和量具	较多采用专用刀具和量具	广泛采用高生产率的专用量具和刀具
操作者水平	需要技术熟练的技术工人	需要一定熟练程度的技术工人	机床调整者能力水平高,机床操作者能力水平低
工艺文件	简单的工艺过程卡	详细工艺过程卡或工艺卡,重要零件有详细工序卡	工艺过程卡、工艺卡、工序卡、操作卡和调增卡等详细工艺文件
生产率	低	中	高
成本	高	中	低

1.3 机械零件的加工质量

机械零件加工质量包括零件的加工精度和零件的加工表面质量。

▶▶▶ 1.3.1 加工精度的含义 ▶▶▶

加工精度是指零件加工后的实际几何参数(包括尺寸、形状和位置)对理想几何参数的符合程度。加工精度包括尺寸精度、形状精度和位置精度。

尺寸精度是指加工后零件表面本身或表面之间实际尺寸与理想尺寸之间的符合程度。其中,理想尺寸是指零件图上所标注的有关尺寸的值。

形状精度是指加工后零件表面实际形状与表面理想形状之间的符合程度。其中,表面理想形状是指绝对准确的表面形状，如圆柱面、平面、球面、螺旋面等。

位置精度是指加工后零件表面之间实际位置与表面之间理想位置的符合程度。其中，表面之间理想位置是绝对准确的表面之间的位置，如两平面垂直、两平面平行、两圆柱面同轴等。

▶▶▶ 1.3.2　加工表面质量及其对零件使用性能的影响 ▶▶▶ ▶

1. 加工表面质量

加工表面质量包括加工表面的几何形貌和表面层的物理力学性能。

1）加工表面的几何形貌

加工表面的几何形貌是由加工过程中的刀具与被加工工件的相对运动在加工表面上残留的切痕、摩擦、切屑分离时的塑性变形以及加工系统的振动等因素的作用，在工件表面上留下的表面结构。加工表面的几何形貌包括表面粗糙度、波度、纹理方向等，如图1-4所示。

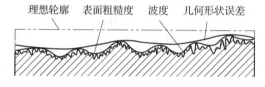

图1-4　加工表面的几何形貌图

表面粗糙度是加工表面的微观几何形状误差，表面粗糙度的波距小于1 mm。波度是波距在1～10 mm范围的加工表面不平度，它是由机械加工中的振动引起的。几何形状误差是波距大于10 mm的加工表面不平度，如圆度误差、圆柱度误差等。纹理方向是机械加工时在零件加工表面形成的刀纹方向，它取决于表面形成过程中所采用的机械加工方法。

2）表面层的物理力学性能

来源于机械加工中力因素和热因素的综合作用。

(1) 表面层金属的冷作硬化。表面层金属硬度的变化用硬化程度和深度两个指标来衡量。机加中工件表面层的金属会有一定程度的冷作硬化，使表面层金属的显微硬度有所提高。一般硬化层深度可达0.05～0.3 mm；若采用滚压加工，深度可达几毫米。

(2) 表面层金属的金相组织变化。机械加工过程中，切削热会引起金相组织变化。

(3) 表面层金属的残余应力。由于切削力和切削热的综合作用，金属晶格会发生不同程度塑性变形或产生金相组织变化，使表层金属产生残余应力。

2. 加工表面质量对零件使用性能的影响

加工表面质量对零件使用性能的影响包括对零件耐磨性的影响、对零件耐疲劳性的影响、对零件耐蚀性的影响和对零件配合质量的影响。

1）对零件耐磨性的影响

(1) 表面粗糙度对零件耐磨性的影响。表面粗糙度对零件表面磨损的影响很大。表面越粗糙，有效接触面积越小，使微观凸峰很快被磨掉。若被磨掉的金属微粒落在相配合的摩擦表面之间，则会加速磨损过程，即使在有效润滑的情况下，也会因为接触点处压强过大破坏油膜，产生磨粒磨损。

一般，表面粗糙度越小，耐磨性越好。但是，表面粗糙度太小，有效接触面积会随磨损的增加而增大，这是因为表面粗糙度过小，零件间的金属微观粒子间亲和力增加，表面的机械咬合作用增大，使润滑液不易储存，磨损反而增加。表面粗糙度与磨损量的关系如图1-5所示。

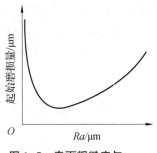

图1-5　表面粗糙度与磨损量的关系

（2）表面纹理对零件耐磨性的影响。表面纹理形状及刀纹方向会影响有效接触面积与润滑液的存留，它们对零件耐磨性有影响。一般来说，尖峰状的表面纹理的摩擦副接触面压强大，零件表面的耐磨性较差；圆弧状、凹坑状表面纹理的摩擦副接触面压强小，零件表面耐磨性好。在运动副中，两相对运动零件表面的刀纹方向均与运动方向相同时，耐磨性最好；均与之相垂直时，耐磨性最差；其余情况居中。

（3）表面层的物理力学性能对零件耐磨性的影响。一般地，表面层金属的冷作硬化可以提高表层显微硬度，减少接触部分变形，从而提高零件的耐磨性。

2）对零件耐疲劳性的影响

（1）表面粗糙度对零件耐疲劳性的影响。表面粗糙度对承受交变载荷零件的疲劳强度影响很大。在交变载荷作用下，表面粗糙度大的零件容易产生疲劳裂纹，耐疲劳性较差；表面粗糙度小的零件表面缺陷少，耐疲劳性较好。

（2）表面层的物理力学性能对零件耐疲劳性的影响。表面层金属的冷作硬化一定会导致残余压应力的产生，残余压应力在一定程度上能够阻止疲劳裂纹的生长，可提高零件的耐疲劳性。

3）对零件耐蚀性的影响

（1）表面粗糙度对零件耐蚀性的影响。零件的表面粗糙度对耐蚀性影响很大。表面粗糙度小，有助于减少加工表面与外界气体、液体接触的面积，有助于减少腐蚀物质沉积，因此有助于提高耐蚀性。

（2）表面层的物理力学性能对零件耐蚀性的影响。当零件表面有残余压应力时，能够阻止表面裂纹的进一步扩大，有利于提高零件表面的耐蚀性。

4）对零件配合质量的影响

一方面，零件的表面粗糙度会影响零件磨损，间接影响零件配合质量；另一方面，零件的表面粗糙度会影响配合表面的实际有效接触面积，影响接触刚度。当承受较大载荷时，相配合的两个表面的微观变形较大，会对零件配合产生影响。

 # 1.4　加工精度获得方法

机械产品纷繁多样，零件的尺寸、形状千差万别，如何通过采用一定的加工方法来获得零件加工表面的尺寸精度、形状精度及位置精度？本节就将介绍这些知识。

▶▶▶ 1.4.1　零件尺寸精度的获得方法 ▶▶▶▶

在机械加工中，获得零件尺寸精度的方法主要有试切法、调整法、定尺寸刀具法和自动控制法。

1. 试切法

试切法是最早采用的获得零件尺寸精度的加工方法，同时也是目前常用的能获得高精度尺寸的主要加工方法之一。

所谓试切法，即在零件加工过程中不断对已加工表面的尺寸进行测量，以测得数据为依据调整刀具相对工件加工表面的位置，进行尝试切削，直至达到工件要求尺寸精度的加工方法。例如：轴类零件上轴颈尺寸的试切车削加工和轴颈尺寸的在线测量磨削、箱体零件孔系的试镗加工及精密量块的手工精研等都是采用试切法加工。

2. 调整法

调整法是在成批生产条件下经常采用的一种加工方法。调整法是按试切好的工件尺寸、标准件或对刀块等调整并确定刀具相对工件定位基准的准确位置，在保持此准确位置不变的条件下，对一批工件进行加工的方法。例如：在多刀车床或六角自动车床上加工轴类零件，在铣床上铣槽，在无心磨床上磨削外圆及在摇臂钻床上用钻床夹具加工孔系等都是采用调整法加工。

3. 定尺寸刀具法

定尺寸刀具法是在加工过程中依靠刀具或组合刀具的尺寸保证被加工零件尺寸精度的一种加工方法。例如：用方形拉刀拉方孔，用钻头、扩孔钻或铰刀加工内孔，用组合铣刀铣工件两侧面和槽面等都是采用定尺寸刀具法加工。

4. 自动控制法

自动控制法是在加工过程中，通过由尺寸测量装置、动力进给装置和控制机构等组成的自动控制系统，使加工过程中的尺寸测量、刀具的补偿调整和切削加工等一系列工作自动完成，从而自动获得所要求尺寸精度的一种加工方法。例如：在无心磨床上磨削轴承圈外圆时，通过测量装置控制导轮架进行微量的补偿进给，从而保证零件的尺寸精度；在数控机床上，通过数控装置、测量装置及伺服驱动机构控制刀具在加工时应具有的准确位置，从而保证零件的尺寸精度等都属于采用自动控制加工。

▶▶▶ 1.4.2　零件形状精度的获得方法 ▶▶▶ ▶

在机械加工中，获得零件形状精度的方法主要有成型运动法和非成型运动法两种。

1）成型运动法

成型运动法是以刀具的刀尖为一个点相对工件做有规律的切削成型运动，从而使加工表面获得所要求形状的加工方法。刀具相对工件运动的切削成型面即工件的加工表面。虽然机器零件的形状可能差别很大，但它们的表面一般由几种简单的几何形面及其组合构成。圆柱面、圆锥面、平面、球面、螺旋面和渐开线面等及它们的组合构成了常见零件的表面形状，上述典型几何形面都可通过成型运动法加工出来。

为了提高效率，在生产中往往不是使用刀具刃口上的一个点，而是采用刀具的整个切削刃口加工工件，如采用拉刀、成型车刀及宽砂轮等对工件进行加工。上述情况下，由于制造刀具刃口的成型运动已在刀具的制造和刃磨过程中完成，故可明显简化零件加工过程中的成型运动。采用宽砂轮横进给磨削、成型车刀切削及螺纹表面的车削加工等，都是刀具刃口的成型加工和提高生产效率的实例。

通过成型刀具相对工件所做的展成啮合运动，还可以加工出形状更为复杂的几何形面。例如：各种花键表面和齿形表面就常常采用展成法加工，刀具相对工件做展成啮合的成型运动，其加工后的几何形面即刀刃在成型运动中的包络面。

2）非成型运动法

采用非成型运动法加工零件形状时，零件表面形状精度的获得不是依靠刀具相对工件的准确成型运动，而是依靠在加工过程中对加工表面形状的不断检验和工人对其进行精细修整。虽然非成型运动法是获得零件表面形状精度最原始的加工方法，但是它现在仍然是某些复杂的形状表面和形状精度要求很高的表面的加工方法。精研高精度测量平台、精研具有较复杂空间型面的锻模、手工研磨精密丝杠等都是采用非成型运动法加工的实例。

▶▶▌1.4.3 零件位置精度的获得方法 ▶▶ ▶

在机械加工中，获得零件位置精度的加工方法主要有一次装夹获得法和多次装夹获得法两种。

1）一次装夹获得法

一次装夹获得法是指零件有关表面间的位置精度是在同一次装夹中，由各有关刀具相对零件的成型运动之间的位置关系保证的。加工轴类零件时，零件主要外圆、端面和端台均在一次装夹中加工完成，则可以保证它们的同轴度、垂直度等位置精度的要求；加工箱体零件时，将孔系中的重要孔安排在一次装夹中加工，可以保证孔间的同轴度、平行度和垂直度。

2）多次装夹获得法

如果零件复杂程度较高，在一次装夹中无法将主要表面全部加工完，则需要多次装夹才能完成主要表面的加工，这时零件位置精度的获得方法是多次装夹获得法。

采用多次装夹获得法加工时，零件有关表面间的位置精度是由刀具相对零件的成型运动与零件定位基准面(亦是零件在前几次装夹时的加工面)之间的位置关系保证的。例如：轴类零件上键槽对外圆表面的对称度，箱体平面与平面之间的平行度、垂直度，箱体孔与平面之间的平行度和垂直度等，均可采用多次装夹获得加工法。多次装夹获得法又可根据零件的不同装夹方式分为直接装夹法、找正装夹法和夹具装夹法。

1.5 机械加工工艺过程组成

▶▶▌1.5.1 工序及其含义 ▶▶ ▶

工序是一个或一组工人，在相同的工作地对同一个或同时对几个零件连续完成的那部分工艺过程。零件的机械加工过程就是该零件加工工序的序列。工序是工艺过程的基本单元，也是生产计划、成本核算的基本单元。一个零件的加工过程需要包括哪些工序，由被加工零件的复杂程度、加工精度要求及产量等因素决定。例如：加工一个阶梯轴(尺寸图见图1-6)，在加工之前就要设计好需要的工序，按部就班地完成加工过程，而为了描述其生产工艺问题，则须进一步将工序进行细致划分。

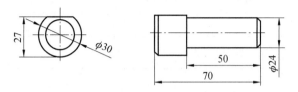

图1-6　阶梯轴尺寸图

1.5.2　工序的层次关系

为了更精确地描述生产过程的工艺问题，可以将工序细分为安装、工位、工步、走刀等，它们的层次关系大致如图1-7所示。

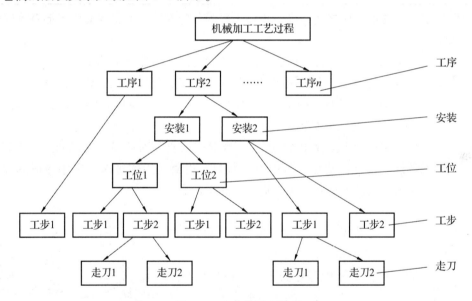

图1-7　工序的层次关系

以加工图1-6所示的阶梯轴为例：通常情况下，单件生产时，工艺过程需要2个工序，如表1-3所示；小批量生产时，工艺过程需要3个工序，如表1-4所示；大批量生产时，工艺过程需要5个工序，如表1-5所示。可以看出，随着生产量的增加，所需的工序数量也在逐渐增加。

表1-3　单件生产阶梯轴的工艺过程

工序	工序内容	机床	夹具
1	车大端面，车大外圆和倒角。车小端面，车小外圆和倒角	车床	三爪自定心卡盘
2	铣平面、去毛刺	铣床	平口钳

表 1-4　小批量生产阶梯轴的工艺过程

工序	工序内容	机床	夹具
1	车大端面，打中心孔。调头安装，车小端面，打中心孔	车床	自定心卡盘
2	车大外圆和倒角。调头安装，车小外圆和倒角	车床	专用夹具
3	铣平面、去毛刺	铣床	平口钳

表 1-5　大批量生产阶梯轴的工艺过程

工序	工序内容	机床	夹具
1	同时铣两端面，同时打两端面中心孔	组合机床	多工位专用夹具
2	车大外圆和倒角	车床	专用夹具
3	车小外圆和倒角	车床	专用夹具
4	铣平面	铣床	专用夹具
5	去毛刺	钳工台	—

设置好加工工件的工序之后，进一步将工序细分为安装、工位、工步、走刀等过程。

1）安装

安装指在一道工序中，工件经一次定位夹紧后所完成的那一部分工序内容。安装原指工件在机床上的固定与夹紧，在机械制造工艺学中，安装概念被赋予新的内涵，其内容是一部分工序内容。例如：表 1-3 中工序 1 是两个安装，表 1-4 中工序 1 和 2 都是两个安装，表 1-5 中各工序都是一个安装。

在大批量生产中，减少工序中安装数目，将增加工件每次装夹中完成的加工内容，有助于提高和保证加工精度；增加工序中安装数目，将简化工件每次装夹中完成的加工内容，可以提高机械加工的专业化分工，进而提高生产率。

2）工位

在工艺过程的一个安装中，通过分度（或移动）装置，使工件相对于机床床身变换加工位置，则把每一个加工位置上的一部分安装内容称为工位。在机械制造工艺学中，工位概念是机床夹具的工位概念的转义，专指在某工位上完成的工艺过程，其内容是一部分工序内容。由于阶梯轴涉及的工位较少，为了更好地理解多工位加工，图 1-8 给出了夹具具有 4 个工位的加工示意图。

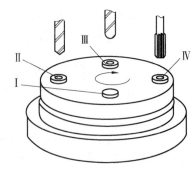

图 1-8　多工位加工示意图

图 1-8 中为依次顺时针旋转，在每一个工位完成一定的工序内容：工位 I，装夹与卸下工件；工位 II，钻孔；工位 III，扩孔；工位 IV，铰孔。

3）工步

工步是指在加工表面、刀具和切削用量（不包括背吃刀量）均保持不变的情况下所完成的那一部分工序内容。加工表面、刀具和切削用量（切削速度和进给量）构成工步三要素。

三要素中的任一要素发生变化，则变为另一工步。

在多刀车床、转塔车床的加工中经常出现这种情况：为了节约机动时间，提高生产效率，经常出现用几把刀具同时分别加工几个表面的工步，这种工步称为复合工步。如果需要大批量加工阶梯轴，同样需要多工位专用夹具与组合机床相互配合的复合工步，其工艺过程如表1-5所示。

表1-5中，工序1被划分为两个复合工步：工步1为同时铣削两端面；工步2为同时打两端面中心孔。之后依次按照各个工序内容进行加工，直至完成阶梯轴的生产。

在其他工艺文件上，复合工步也被视为一个工步，如图1-9所示的复合工步就是用两把车刀和一个钻头共同加工工件。

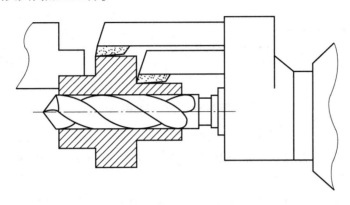

图1-9 复合工步示意图

4）走刀

在一个工步内，因加工余量较大，需用同一刀具在同一转速及进给量的情况下对同一表面进行多次切削，每次切削称为一次走刀。图1-10即为需要对工件的同一个表面进行多次切削、多次走刀的走刀示意图。

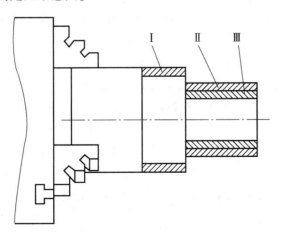

图1-10 走刀示意图

走刀是构成机械加工过程的最小单元。图1-10所示加工含两个工步：工步1只有一个走刀（Ⅰ）；工步2有两个走刀（Ⅱ和Ⅲ）。

在实际生产中，绝大多数零件都不是单独在一种机床上，采用某一种加工方法就能完成的，而是要经过一系列的工艺过程才能完成。在每一个工艺过程中，又包含了一系列的工序。

工序是工艺过程的基本组成部分，也是安排生产计划的基本单元。以单件、小批量生产小轴的工艺过程为例，小轴尺寸图如图 1-11 所示。

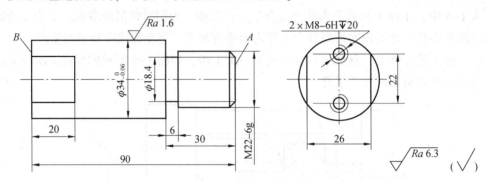

图 1-11 小轴尺寸图

生产小轴的工艺过程包括了以下 5 道工序：①车削加工(外圆、端面、螺纹等)；②钳工划线(两扁平面加工线及 2×M8-6H 中心线)；③铣两扁平面；④钻 2×M8-6H 底孔；⑤攻 2×M8-6H 螺纹。

在一道工序中，可能包含有几个安装。例如，图 1-11 所示小轴的车削加工工序即包含了以下两个安装：①用自定心卡盘夹持小轴 A 端外圆，车 φ34 外圆并车 B 端端面；②用自定心卡盘夹持小轴 B 端 φ34 外圆，车 A 端端面至要求尺寸，车螺纹及退刀槽。

每次安装中又包含有若干个工步。例如，图 1-11 所示小轴的车削加工工序的安装①中即包含了以下 3 个工步：①粗车 φ34 外圆；②精车 φ34 外圆；③车 B 端端面。

进行工艺设计时，需要正确地选择材料，确定毛坯制造方法，选择与安排零件各个表面的加工方法及加工顺序，恰当地穿插材料的改性工艺，才能获得一个满意的工艺方案。对于一个具体的零件来说，往往可以采用不同的工艺方案进行加工。这样，就必须综合分析比较各种工艺方案对质量保证的可靠性、生产率的高低、效益的好坏、安全性及对环境的影响，从而确定一个最满意而又切实可行的工艺方案。

工艺方案确定以后，应用图表(或文字)的形式写成文件，加以固定，用于指导生产。这种工艺文件称为工艺规程。生产必须严格遵照工艺规程执行，但工艺规程也不是一成不变的。在生产中，应该根据现场的执行效果和技术的进步，按照规定的程序，对工艺规程进行不断修改和完善。根据工艺过程的不同性质，机械制造工艺规程又可分为毛坯制造工艺规程、机械加工工艺规程、热处理工艺规程和装配工艺规程。

1.6　设计基准与工艺基准

基准是指用来确定生产对象上几何要素间的几何关系所依据的那些点、线、面。按用途和作用，基准可分为设计基准和工艺基准两大类，如图 1-12 所示。

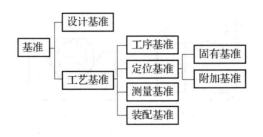

图1-12 基准的分类

1.6.1 设计基准 ▶▶▶ ▶

设计基准指设计图样上所采用的基准。设计基准可以有多种选择，不同的设计基准对应不同的标注方式。图1-13给出了采用不同设计基准的设计图样。

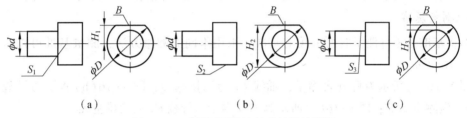

图1-13 采用不同设计基准的设计图样

（a）以轴线 S_1 为设计基准；（b）以母线 S_2 为设计基准；（c）以母线 S_3 为设计基准

根据图1-13要确定平面 B 的位置，会出现3种不同的标注方式：H_1、H_2、H_3。

1.6.2 工艺基准 ▶▶▶ ▶

工艺基准指在工艺过程中所采用的基准。依据在工艺过程中的不同应用，工艺基准分为工序基准、定位基准、测量基准和装配基准。

1. 工序基准

工序基准是某一工序加工表面所要达到的加工尺寸（工序尺寸）的起点，在工序图上用于确定本工序所加工的表面，以及加工后的尺寸、形状、位置。

图1-14中，G_1 表面是 G_2 表面的工序基准。

2. 定位基准

定位基准是在加工过程中用作工件定位的基准。定位基准可以有多种选择，如图1-15所示。

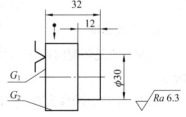

图1-14 工序图上的工序基准

图1-15（a）所示为三爪自定心卡盘夹持工件，轴线 W_1 为定位基准；图1-15（b）所示为V形块定位，轴线 W_2 为定位基准；图1-15（c）所示为台虎钳夹持工件大圆柱体，支撑钉定位，母线 W_3 为定位基准；图1-15（d）所示为台虎钳夹持工件小圆柱体，支撑钉定位，母线 W_4 为定位基准。

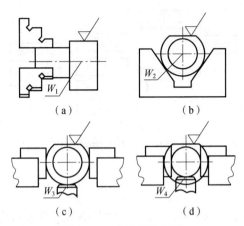

图 1-15   多种定位基准

(a)三爪自定心卡盘定位；(b)V 形块定位；(c)大圆柱体支撑钉定位；(d)小圆柱体支撑钉定位

3. 测量基准

测量基准是零件测量时所采用的基准。采用不同的测量方法，测量基准可以有多种，如图 1-16 所示。

图 1-16(a)所示为百分表测量，轴线 C_1 为测量基准；图 1-16(b)所示为量规测量，母线 C_2 为测量基准；图 1-16(c)所示为卡尺测量，母线 C_3 为测量基准。

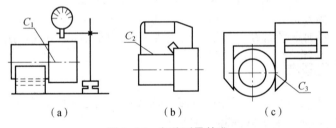

图 1-16   多种测量基准

(a)百分表测量；(b)量规测量；(c)卡尺测量

4. 装配基准

装配基准是装配时确定零件或部件在机器中的相对位置所采用的基准，如图 1-17 所示。

图 1-17 中，圆柱表面 Z_1 和端面 Z_2 为齿轮在轴上的装配基准。

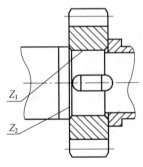

图 1-17   多种装配基准

1.7　基本尺寸链理论

零件结构要素间、零件和部件间的相互位置关系，也就是尺寸精度分析与计算的相关问题，需要借助尺寸链理论解决。

1.7.1　尺寸链的概念、组成及特性

1. 尺寸链的概念

尺寸链是指在机器装配或零件加工的过程中，由相互连接的尺寸形成的封闭尺寸组。

2. 尺寸链的组成

组成尺寸链的各个尺寸称为尺寸链的环。尺寸链的环可分为封闭环(Closing Link)和组成环(Component Link)。封闭环是尺寸链中最终间接获得或间接保证精度的那个环，换句话说，封闭环是在装配或加工过程中最后形成的一环。每个尺寸链中有且仅有一个封闭环。

若要正确进行尺寸链分析与计算，封闭环的判定非常重要。装配尺寸链中，封闭环是决定机器装配精度的环，换句话说，封闭环就是机器装配的精度要求或精度指标；工艺尺寸链中，封闭环必须在加工顺序确定后才能判断。

尺寸链中除封闭环以外的其他环都称为组成环。

组成环又分为增环(Increasing Link)和减环(Decreasing Link)。若在其他组成环不变的条件下，某一组成环的尺寸增大，封闭环的尺寸也随之增大，则称该组成环为增环；反之，则为减环。

尺寸链一般用尺寸链图表示，如图1-18所示。

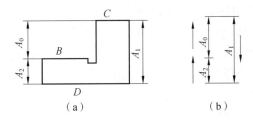

图1-18　尺寸链图

判断增环和减环的方法如下。

(1)利用增环和减环的定义。组成环中的某类环的变化引起封闭环的同向变动，为增环；反之，则为减环。

(2)利用尺寸链图可以判断各组成环是增环或减环。首先选定一个环绕方向，如顺时针方向。按照环绕方向，在尺寸链的封闭环和组成环上依次画上一个箭头，如图1-18(b)所示。凡是箭头方向与封闭环的箭头方向相反的组成环均为增环；反之，则为减环。

在尺寸链中判断和确定哪个是封闭环非常关键，其特点如下。

(1)封闭环是尺寸链中最终间接获得或间接保证精度的一环，也是在装配或加工过程中最后形成的一环。

(2)装配尺寸链中，封闭环保证装配精度的要求。

(3)工艺尺寸链中，通过加工方式间接得到的尺寸就是封闭环，例如：表面处理中，

渗入类(渗后需要磨削)的渗层厚度就是封闭环,镀层类(镀后不需要再处理)的镀后尺寸就是封闭环。

(4)一般封闭环下角标为0,例如A_0。

3. 尺寸链的特性

尺寸链的主要特性就是封闭性和关联性。封闭性是指尺寸链中各尺寸的排列呈封闭形式,尺寸排列没有封闭的不能成为尺寸链。关联性是指尺寸链中任何一个直接获得尺寸及其精度的变化,都将影响间接获得或间接保证的那个尺寸及其精度的变化。

▶▶ 1.7.2 尺寸链的分类 ◀◀ ◀

尺寸链按照几何特性、用途及空间位置可分为以下几种:

(1)按几何特征,分为长度尺寸链与角度尺寸链;

(2)按用途,分为装配尺寸链、零件尺寸链和工艺尺寸链;

(3)按空间位置,分为直线尺寸链、平面尺寸链和空间尺寸链。

各种尺寸链的概念介绍如下。

(1)长度尺寸链是由长度尺寸构成的尺寸链。长度尺寸描述了零件两要素之间的距离。

(2)角度尺寸链是由角度尺寸构成的尺寸链。角度尺寸描述了两要素之间的位置关系,角度尺寸链各环尺寸为角度量、平行度、垂直度等。角度尺寸链一般有两类求解方法:角度转换法(均以角度表示要素关系,建立和求解尺寸链)和直线转换法(在统一长度范围,将要素关系表达为直线长度要求,建立和求解直线尺寸链)。

(3)装配尺寸链是在机器设计或装配过程中,由一些相关零件的尺寸形成的相互有联系、封闭的尺寸组。

(4)零件尺寸链是同一零件上由各个设计尺寸构成的相互有联系、封闭的尺寸组。零件尺寸链组成环是指设计图样上标注的尺寸。

(5)工艺尺寸链是机械加工过程中,同一零件上由各个工艺尺寸构成的相互有联系、封闭的尺寸组。工艺尺寸是指工序尺寸、定位尺寸和基准尺寸。

(6)直线尺寸链是全部环都位于两条或几条平行的直线上的尺寸链。机械加工和机械装配过程中遇到的大多数尺寸链为直线尺寸链。

(7)平面尺寸链是全部环都位于一个或几个平行的平面上,但其中某些组成环不平行于封闭环的尺寸链。平面尺寸链的求解方法是将平面尺寸链中各有关组成环按平行于封闭环的方向投影,将平面尺寸链简化为直线尺寸链来计算。

(8)空间尺寸链是某些组成环没有位于平行于封闭环的平面上的尺寸链。空间尺寸链的求解方法如下:一般将其按三维坐标分解,转化成平面尺寸链或直线尺寸链。然后根据需要,求解平面尺寸链或直线尺寸链。

▶▶ 1.7.3 尺寸链的基本计算方法 ▶▶ ▶

尺寸链的计算方法主要有两种:极值法和概率法。

1. 极值法

极值法,也称极大极小法,是以实现同规格零件完全互换为目标,按照尺寸链各组成环出现极值的综合误差情况计算封闭环。

极值法的优点是:简便、可靠。缺点是:当组成环数目较多时,会使计算结果过于严格，尺寸公差过小，超出许可条件或超出机械加工能力，而造成加工困难。

极值法的计算方法：尺寸链的增环挑出放在一起排序，如 $A_i(i=1, 2, \cdots, m)$；减环挑出放在一起排序，如 $A_d(d=m+1, m+2, \cdots, n)$。

1）封闭环的基本尺寸 A_0

封闭环的基本尺寸 A_0 等于增环基本尺寸 $A_i(i=1, 2, \cdots, m)$ 之和减去减环基本尺寸 $A_d(d=m+1, m+2, \cdots, n)$ 之和，即

$$A_0 = \sum_{i=1}^{m} A_i - \sum_{d=m+1}^{n} A_d \tag{1-1}$$

式中：m——增环的环数；n——组成环总数。

2）封闭环的极限尺寸

封闭环的最大极限尺寸 $A_{0,\max}$ 等于所有增环最大极限尺寸 $A_{i,\max}(i=1, 2, \cdots, m)$ 之和减去所有减环最大极限尺寸 $A_{d,\max}(d=m+1, m+2, \cdots, n)$ 之和，即

$$A_{0,\max} = \sum_{i=1}^{m} A_{i,\max} - \sum_{d=m+1}^{n} A_{d,\max} \tag{1-2}$$

封闭环的最小极限尺寸 $A_{0,\min}$ 求法同上，即

$$A_{0,\min} = \sum_{i=1}^{m} A_{i,\min} - \sum_{d=m+1}^{n} A_{d,\min} \tag{1-3}$$

3）封闭环的上极限偏差 ESA_0 和下极限偏差 EIA_0

封闭环的上极限偏差 ESA_0 等于所有增环上极限偏差 $ESA_i(i=1, 2, \cdots, m)$ 之和减去所有减环下极限偏差 $EIA_d(d=m+1, m+2, \cdots, n)$ 之和，即

$$ESA_0 = \sum_{i=1}^{m} ESA_i - \sum_{d=m+1}^{n} EIA_d \tag{1-4}$$

封闭环的下极限偏差 EIA_0 求法同上，即

$$EIA_0 = \sum_{i=1}^{m} EIA_i - \sum_{d=m+1}^{n} ESA_d \tag{1-5}$$

4）封闭环的公差 T_0

封闭环的公差 T_0 等于所有组成环公差 $T_j(j=1, 2, \cdots, n)$ 之和，即

$$T_0 = \sum_{j=1}^{n} T_j \tag{1-6}$$

2. 概率法

依据概率理论，零件尺寸出现极值情况往往是小概率事件。概率法是以保证大多数同规格零件具有互换性为目标，按照尺寸链各组成环出现大概率事件的综合误差情况计算封闭环。

概率法的优点是：能够依据零件加工尺寸的概率分布情况，适当放宽对组成环的要求。特别是当尺寸链的组成环数目较多时，不至于使计算结果过于严格，以致机械加工制造成本过高或超出现有机械加工能力。缺点是：尺寸链计算较为烦琐，且会出现少量不合格品。概率法在工艺尺寸链计算中应用相对较少。

3. 尺寸链的应用实例

例 1-1　零件结构尺寸如图 1-19 所示。由于尺寸 $15_{-0.35}^{0}$ mm 不便测量，试通过检验尺寸 A_2 判断零件合格与否。

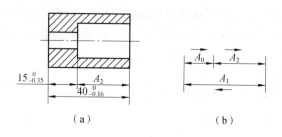

图 1-19 零件结构尺寸

解：确定 A_0 为封闭环，A_1 为增环，A_2 为减环。建立尺寸链如图 1-19(b)所示，检验尺寸 A_2 计算过程如下：

封闭环基本尺寸：$A_0 = A_1 - A_2$，代入得，$15 = 40 - A_2$，$A_2 = 25$ mm

封闭环上极限偏差：$ESA_0 = ESA_1 - EIA_2$，代入得，$0 = 0 - EIA_2$，$EIA_2 = 0$

封闭环下极限偏差：$EIA_0 = EIA_1 - ESA_2$，代入得，$-0.35 = -0.16 - ESA_2$，$ESA_2 = +0.19$ mm

则检验尺寸，$A_2 = 25^{+0.19}_{0}$ mm

在 A_1 合格条件下，若测量尺寸 A_2 满足 $25^{+0.19}_{0}$ mm，可以判断 $15^{0}_{-0.35}$ mm 合格。从结算结果看，A_2 公差带比 A_1 公差带小，换句话说，用尺寸 A_2 检验产品，精度要求提高了。

1.8 武器的生产特点

武器是一种特殊机械，其生产与一般机械的生产既有许多共同之处，又有其独特之处。武器的生产特点归纳起来有以下两个方面。

▶▶ 1.8.1 生产组织方面的特点 ▶▶ ▶

1. 按武器种类组织生产工厂

为了合理地利用设备、简化管理、提高劳动生产率、保证产品质量，武器的生产工厂通常是按武器的种类组建的。例如：手枪厂、冲锋枪厂、自动步枪厂、机枪厂、大口径机枪厂、航空自动炮厂等。

2. 生产计划严格，生产组织严密，生产情况保密

武器的生产取决于国防的需要和外贸的要求，故其生产计划是严格的、指令性的。为了保证武器的质量，按时地完成生产计划，其生产是"封闭"式的，产品的生产大都在一个工厂内完成，管理系统也是"封闭"式的，有严密的组织。

3. 质量要求严格，层层进行质量把关

由于武器的使用性能要求高，因此，对武器的制造质量要求特别严格。工厂除树立"质量第一"的思想外，还有一个健全有效的质量保证体系，有一套严格的质量管理制度，并且工厂还驻有用户的代表(军代表)，对武器的制造质量进行层层把关。

4. 大量生产，流水作业

由于自动武器的需求量大，故其生产类型属于大批、大量生产。为了提高生产率和经济性，适应产品转换和进行战备动员，其生产线一般为流水作业线。

5. 军品生产与民品生产相结合

兵工厂通常是根据战争时期对武器的需求量来进行设计与组建的。在和平时期，武器的需求量减小，此时，兵工厂有很大的剩余生产能力。为了挖掘兵工厂的生产潜力，为国家经济建设作出贡献，在保证完成军品生产任务的同时，兵工厂需要大力发展民品生产。军品、民品生产相结合，是历史的必然。

▶▶▶ 1.8.2 制造工艺方面的特点 ▶▶▶ ▶

1. 制造零件用的材料普遍采用钢材

重要零件的材料均采用轻武器专用结构钢，毛坯广泛采用型锻件、型材和板料，枪身的大部分零件都要经过热处理(淬火与回火)。

2. 具有独特的深孔加工工艺

深孔加工比浅孔加工困难。一般所谓深孔，是指孔深 L 与孔径 D 之比等于或大于 5 的孔。在自动武器的枪管制造中，通常 $L/D = 20 \sim 50$，有的甚至达 100 以上。线膛中有多条膛线，弹膛中有多个锥体，它们的尺寸精度要求较高($IT9 \sim IT11$ 级)，表面粗糙度要求较高($Ra\,0.1 \sim Ra\,0.8$)，同轴度要求也较高。为了把枪管制造出来，需要有大量的特殊设备、工装、专门工艺和特殊工种的技术工人，这是一般民用产品生产中所没有的。

3. 零件小，形状复杂，形面加工多，加工工序多

自动武器工作时，在每一自动循环中，需要完成很多动作。为了保证武器的机动性，要求武器体积小、质量小。这就使得武器零件形状复杂、形面多、外尺寸小。例如：56式半自动步枪的机匣，靠模铣削(用于形面加工)工序占整个工序数的38%。

武器零件的加工采用流水作业，加工工序比较多，通常可达 50 ~ 100 个，甚至更多。例如：56 式冲锋枪枪管有 81 个加工工序，56 式半自动步枪机匣有 124 个加工工序。

4. 切削加工量大，材料利用率低

武器零件的表面几乎都要进行机械加工。由于零件形状复杂，毛坯很难接近于零件的形状，零件的形状要通过所谓"剥皮挖心"，切除毛坯上大部分金属来达到，故切削加工量大。对武器上一些主要零件来说，其材料利用率通常只有15% ~ 25%。

5. 工艺装备系数大

所谓工艺装备系数 η，是指某种产品的全部专用工艺装备(专用的刀具、夹具、量具、模具、辅具和自动化装置等)的数量与该产品所包含的不重复零件的数量(除去外购件及标准件)之比，用公式表示为

$$\eta = \frac{\text{专用工艺设备总套数}}{\text{产品中不重复零件的总数}}$$

对于金属切削机床制造，η 在 0.4 ~ 1.5 之间；对于火炮制造，η 在 40 ~ 50 之间；对于自动武器制造，η 可达 50 以上。

6. 生产量大，而零件和部件没有完全采用完全互换

由于自动武器机构动作复杂，特征量比较多，因此以这些特征量为封闭环的尺寸链中所包含的零件及其尺寸较多。根据尺寸链原理，封闭环的精度一定时，组成环数越多，每个环的制造公差便越小，加工难度便越大，制造费用越高。为了保证武器的装配精度，同

时又不致提高制造成本，尽管武器的生产是大量生产，其装配仍然没有完全采用完全互换的原则，相当一部分武器装配采用的是选配、修配和调整的方法。

7. 重视防腐蚀，注意美观

为了使武器在长期使用或存放中不致生锈，武器零件要进行防腐蚀处理。根据武器的使用条件，一般不采用涂漆或浸油的防腐蚀处理方法，而是采用氧化、磷化、磷化加涂漆或电镀等防腐蚀处理方法；某些枪架的部分零件采用喷漆。武器不仅要内在质量好，其外表也应美观、精致，使战士喜爱自己手中的武器。为此有的木托上要制造花色，金属零件的非配合表面也要减小表面粗糙度值，对于单人使用的自动武器，其外表常用色泽比较美观的氧化处理来进行防腐蚀。

以上是自动武器制造的特点，这些特点不是一成不变的。随着经济体制改革的深入进行，国防科技政策的修订，以及科学技术、制造工艺的不断发展，有些特点是会发生变化的。例如：兵工厂将由单一的军品生产过渡到军民结合的多品种生产；在和平时期，自动武器的大量生产将转变为多研制、少生产；枪族的出现加速了武器的系列化和零(部)件的通用化。

随着新科学、新技术、新材料、新工艺的不断涌现，武器制造中的部分切削加工将由无切削或无屑加工所代替，部分金属零件将由塑料零件所代替，成组技术(Group Technology，GT)、计算机辅助制造(Computer Aided Manufacturing，CAM)、计算机辅助工艺过程设计(Computer Aided Process Planning，CAPP)和柔性制造系统(Flexible Manufacturing Systems，FMS)等将会广泛地应用。

 ## 本章知识小结

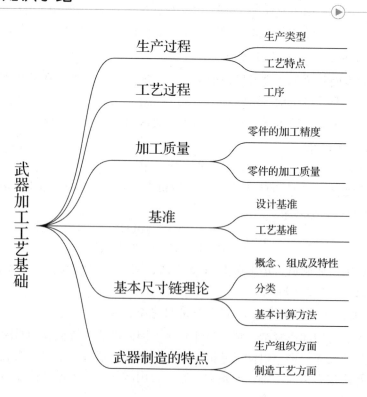

习题

1-1 简述武器加工工艺过程、生产类型及其工艺特点。

1-2 结合实例分析零件加工表面质量及其对使用性能的影响。

1-3 简述如何通过一定的加工方法来获得零件加工表面的尺寸精度、形状精度及位置精度。

1-4 简述机械加工工艺过程的组成。

1-5 给出基准的定义，并区分设计基准和工艺基准。

1-6 简述尺寸链的概念、组成、分类及特性。

第 2 章
机械加工工艺设计

 2.1 机械加工工艺规程

机械加工工艺规程(简称工艺规程)是规定产品或零(部)件机械加工工艺过程和操作规范等的工艺文件。通常,工艺规程是用定制的表格或卡片等形式描述某种具体生产条件下,较合理的工艺过程和规划的加工操作方法。工艺规程不仅是指导机械零件生产的技术文件,而且是一切有关生产人员都应严格执行、认真贯彻的具有约束力的文件。

工艺规程是在实践经验的基础上,依据科学的理论和必要的工艺实验而设计的,体现了加工中的客观规律。经过审批而确定下来的工艺规程不得随意变更,若要修改与补充,则必须经过审查和审批程序。

▶▶ 2.1.1 工艺规程的作用 ▶▶ ▶

工艺规程在规范生产上发挥着重要作用,主要体现在如下几个方面。

1)工艺规程是规范生产活动的主要技术文件

工艺规程是指导现场生产的依据,所有从事机械零件生产的人员都要严格、认真地贯彻执行工艺规程,用它规范生产过程可以实现优质、高产和低成本。

2)工艺规程是生产组织和管理工作的基本依据

在生产管理中,产品投产前原材料及毛坯的供应、通用工艺装备的准备、机床负荷调整、专用工艺装备设计制造、作业计划编排、劳动力的组织及生产成本核算等都要以工艺规程作为基本依据。

工艺装备是指机械零件加工时所使用的刀具、夹具、量具、检具、模具等各种工具的总称。

3)工艺规程是新、扩建工厂或车间的基本资料

在新建或扩建工厂、车间时,需要工艺规程才能准确地确定所需机床种类和数量,工厂或车间的面积,机床的平面布置,生产工人的工种、等级、数量,以及各辅助部门的安排。

2.1.2　设计工艺规程的原则

设计工艺规程应遵循如下原则。

(1)工艺规程的设计应保证零件设计图样上所有技术要求能够实现。在设计工艺规程时，如果发现零件设计图样上某一技术要求不适当，需向产品设计部门提出建议并与之协商，不可擅自修改零件设计图样或不按零件设计图样上的要求生产。

(2)工艺规程的设计必须满足生产纲领的要求。

(3)在满足技术要求和生产纲领要求的前提下，所设计的工艺规程应使生产成本最低。

(4)工艺规程的设计应注意减轻工人的劳动强度，保障生产安全。

2.1.3　设计工艺规程的原始资料

设计工艺规程的原始资料主要包括如下几类：

(1)产品的设计图(包括装配图、零件图及必要的设计技术文件等)；

(2)产品的验收质量标准；

(3)产品的生产纲领和生产类型；

(4)现有生产条件(可用机械加工设备及其技术手册等)；

(5)各种有关技术手册、标准及其他指导性文件资料。

2.1.4　设计工艺规程的过程与步骤

工艺规程是规范生产活动的约束性技术文件，它的设计须按照一定的程序步骤，并包含特定内容。

工艺规程设计的过程与步骤大体如下。

1)机械加工工艺性审查

阅读机器产品设计图纸，了解机器产品的用途、性能和工作条件，熟悉零件在机器中的地位和作用。审查设计图纸的完整性、统一性；审查设计图纸的结构工艺性；审查图样标注的合理性；审查材料选用的合理性。

2)零件图加工分析

阅读零件图纸等，分析零件的结构、技术要求。识别零件的主要加工表面并为其确定加工方案。确定定位基准。

3)毛坯选择

毛坯选择需要考虑零件的结构、作用、生产纲领，还必须注意零件毛坯制造的经济性和生产条件。

4)机械加工工艺过程设计

机械加工工艺过程设计是设计机械加工工艺规程的核心，其主要内容有：确定各加工表面的加工工序类型；将机械加工工艺过程划分为几个加工阶段；安排加工顺序，并安排热处理、检验和其他工序；确定工序划分采用工序集中原则还是工序分散原则等。

5)工序设计

为各工序选择机床及工艺装备，对需要改装或重新设计的专用工艺装备应提出具体设

计任务书；确定零件加工过程中工序或工步的切削用量；依据图纸要求和机械加工工艺过程，确定各工序的加工余量、计算工序尺寸和公差；绘制工序简图。依据图纸和技术要求，确定各主要工序的技术要求和检验方法。确定生产过程中各道工序的时间定额。

6）填写工艺文件

依据规定工艺文件格式，填写工艺规程内容（包括对工艺规程审查和批准签字等内容）。

▶▶▏2.1.5　工艺规程文件 ▶▶ ▶

工艺规程的详尽程度与零件生产类型、零件设计精度、零件加工工艺过程的自动化程度、零件及加工工序的重要程度等有关。

一般情况下，采用普通加工方法的单件、小批量生产的机械加工工艺设计，只需设计简单的工艺过程，并将工艺过程填入机械加工工艺过程卡中。

机械加工工艺过程卡有多种样式，典型的机械加工工艺过程卡如图 2-1 所示。

（工厂）	机械加工工艺过程卡			产品名称		产品图号		第　页
零件名称		零件图号		共　页
材料牌号		毛坯种类		毛坯外形尺寸		每毛坯件数		每台件数		备注	
工序号	工序名称	工序内容			车间	工段	设备	工艺装备		工时 准终	单件

图 2-1　机械加工工艺过程卡

底图号						设计（日期）	校对（日期）	审核（日期）	批准（日期）	会签（日期）
装订号	标记	处数	更改文件号	签字	日期	标记	处数	更改文件号	签字	日期
描图										
描校										

大批量、大量生产类型要求严格，不仅需要完成机械加工工艺过程设计，也要完成各工序设计，并填写机械加工工序卡。机械加工工序卡样式也是多样的，典型的机械加工工序卡如图 2-2 所示。

（工厂）	机械加工工序卡	产品名称		产品图号		第 页
		零件名称		零件图号		共 页

	车间	工序号	工序名称	材料牌号
（工序简图）	毛坯种类	毛坯外形尺寸	每毛坯件数	每台件数
	设备名称	设备型号	设备编号	同时加工件数
	夹具编号		夹具名称	工作液
	工位器具编号		工位器具名称	工序工时
				准终 | 单件

描图	工步号	工步内容	工艺装备	主轴转速 /(r·min⁻¹)	切削速度 /(m·min⁻¹)	进给量 /(mm·r⁻¹)	切削深度 /mm	进给次数	工步工时 机动 | 辅助
描校									

底图号				设计（日期）	校对（日期）	审核（日期）	批准（日期）	会签（日期）
装订号								

标记	处数	更改文件号	签字	日期	标记	处数	更改文件号	签字	日期

图 2-2　机械加工工序卡

有调整要求的工序要设计调整工艺，并填写机械加工工艺调整卡。检验工序要设计检验工艺，并填写机械加工工艺检验卡。对于加工精度高的零件的关键工序，即使是单件、小批量生产也要进行详尽的工艺规程设计（包括工序设计、调整工艺设计和检验设计等），以确保质量。数控加工工艺过程无论何种产品类型都要设计数控加工工艺文件，完成数控加工编程工作。毛坯协作加工需要填写机械加工毛坯协作卡。有外部协作加工工序的零件需要填写机械加工外协加工卡。

▶▶▶ 2.1.6　标准作业程序文件 ▶▶▶

现代产品生产规模不断扩大，各工序管理要求提高，分工日益明细。需要采用标准作业程序，以统一各工序的操作步骤和方法。

标准作业程序，就是将某一事件（工序、工步、机床调整、检验等）的标准操作步骤和要求以统一的格式描述出来，用以指导和规范日常的工作。

机械加工作业指导书是用于指导机械制造过程的某个岗位某个具体工艺过程的描述技术性细节的可操作性文件。它侧重描述如何进行操作，是对程序文件的补充或具体化。

机械加工作业指导书的作用体现在3个方面：

（1）它是指导保证过程质量的最基础的文件；

（2）它为开展纯技术性质量活动提供指导；

（3）它是质量体系程序文件的支持性文件。

依据工艺设计结果编写零件加工岗位的机械加工作业指导书。机械加工作业指导书形式多样，典型的机械加工作业指导书如图2-3所示。

（工厂）	机械加工作业指导书			生产状态		设计(日期)		校对(日期)	
				编 号		审核(日期)		会签(日期)	
零件图号		零件名称		过程(工序)号		过程(工序)名称			节拍

加工简图区域：

加工简图	（加工简图）				技术要求质量控制标准	参数编号特性等级	规范	测量方法	抽样频次	控制方法	反应计划纠正对策
		序号	作业顺序	注意事项		名称	编号	型号/规格	数量
动作要领	（动作要领图示）				设备工装				

描图											
描校											
底图号											
装订号											第 页
	标记	处数	更改文件号	签字	日期	标记	处数	更改文件号	签字	日期	标记	处数	更改文件号	签字	日期	共 页

图2-3　机械加工作业指导书

机械加工作业指导书涉及内容较多，若出现工件的加工表面比较复杂、工艺过程比较复杂、加工过程动作比较复杂等情况，在一张表格中难以同时表达，常将其拆分为几个表格。

2.2　机械加工工艺性审查

机械加工工艺性审查往往分为两个阶段。

第一阶段，在设计部完成机械产品设计图纸及其技术资料后，工艺人员进行第一阶段机械加工工艺审查（或工艺考核）。在工艺审查过程中，工艺人员与设计人员通过协商方式，共同协商工艺审查中出现的问题的解决方案。其后，设计人员修正设计图纸，然后再次提交工艺部门进入第二阶段工艺审查。

第二阶段，除了例行的工艺审查内容外，重点检查第一阶段共同商定的工艺问题解决方案的落实情况。

工艺审查内容主要包括4个方面：

(1)设计图样的完整性与统一性；

(2)零件的结构工艺性；

(3)设计图样标注的合理性；

(4)材料选用的合理性。

▶▶▶ 2.2.1 设计图样的完整性与统一性审查 ▶▶▶ ▶

设计图样必须具备完整性和统一性。设计图样的完整性既指图样数量的完整无缺，也指图样表达内容的完整无缺。设计图样的统一性主要指在结构和图样标注等问题上，零件图与总装图等表达的内容具有一致性。

设计图样的完整性与统一性是图样设计正确的必要条件，也是零件机械加工与机器装配正确的必要条件。

▶▶▶ 2.2.2 零件的结构工艺性审查 ▶▶▶ ▶

零件的结构工艺性是指机械零件在满足使用要求的前提下，制造的可行性、方便性和经济性。功能相同的零件，其结构工艺性可能有很大差异。零件的结构工艺性好是指在一定的工艺条件下，既可以制造，又方便制造，且有较低的制造成本。

零件的结构工艺性审查在机器的装配工艺性审查通过的条件下才有意义。同样，在零件的结构工艺性审查通过的条件下，机器的装配工艺性审查才有意义。

将零件设计成为具有良好工艺性的结构是设计人员追求的目标，但不是唯一目标。产品的实际工程设计有一个过程，设计人员首先解决的是产品的有无，然后是产品的好坏，再次才是产品的便宜与否。

评价零件的结构工艺性的优劣，不能孤立地分析零件自身的某个加工环节，还应该综合考虑零件的整个机械加工工艺过程，特别是将零件的结构工艺性与整个机器的装配工艺性放在一起综合分析。

零件的结构工艺性也具有相对性，要与生产类型、生产条件、加工方法等相联系。零件的结构工艺性优劣与特定历史时期的特定企业的技术能力和设备情况都有关系，目前尚不能给出统一的标准。

零件的结构工艺性差可以概括为3个层次，分别是：

(1)零件无法加工或几乎无法加工；

(2)零件可以加工，但是加工非常困难；

(3)零件加工不存在技术障碍，但是加工的经济性差。

下面对零件的结构工艺性差的3个层次及非传统加工方法对零件结构工艺性的影响作概要说明。

1)零件无法加工或几乎无法加工

零件结构无法加工或几乎无法加工是零件的结构工艺性最差的情况，也就是零件加工

不具有可行性。这种情况是不能接受的，必须对零件结构进行修改。举例如表2-1所示。

表2-1　结构工艺性差的第一层次

结构工艺性差		结构工艺性好	
说　明	图　示	说　明	图　示
无退刀空间，小齿轮无法插齿加工	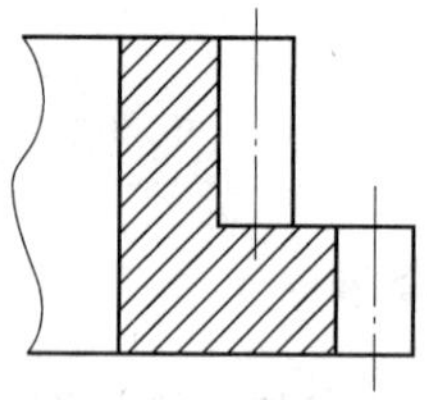	设置退刀空间，小齿轮可以插齿加工	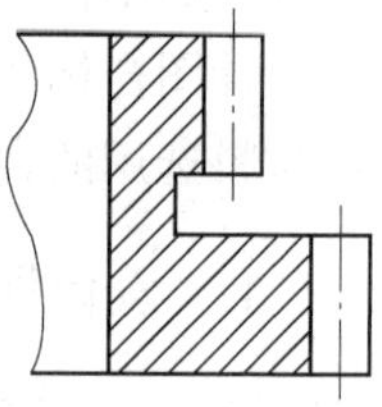
无退刀空间，螺纹无法加工	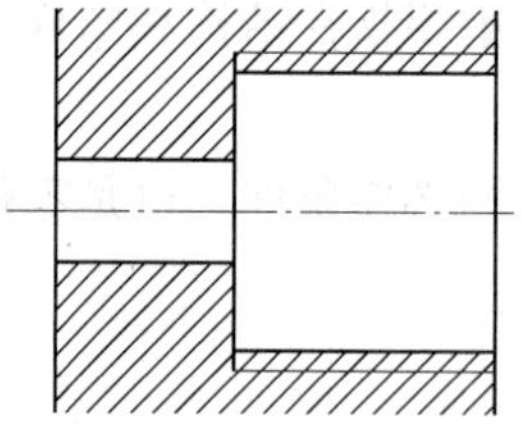	设置退刀空间，螺纹可以加工	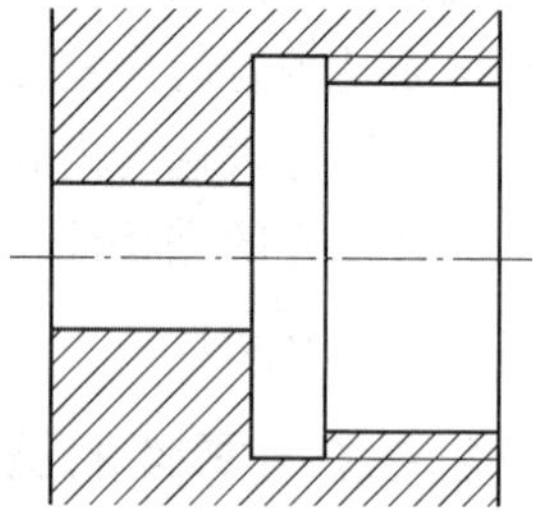

2）零件可以加工，但是加工非常困难

零件的结构工艺性较差的情况是零件可以加工，但是加工非常困难，也就是零件加工的方便性差。

由于客观原因造成零件难加工的情况出现在原理验证样机或单件生产中，有时这种难加工的零件结构是可以接受的。但是对于批量生产，这种情况是不能接受的，难加工的零件结构必须进行修改。举例如表2-2所示。

表2-2　结构工艺性差的第二层次

结构工艺性差		结构工艺性好	
说　明	图　示	说　明	图　示
平底盲孔，小直径孔加工困难	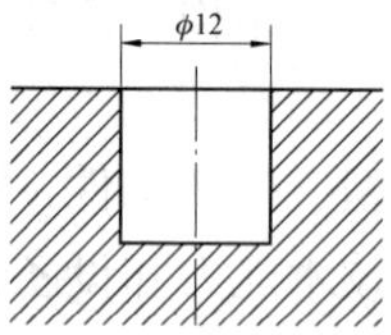 $\phi 12$	盲孔，孔底与钻头形状一致，加工容易	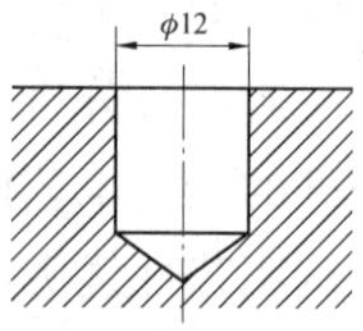 $\phi 12$
箱体镗孔，中间孔大，两侧孔小，刀杆插入困难	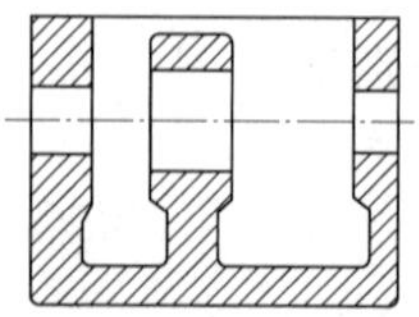	箱体镗孔，孔径大小依次排列，刀杆插入容易	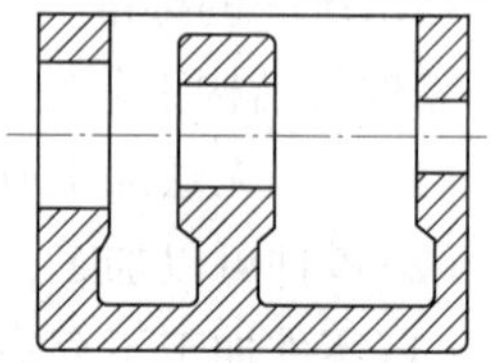

3）零件加工不存在技术障碍，但是加工的经济性差

在大批量、大量生产中，即使是客观原因造成上述零件的结构工艺性问题，也是不可以长期被接受的，必须设法逐步改进。其他情况下，经济性差能否被接受，需视情况而定。举例如表2-3所示。

表2-3 结构工艺性差的第三层次

结构工艺性差		结构工艺性好	
说 明	图 示	说 明	图 示
空刀槽宽度不一致，增加刀具种类及加工换刀次数		空刀槽宽度一致，减少刀具种类及加工换刀次数	

4）非传统加工方法对零件结构工艺性的影响

较多非传统加工方法已经用于生产实践，一些企业也配备了非传统加工设备。因此，判断零件的结构工艺性时，亦应考虑非传统加工方法对零件的结构设计会带来多大的影响。

对于传统机械加工手段来说，方孔、小孔、深孔、弯孔、窄缝等被认为是工艺性很差的典型，有时甚至认为它们是机械设计的禁区。非传统加工方法则改变了这种判别标准。

对于电火花穿孔、电火花线切割工艺来说，加工方孔和加工圆孔的难易程度是一样的。当企业具备了非传统加工设备时，对零件结构工艺性好与坏的判定不能延续原有的标准，需要采用新的判定标准。

需要指出：与传统加工方法相比较，非传统加工方法目前还普遍存在加工效率低、加工成本高，以及需要专用设备等问题。机械零件制造手段还是以传统机械加工方式为主。

▶▶▶ 2.2.3 设计图样标注的合理性审查 ▶▶▶

设计图样标注一般包括：尺寸及尺寸公差、形位公差、表面粗糙度、表面物理性能、技术要求及技术文件等。

设计图样标注的合理性有两层含义：

（1）设计图样标注可以使设计图样满足设计要求，即零件图表达的内容满足产品装配及产品性能要求，并使产品最终实现其技术指标；

（2）设计图样标注应符合机械加工制造要求，可以高效率和低成本地制造。

设计图样标注的合理性审查主要从机械加工工艺方面审查零件图样标注是否满足加工制造要求，满足程度如何。

设计图样标注的合理性审查可以分为两个层次：

（1）设计图样标注使零件能够被制造出来，这是工艺审查的最低要求和最根本要求；

（2）设计图样标注应使零件制造的成本低、效率高。

图样标注尺寸精度、加工难易程度与零件加工成本之间的关系需综合考虑。

1）尺寸及尺寸公差

零件的尺寸主要反映零件表面之间的相互关系，以及设计者选用的设计基准。合理的尺寸应该使零件设计基准更容易被选作工序基准、定位基准和测量基准。

零件的尺寸公差则反映出零件设计精度要求。合理的尺寸公差应该是在满足机械产品装配和性能的前提下，使制造更容易、生产成本更低。

2）形位公差

形位公差主要反映零件设计对位置精度和形状精度的要求。形位公差往往是精密机械零(部)件设计需特别注意的关键内容,形位公差标注对机械产品的性能影响非常大。但是,零件设计图标注的形位公差要求往往使零件制造难度大幅增加。合理的形位公差标注应该是在满足实际产品要求的前提下,尽量方便加工制造,尽量压低生产成本。形位公差分为形状公差位置公差,如表2-4所示。

表2-4 形位公差的分类

分类	特征项目	符号	分类		特征项目	符号
形状公差	直线度	——	位置公差	定向	平行度	//
	平面度	▱			垂直度	⊥
	圆度	○			倾斜度	∠
	圆柱度	⌭		定位	同轴度	◎
	线轮廓度	⌒			对称度	⩵
	面轮廓度	⌓			位置度	⊕
				跳动	圆跳动	↗
					全跳动	⌰

3)表面粗糙度及表面物理性能

零件实际加工所能达到的表面粗糙度及表面物理性能与机械制造的多方面都有关,如零件材料、零件加工方法、生产成本等。工艺审查时一方面考察零件设计要求的必要性,另一方面需要积极寻找低成本、高效率加工制造的解决方案。表面粗糙度及表面物理性能的符号和意义如表2-5所示。

表2-5 表面粗糙度及表面物理性能的符号和意义

符号	意义
∨	基本符号,表示表面可用任何方法获得。当不加注表面粗糙度参数值或有关说明时,仅适用于简化代号标注
∨	表示表面是用去除材料的方法获得,如车、铣、钻、磨等
⩗	表示表面是用不去除材料的方法获得,如铸、锻、冲压、冷轧等
∨̄ ∨̄ ⩗̄	在上述3个符号的长边上可加一横线,用于标注有关参数或说明
⩗ ∨ ⩗	在上述3个符号的长边上可加一小圆,表示所有表面具有相同的表面粗糙度要求

续表

符号	意义
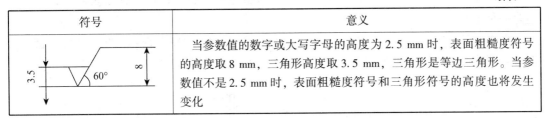	当参数值的数字或大写字母的高度为 2.5 mm 时，表面粗糙度符号的高度取 8 mm，三角形高度取 3.5 mm，三角形是等边三角形。当参数值不是 2.5 mm 时，表面粗糙度符号和三角形符号的高度也将发生变化

4) 技术要求及技术文件

技术要求及技术文件往往补充说明了图示方式不便于表达的机械制造要求，它们是正确制造产品的必不可少的组成部分。例如：热处理渗碳层厚度及表面硬度，零件表面涂漆要求，机器的装配方法及技术要求，机器的调试试验，零(部)件验收标准等。

▶▶|2.2.4 材料选用的合理性审查 ▶▶ ▶

零件材料选用的合理性是指通过选用适当的制造材料，可以使零件的力学性能等满足设计要求，使零件具有良好的机械制造工艺性，使零件制造过程和生产组织较为便利，并降低零件乃至机器制造成本。

通常，零件材料的选用同机械制造设备与工艺关系十分密切，在工艺审查时需要对零件材料的选用进行复核工作。

零件材料选用的合理性审查，一般从如下几个方面考虑。

1) 选用材料的力学性能

零件材料选用的首要标准就是材料的力学性能必须满足零件的功能要求。材料选用审查主要是复核图纸设计所选用的材料在工厂现有生产条件和工艺手段下，能否达到零件设计要求和整机功能要求。

2) 选用材料的工艺性

材料的工艺性可以从毛坯制造(铸造、锻造、焊接等)、机械加工、热处理及表面处理等多个方面衡量。

铸造工艺性是指材料的液态流动性、收缩率、偏析程度及产生缩孔的倾向性等。

锻造工艺性是指材料的延展性、热脆性及冷态和热态下的塑性变形等。

焊接工艺性是指材料的可焊性及焊缝产生裂纹的倾向性等。

加工工艺性是指材料的硬度、切削性、冷作硬化程度及切削后可能达到的表面粗糙度等。

热处理工艺性是指材料的可淬性、淬火变形倾向性及热处理介质对材料的渗透能力等。

选材审查应特别关注热处理前后材料的力学性能变化、机械加工性能变化及热处理变形量对工艺规程设计的影响。

3) 选用材料的经济性

零件材料选用的经济性需要从材料本身的价格和材料的加工费用两个方面权衡。在满足性能和功能要求时，优先采用价廉材料，优先采用加工费低的材料。采用组合结构可以节约贵重材料，例如：切削刀具采用组合结构，即刀刃与刀杆采用不同材质。通过结构设计和选用先进加工方法可以提高材料利用率。零件选用材料的性能大幅超过需求，实际上也是一种浪费。

图 2-4(a)为顶尖端部用 W18Cr4V 钢，柄部用 45 钢，分别进行热处理后用热套方法配合；图 2-4(b)为顶尖端部用硬质合金制造，镶在 45 钢柄上。

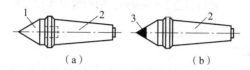

1—W18Cr4V 端部；2—柄部；3—硬质合金端部。

图 2-4　磨床顶尖结构图

4)选用材料的供应情况

零件选材恰当与否还应考虑到当前本地的材料供应状况和本企业库存材料情况等。为了减少供应费用，简化供应和储存的材料品种，对于单件、小批量生产的零件，应尽可能地减少选用材料的品种和规格。

2.3　毛坯的选择

2.3.1　毛坯的种类 ▶▶▶

毛坯的选择是机械加工过程的起点，也是机械工艺设计的重要内容。

毛坯种类及实物如图 2-5、图 2-6 所示。

图 2-5　毛坯种类

（a）　　　　　　（b）　　　　　　（c）

（d）　　　　　　（e）

图 2-6　各式毛坯的实物

（a）铝型材；（b）散热器型材；（c）机床床身铸件毛坯；（d）锻件毛坯；（e）法兰盘冲压毛坯

1）铸件

铸件是常见的毛坯形式，形状较为复杂的毛坯经常采用铸件。通常，铸件的质量占机器设备整机质量的50%以上。

铸件的优点是：适应性广，灵活性大，加工余量小，批生产成本低。铸件的缺点是：内部组织疏松，力学性能较差。

按材质不同，铸件分为铸铁件、铸钢件、有色合金铸件等。

不同铸造方法和不同材质的铸件在力学性能、尺寸精度、表面质量及生产成本等方面可能有所不同。

2）锻件

锻件常用作受力情况复杂、重载、力学性能要求较高零件的毛坯。

锻件是金属经过塑性变形得到的，其力学性能和内部组织较铸件好。

锻件的生产方法主要是自由锻和模锻，锻件的形状复杂程度受到很大限制。

锻件材料种类较多，不同材料、不同热处理方法零件的力学性能差别较大。

3）冲压件

冲压件是常温下通过对良好塑性的金属薄板进行变形和分离工序加工而成的。

冲压件的特点是质量较轻，具有一定的强度和刚度，并有一定的尺寸精度和表面质量，但冲压模具制造成本高。

冲压件材料通常采用塑性好的碳钢、合金钢和有色金属。

4）焊接件

焊接是一种永久性的金属连接加工方法。焊接可以制造毛坯，但不是毛坯件的主要制造方法。

焊接件毛坯的优点是：质量较轻，且力学性能较好；焊接件可以是异种材质的。焊接件毛坯的缺点是：焊缝处及其附近机械加工性能不好。

焊接件毛坯通常用在下列几种情况下：复杂大型结构件的毛坯、异种材质零件毛坯、某些特殊形状零件或结构件的毛坯、单件/小批量生产的毛坯。

5）型材

常用型材是圆钢、方钢、扁钢、钢管及钢板等，型材经过切割下料后可以直接作为毛坯。

型材通常分为冷拉型材和热轧型材。冷拉型材表面质量和尺寸精度较高，当零件成品质量要求与冷拉型材质量相符时，可以选用冷拉型材。普通机械加工零件通常选用热轧型材制作毛坯。

▶▶▶ 2.3.2　毛坯的选择方法 ▶▶▶

在设计零件结构时，设计人员通常会依据零件的功能、力学性能要求和结构特点为零件指定毛坯种类，通过图样标注、技术要求和材料标注等体现在零件图上。也有一些零件图只规定了零件的材质与力学性能，而对零件毛坯种类没有具体要求。这种情况下，工艺人员需要自己选择毛坯。

零件毛坯选择的基本原则是在保证零件质量的前提下，使零件的生产成本最低。通常，零件毛坯选择主要考虑如下几方面因素。

1）零件的材料

设计图样选用材料是影响毛坯选择的重要因素。例如：设计图样选用铸铁或铸钢时，毛坯选用铸件。

2）零件的力学性能要求

零件的力学性能要求通常是选择毛坯种类的主要考虑因素。例如：当零件受力情况复杂，力学性能要求较高时，选用钢材锻件毛坯；当零件力学性能要求较低时，可以选用铸铁件毛坯。

3）零件的形状及尺寸

零件的形状复杂程度和零件的尺寸也是选择毛坯种类的重要因素。

通常，形状复杂的零件宜采用铸件毛坯，大型复杂零件可以考虑选用铸件或焊接件作为毛坯。各个台阶直径相差不大的轴可以选用圆钢型材作为毛坯，也可选用锻件毛坯；当零件尺寸较小时，宜用模锻件；当零件尺寸较大时，宜用自由锻件。

4）零件毛坯的生产条件

毛坯的选择还要考虑特定企业的现场生产能力和外协生产的可行性。

5）零件的生产纲领

零件的生产纲领决定零件的生产类型，相应对毛坯的生产率提出要求。

毛坯的制造经济性与生产率和生产类型密切相关。单件、小批量生产可以选用生产率较低，但单件制造成本低的制造方案，例如：铸件可采用木模型手工造型；锻件采用自由锻。特别地，单件生产可考虑采用型材作毛坯或制造外形简单的毛坯，进一步采用机械加工方法，制造零件外形。大批、大量生产时，可选用生产率高、毛坯质量较高、批量制造成本低的方法，例如：铸件采用金属模造型，精密铸造；锻件采用模锻方式。

6）采用新工艺、新技术、新材料的可能性

采用新工艺、新技术、新材料往往可以提高零件的力学性能，改善可加工性，减少加工工作量。

综上所述，尽管同一零件的毛坯可以由多种方法制造，毛坯制造方法的选择却不是随意的，而是需要综合考虑零件的力学性能、形状与尺寸、毛坯生产条件等因素进行选择。必要时，还要在选定的加工条件下，进行毛坯生产方案的技术经济性分析，确定出技术经济性好的毛坯制造方案，目标是优质量、高效率、低能耗地制造机械零件。

2.4 零件图加工分析

通过工艺审查后的零件图是工艺规程设计的基本依据，对零件进行加工分析能够掌握零件图的结构特征和主要的技术要求，从而为其选择恰当的加工方案及加工设备，设计合理的工艺过程和加工工序。

零件图加工分析是机械加工工艺过程设计的基础，也是工序设计的基础。简而言之，无论是零件的加工工艺过程设计，还是加工工艺的细节问题研讨（如工序设计、工艺问题研究）都需要回到零件图上，以零件的加工分析为基础展开。

▶▶▶| 2.4.1　零件的结构分析 ▶▶▶ ▶

分析零件的结构特点，目的是为零件的机械加工过程设计和加工工序设计提供依据。

任何复杂的表面都是由若干个简单的基本几何表面(外圆柱面、孔、平面或成型表面)组合而成的。

零件加工的实质就是这些基本几何表面加工的组合。零件的结构是多种多样的，可能是极其复杂的。零件的加工工艺情况也具有多样性的特点，也可能是非常复杂的。

零件结构与毛坯类型、加工设备、定位基准、加工方案、机械加工工艺过程都有关系。

(1)零件结构与毛坯类型关系密切。例如：形状简单的小型零件多选用型材作为毛坯；尺寸较大、结构复杂，且在强度等力学性能上要求不高的零件可选用铸件作为毛坯；尺寸较大、结构复杂，且强度要求高的零件可选用锻件或焊接件作为毛坯。

(2)零件结构与加工设备、定位基准关系密切。例如：对于回转体零件，加工设备多选用车床、外圆磨床、内圆磨床、无心磨床等，定位多用中心孔、外圆表面及孔表面；对于非回转体零件，其加工设备通常是铣床、刨床、镗床及平面磨床等，定位基准一般选择平面和孔。直径小的回转体零件采用卧式车床加工，常用外圆或内圆表面定位；直径大的回转体零件则需要在立式车床上加工，除了外圆或内圆表面作为定位基准外，端面常常也是定位基准。

(3)零件结构与加工方案关系密切。例如：方形箱体零件上的大孔普遍采用镗削加工；回转体零件上的大孔通常采用车削加工，这是因为回转体零件上多是回转表面，它们便于在车床上完成。

(4)零件结构与机械加工工艺过程关系密切。例如：若零件的加工表面是平面，且其上有孔需要加工，通常的工艺过程是先加工面，然后在其上加工孔；若零件有外表加工面也有内腔加工面，通常先加工内腔表面，然后加工外表面。零件的结构与其工艺过程密切相关。分析零件结构是为了找到恰当的工艺措施，目标是设计出零件制造成本低、效益好的工艺规程。

▶▶▶| 2.4.2　零件的技术要求分析 ▶▶▶ ▶

工艺人员进行零件的加工分析时，着重关注零件图在如下几个方面的技术要求：

(1)加工表面的尺寸精度与形状精度要求；

(2)各个加工表面间的位置精度要求；

(3)加工表面的表面粗糙度要求；

(4)零件的热处理要求。

上述任一方面的技术要求出现较大幅度提高都会提高零件加工难度。加工难度大的表面往往就是零件的主要加工表面，它们应是设计人员为了保证整机的性能，对零件着重提出的加工质量要求。

▶▶▶| 2.4.3　识别零件的主要表面并确定其加工方案 ▶▶▶ ▶

依据零件的结构分析和技术要求分析，识别零件的主要加工表面，并优先为其确定加工方法。目的是以主要表面加工为主开展工艺设计，在完成零件主要表面加工过程中的工序间隙穿插安排零件的其他非主要表面加工工序。

基准对加工方法和加工质量有直接影响，无论确定主要表面加工方案，还是确定非主要表面加工方案，都需要落实工艺基准。

1）识别零件的主要加工表面

零件的主要加工表面通常是对零件完成其在机器上的功能影响较大的表面。它们可能是尺寸公差、形位公差、表面粗糙度值小的比较难加工的表面，也可能是各种型面或者不易加工表面的组合。

2）零件主要表面的加工方案确定

零件表面由主要表面与次要表面构成。零件的机械加工工艺过程由主要加工表面的主要加工过程和次要加工表面的非主要加工过程构成。显然，设计零件的机械加工工艺过程要优先确定构成零件各个主要表面的加工方案。

加工方案选择的基本原则是在满足加工质量要求的前提下，使零件的加工工艺过程具有较高的经济性和适当的生产率。

由图 2-7 可知每种加工方法所能达到的表面粗糙度范围。同一种加工方法，当加工质量较高时，生产率可能会降低；应用频次高的加工质量范围往往是经济性较好的范围。

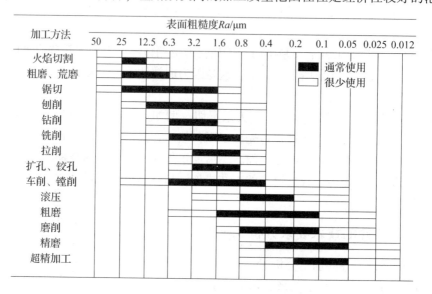

图 2-7　加工方法与表面粗糙度的对应关系

控制零件制造成本需要选择恰当的加工方案，减少不必要的加工，加工方案的选择应全面考虑以下几个因素。

1）经济加工精度和表面粗糙度

随着生产技术的发展、工艺水平的提高，同一种加工方法所达到的经济加工精度和表面粗糙度也会不断提高。

考虑经济因素后，加工精度和表面粗糙度应满足零件加工表面的质量要求。加工成本增加与加工精度和表面粗糙度的关系如图 2-8 所示。

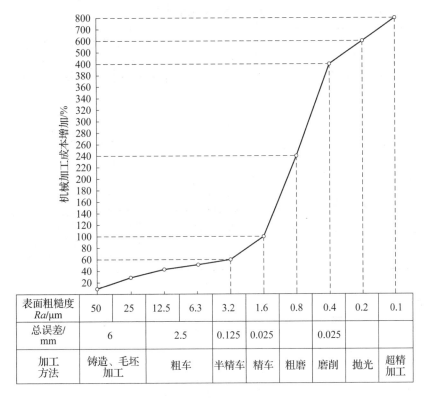

图 2-8 加工成本增加与加工精度和表面粗糙度的关系

表面粗糙度 Ra/μm	50	25	12.5	6.3	3.2	1.6	0.8	0.4	0.2	0.1
总误差/mm	6		2.5		0.125	0.025		0.025		
加工方法	铸造、毛坯加工		粗车		半精车	精车	粗磨	磨削	抛光	超精加工

　　典型外圆加工方案如表 2-6 所示, 典型孔加工方案如表 2-7 所示, 相应的尺寸精度和表面粗糙度可以在表中查得。

表 2-6　典型外圆加工方案

加工方案	经济精度	表面粗糙度 Ra/μm	适用范围
粗车	低于 IT11	12.5 ~ 50	非淬火钢
粗车→半精车	IT8 ~ IT10	3.2 ~ 6.3	
粗车→半精车→精车	IT7 ~ IT8	0.8 ~ 1.6	
粗车→半精车→精车→抛光	IT7 ~ IT8	0.025 ~ 0.2	
粗车→半精车→粗磨	IT7-IT8	0.4 ~ 0.8	淬火与否均可, 不适合有色金属
粗车→半精车→粗磨→精磨	IT6 ~ IT7	0.1 ~ 0.4	
粗车→半精车→粗磨→精磨→研磨	IT5	0.006 ~ 0.1	
粗车→半精车→精车→精细(金刚石)车	IT6 ~ IT7	0.025 ~ 0.8	有色金属

　　国家标准规定加工精度共 20 个等级, 精度等级的数字越大, 精度越低。其中, IT5 ~ IT12 较为常用。

表 2-7　典型孔加工方案

加工方案	经济精度	表面粗糙度 $Ra/\mu m$	适用范围
钻	IT11 ~ IT13	12.5	非淬火钢
钻→铰	IT8 ~ IT10	1.6 ~ 6.3	
钻→粗铰→精铰	IT7 ~ IT8	0.8 ~ 1.6	
钻→扩	IT10 ~ IT11	6.3 ~ 12.5	
钻→扩→铰	IT8 ~ IT9	1.6 ~ 3.2	
钻→扩→粗铰→精铰	IT7	0.8 ~ 1.6	
钻→扩→粗铰→手铰	IT6 ~ IT7	0.2 ~ 0.4	
钻→扩→拉	IT7 ~ IT9	0.1 ~ 0.6	大量生产，非淬火
粗镗	IT11 ~ IT13	6.3 ~ 12.5	非淬火，毛坯预留孔
粗镗→半精镗	IT9 ~ IT10	1.6 ~ 3.2	
粗镗→半精镗→精镗	IT7 ~ IT8	0.8 ~ 1.6	
粗镗→半精镗→精镗→浮动镗	IT6 ~ IT7	0.4 ~ 0.8	
粗镗→半精镗→磨孔	IT7 ~ IT8	0.2 ~ 0.8	淬火
粗镗→半精镗→粗磨→精磨	IT6 ~ IT7	0.1 ~ 0.2	
粗镗→半精镗→精镗→金刚镗	IT6 ~ IT7	0.05 ~ 0.4	有色金属

2）形位公差

选择的加工方案要能保证加工表面的几何形状精度和表面相互位置精度要求。各种加工方法所能达到的几何形状精度和相互位置精度可参阅《机械加工工艺手册》或《机械加工设备手册》。

3）材料与热处理

选择加工方案要与零件材料的加工性能、热处理状况相适应。当精加工硬度低、韧性较高的金属材料(如铝合金件)时，通常不宜采用磨削加工，但是采用热处理工艺提高其硬度后，则可以采用磨削加工；普通非淬火钢件精加工可以采用车削和磨削，考虑生产率因素宜采用精车；而淬火钢、耐热钢等材料多用磨削进行精加工。

4）生产类型与生产率

不同加工方案的生产率有所不同，所选择的加工方案要与生产类型相适应。大批量、大量生产可采用生产效率高的机床和先进加工方法。例如：平面和内孔采用拉削加工，轴类零件可用半自动液压仿形车或数控车床。单件、小批量生产则普遍采用通用车床、通用工艺装备和一般的加工方法。

5）现有生产条件

零件加工方案设计要与工厂现有的生产条件相适应，不能脱离现有设备状况和操作人员技术水平，要充分利用现有设备，挖掘生产潜力。

▶▶▌2.4.4 确定零件其他加工表面的加工方案 ▶▶▶ ▶

通常，非主要加工表面的加工工序是穿插在零件的主要表面加工工序之间完成的，非主要加工表面的加工方案设计需要充分利用零件主要表面的加工方法和加工设备确定后产生的便利条件。例如：某零件的主要加工表面与非主要加工表面都是平面，若主要加工平面选定铣削加工，这个零件的非主要加工平面也采用铣削加工是便利的。这种情况下，如果非主要加工平面选用刨削加工，则需要更换机床设备和工艺装备，因而就不便利。

▶▶▌2.4.5 定位基准的选择 ▶▶▶ ▶

定位基准分为粗基准和精基准。如果用作定位的零件表面是没有被机械加工过的毛坯表面，称之为粗基准；如果用作定位基准的零件表面是经过机械加工的表面，称之为精基准。机械零件往往有许多表面，但不是每个表面都适合作为定位基准。

1. 粗基准的选择原则

在机械加工工艺的过程中，第一道工序总是用粗基准定位。粗基准的选择对零件各加工表面加工余量的分配、保证不加工表面与加工表面间的尺寸、保证相互位置精度等均有很大的影响。

粗基准的选择原则有以下几条。

(1)选择重要表面作为粗基准。为了控制重要表面处金相组织均匀，要求重要表面机械加工金属去除量小且均匀，应优先选择该重要表面为粗基准。例如：加工机床床身，往往以导轨面为粗基准，然后以加工好的机床底部作为精基准，可以使导轨处金属去除量小，且导轨内部组织均匀。

(2)选择不加工表面作为粗基准。为了保证加工表面和不加工表面之间的相互位置要求，一般应选择不加工表面为粗基准。

(3)选择加工余量最小的表面作为粗基准。这样可保证零件各加工表面都有足够的加工余量。不同圆柱面作基准的加工余量如图2-9所示。

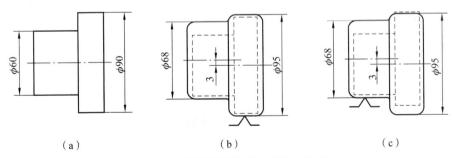

(a)   (b)   (c)

图2-9 不同圆柱面作基准的加工余量

(a)零件；(b)毛坯大圆柱面作粗基准(合理)；(c)毛坯小圆柱面作粗基准(不合理)

(4)选择定位可靠、装夹方便、面积较大的表面作为粗基准。粗基准应平整光洁、无分型面和冒口等缺陷，以便加工工件定位可靠、装夹方便，减少劳动量。

(5)粗基准在同一自由度方向上只能使用一次。重复使用粗基准并重复装夹工件操作会产生较大的定位误差。

分型面是模具上用以取出塑件和(或)浇注系统凝料的可分离的接触表面，冒口是指为避免铸件出现缺陷而附加在铸件上方或侧面的补充部分，二者如图 2-10 所示。

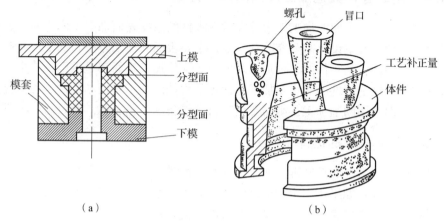

（a）   （b）

图 2-10　分型面及冒口

（a）分型面；（b）冒口

2. 精基准的选择原则

精基准选择应着重保证加工精度，使加工过程操作方便，其选择原则有如下几条。

（1）基准重合的原则。应尽量选用设计基准作为精基准，这样可避免基准不重合引起的误差。

（2）基准统一的原则。工件加工过程中，尽量使用统一的基准作精基准，容易实现加工面之间的高位置精度，可简化夹具设计和制造。例如：轴类零件表面常为回转体，用中心孔作为统一基准，加工各个外圆表面，这样可保证各表面之间的同轴度；箱体类零件常用一个平面和两个距离较远的孔为精基准，加工该箱体上的大多数表面。

（3）互为基准原则。对于两个表面相互位置精度要求很高，同时其自身尺寸与形状精度都要求很高的表面加工，常采用"互为基准、反复加工"原则。图 2-11 所示为连杆磨削工序，包含两次安装，定位基准的关系是互为基准。

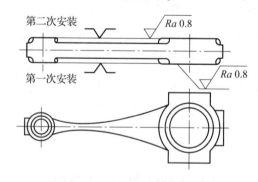

图 2-11　连杆两个表面互为基准

（4）自为基准原则。当零件加工表面的加工精度要求很高，加工余量小而且均匀时，常常用加工表面本身作为定位基准。例如：加工各种机床床身导轨面时，为保证导轨面上切除加工余量均匀，以导轨面本身找正和定位，磨削导轨面。

（5）工件装夹方便，重复定位精度高。用作定位的精基准应保证工件装夹稳定可靠，夹具结构简单，工件装夹操作方便，重复定位精度高。定位基准选定后，依据定位基准的几何特征、零件的结构及加工表面情况，进一步可以确定工件的夹紧方式和夹紧位置。

用定位和夹紧符号(见表 2-8)在工序简图上标记定位基准和夹紧位置。

表 2-8　定位和夹紧符号

项目		独立定位		联合定位	
		标注在视图轮廓线上	标注在视图正面	标注在视图轮廓线上	标注在视图正面
定位点	固定式				
	活动式				
辅助支撑					
夹紧点	机械				
	液压	Y	Y	Y	Y
	气动	Q	Q	Q	Q
	电动	D	D	D	D

2.5　机械加工工艺过程设计

机械加工工艺过程设计是工艺规程设计中的关键性工作，其结果会直接影响加工质量、加工效率、工人的劳动强度、生产成本等，对新建工厂将影响设备投资额度、车间面积大小等。机械加工工艺过程设计以零件图加工分析为起点。在对零件图完成加工分析的基础上，需要明确各个加工过程的工序类型，对零件的加工工艺过程划分加工阶段，安排加工次序。

设计合理的机械加工工艺过程往往需要丰富的工程实际经验和较为扎实的机械加工工艺理论基础，也需要掌握特定企业的设备数量、分布、技术指标和设备状况等现实制造条件因素，还需要掌握产品的生产类型等。

机械加工工艺过程设计是综合解决各种技术问题的过程，许多技术问题往往需要平行地加以考虑，因此机械加工工艺过程设计不一定是直线向前的过程，可能出现反复的情况。往往对多方案综合分析比较，确定更优方案为所设计的机械加工工艺过程。

▶▶▶ 2.5.1　工序类型 ▶▶▶

在毛坯变为成品零件的过程中，通常要经过若干道机械加工工序。由于各个加工工序在零件的机械加工工艺过程中的目的与作用不同，机械加工后零件的精度和表面质量也不同，因此产生了加工工序类型。机械加工工序通常分为粗加工工序、半精加工工序、精加工工序、超精密或光整加工工序 4 种类型。

1）粗加工工序

粗加工工序的加工目的与作用是大量和快速地从工件表面去除材料，加工后工件表面粗糙度值比较大，加工精度比较低。例如：对于车削加工，粗加工的经济加工精度通常为 IT11 ~ IT13，经济加工表面粗糙度值通常为 $Ra\ 12.5\ \sim Ra\ 50$。

粗加工工序往往用于从毛坯开始的工件加工。由于毛坯与成品零件间尺寸相差较大，因此粗加工过程可以快速除去毛坯上过多的材料。粗加工表面也可作为零件不工作表面或不重要表面的最终加工表面。

2）半精加工工序

半精加工工序兼具获得加工质量和去除材料的任务，其目的与作用是为获得较高的加工质量或者为进一步获得很高的加工质量作准备。例如：对于车削加工，半精加工的经济加工精度通常为 IT8 ~ IT10，经济加工表面粗糙度值通常为 $Ra\ 3.2 \sim Ra\ 6.3$。

半精加工通常是粗加工工序与精加工工序之间的中间加工工序，也称为中间粗加工工序，半精加工的加工余量小于粗加工的加工余量，但是大于精加工的加工余量。

加工余量的变化规律通常是随着工件加工精度和表面加工质量的提高而逐渐减小。前道工序的加工余量总大于后续工序的加工余量。半精加工工序可能不止进行一次，有时要进行几次才行。

为了克服工艺系统受力变形、受热变形和工件内应力对加工质量的影响，工件的主要加工表面的加工过程需要渐进式进行。即使某一主要加工表面的加工不分散在几道工序进行，而只在一道工序内进行的情况下，表面加工也需要分成若干工步，经过多次走刀完成。

若工件的加工质量要求一般，低于精加工的加工质量，半精加工也可为零件的最终加工手段。

3）精加工工序

精加工工序的目的与作用是获得工件的加工精度和表面粗糙度，而不以从工件上去除材料为目的。精加工往往得到工件的最终加工表面，因此精加工工序的去除材料仅仅是获取零件图纸规定加工质量的手段。例如：对于车削加工，精加工的经济加工精度通常不低于 IT8，经济加工表面粗糙度值通常为 $Ra\ 0.8 \sim Ra\ 1.6$。

4）超精密或光整加工工序

超精密加工或光整加工是有特别高精加工质量要求的零件加工工艺过程中才有的工序。在这样的工序中，工件上去除材料数量很少或几乎不去材料，超精密加工或光整加工工序的目的与作用是在精加工达到的加工质量上进一步提高工件的加工精度和表面质量。

因为加工原理不同，相同加工工序类型的不同机械加工方法能达到的经济加工精度与表面粗糙度是不同的。

▶▶▶|2.5.2　加工阶段的划分 ▶▶ ▶

零件可能具有多个加工表面，对于每一个加工表面来说，其机械加工过程都是按由粗到精的次序进行的。由此产生的工序类型排列次序通常是：粗加工工序→半精加工工序→精加工工序→超精密加工或光整加工工序。

为了便于生产组织，通常将零件加工的工艺过程划分为若干阶段，每个加工阶段包含了若干加工工序。它表明了该零件加工阶段的主要性质。因此，零件加工工艺过程往往可以划分为如下几种类型的加工阶段。

1）粗加工阶段

在粗加工阶段，机械加工的主要任务是快速去除多余金属。因此，粗加工采用大切削用量提高生产率。粗加工阶段还要加工出精基准，供下道工序加工定位使用。

2）半精加工阶段

半精加工阶段是过渡阶段，主要任务是依据误差复映规律，采用多次加工，减少粗加工留下的误差，为主要表面的精加工做准备，并完成一些次要表面的加工。

半精加工阶段通常安排在热处理前完成。

3）精加工阶段

在精加工阶段，机械加工的主要任务是保证零件各主要表面达到图样要求。实现手段是均匀切除少量加工余量。精加工阶段通常安排在热处理后进行。

4）超精密或光整加工阶段

超精密加工是通过极小的切削深度和走刀量，从精加工后的工件上切去极薄一层材料，从而取得更高的加工精度和表面质量。光整加工的主要任务是提高零件表面质量，它不用于纠正几何形状和相互位置误差。常用光整加工方法有镜面磨、研磨、珩磨、抛光等。

关于加工阶段划分的几点说明如下。

(1)加工阶段是按加工先后排序的零件加工的分组，由于零件加工表面的复杂性，各个加工阶段内的工序类型未必是相同的。零件加工工艺过程中加工阶段与加工阶段之间并没有严格的界限，只是一个大致的范围。例如：粗加工阶段大多数的加工工序为粗加工类型，但是粗加工工序内也可能包含半精加工或精加工工序。

同样道理，若零件加工过程中个别的不工作表面粗加工工序不便安排在粗加工阶段完成，也可考虑在半精加工阶段或精加工阶段完成。需要指出，当毛坯余量特别大时，可以在毛坯车间进行去皮加工，切除多余加工余量，并检查毛坯缺陷。

(2)加工阶段的划分应依据具体情况而定，不是必需的。对于那些刚性好、余量小、加工质量要求不高或内应力影响不大的工件，可以不划分加工阶段或少划分加工阶段。有些重型零件安装和搬运困难，亦可不划分加工阶段。对于加工精度要求极高的重要零件，需要在划分加工阶段的基础上，插入适当的时效处理环节，消除残余应力影响。

零件加工工艺过程划分工序和加工阶段的主要原因有以下两点。

(1)机械加工过程中存在误差复映现象，即上道工序加工误差会对下道工序加工误差产生影响。毛坯的各个待加工表面可能加工余量分布不均，需要分多次加工才可能得到较

高加工质量。

(2)零件分工序加工或分阶段加工(或中间加入时效处理)可以减少内应力对加工精度的影响。铸件或锻件往往有内应力存在，经过切削加工后，零件内应力平衡被打破，零件因为应力释放会产生变形，进而影响加工精度。

分阶段进行零件加工的优势如下。

(1)有益于保证加工质量。粗加工时，切削余量大，切削力、切削热和夹紧力也大，切削加工难以达到较高精度；而且由于毛坯本身具有的内应力，粗加工后内应力将重新分布，工件会产生较大变形。划分加工阶段后，粗加工误差及应力变形通过半精加工和精加工以逐步修正，从而提高零件的精度和表面质量。

(2)有益于合理使用设备。粗加工阶段可采用功率大、效率高，精度一般的设备；精加工阶段则采用精度高的精密机床。从而发挥各类机床的效能，保护机床的精度，延长机床的使用寿命。

(3)有益于选用合理加工方法。划分加工阶段为不同的工序选择合适的设备和加工方法，从而提高生产率，降低成本。例如：螺纹加工可以安排在卧式车床上进行，生产效率比较低；若是生产车间恰好具备滚丝机床，按阶段加工可以将螺纹加工工序安排在滚丝机上进行，生产率提高十几倍，而且螺纹加工质量好。

(4)方便安排热处理工序。按阶段进行零件加工可在各加工阶段之间适当安排热处理工序。例如：对于重要和精密的零件，在粗加工后安排时效处理，可减少内应力对零件加工精度的影响；在半精加工后安排淬火处理，不仅容易达到零件的性能要求，而且热处理变形可通过(磨削)精加工过程予以消除。

(5)有利于避免重要表面和精密表面受损伤。按阶段加工零件，可以将精加工工序安排在零件加工工艺过程的最后，精加工表面最后加工，从而避免因加工其他表面可能造成已经加工的重要表面受伤害。

(6)有利于粗加工后及时发现毛坯缺陷。粗加工阶段快速和大量地去除各个加工表面的加工余量，便于及时发现毛坯缺陷，及时进行修补或报废，从而避免在工件上完成大量半精加工或精加工后才发现缺陷，造成加工浪费。

▶▶ 2.5.3 工序的集中与分散 ▶▶▶

依据零件的生产类型和加工设备情况，选定其中一种机械加工工艺过程设计原则，按照原则划分零件的机械加工工艺过程，安排加工顺序。

机械加工工艺过程设计有两个原则，即工序集中与工序分散。

工序集中就是通过设计零件的机械加工工艺过程，使零件加工集中在较少的工序内完成，这样每道工序的加工内容多。

工序分散就是通过设计零件的机械加工工艺过程，使零件加工分散在较多的工序内进行，这样每道工序的加工内容少。

采用工序集中原则设计机械加工工艺过程时，机械制造过程的特点如下：

(1)采用柔性或多功能机械加工设备及工艺装备，生产率高；

(2)工件装夹次数少，易于保证加工表面间位置精度，减少工序间运输量，缩短生产周期；

（3）机床数量、操作工人数量和生产面积可以较少，从而简化生产组织和计划工作；

（4）因采用柔性或多功能设备及工艺装备，所以投资大，设备调整复杂，生产准备工作量大，转换产品费时。

若是机械制造过程具有如下特点，往往采用工序分散原则设计零件的机械加工工艺：

（1）机械加工设备和工艺装备功能单一，调整维修方便，生产准备工作量小；

（2）工序内容简单，可采用较合理的切削用量；

（3）设备数量多，操作工人多，生产面积大；

（4）对操作者技能要求低。

工序集中与工序分散各有利弊，应根据生产类型、现有制造生产条件（机械加工设备类型、设备数量及分布）、工件结构特点和技术要求等进行综合分析后选用。

单件生产往往采用工序集中的原则，采用通用机床和工艺装备；在具有加工中心等先进设备条件下，小批量生产可采用工序集中原则安排零件加工，以便简化生产组织工作；大批量、大量生产广泛采用专用机床时，采用工序分散的原则安排零件加工；当生产线中有加工中心、数控设备及先进工艺装备时，可部分采用工序集中原则安排零件加工。

对于重型零件，工序应适当集中；对于刚性差、精度要求高的零件应适当分散其加工工序。

▶▶ 2.5.4　加工顺序的安排 ▶▶▶

1. 机械加工工序顺序安排原则

1）先粗后精原则

零件加工应先进行粗加工工序，后进行精加工工序。机械加工精度要求较高零件的主要表面应按照粗加工→半精加工→精加工→超精密或光整加工的顺序安排，使零件加工质量逐步提高。

2）先主后次原则

零件的主要表面是加工精度和表面质量要求较高的面，其加工过程往往较为复杂，工序数目多，且零件主要表面的加工质量对零件质量影响较大，因此安排加工顺序时应优先考虑零件主要表面加工；零件一些次要表面（如孔、键槽等），可穿插在零件主要表面加工中间或其后进行。

3）基准先行原则

应尽早加工零件上用作精基准的表面，以便为后续加工提供可靠的高质量的定位基准。在重要表面加工前，对精基准应进行一次修正，以利于保证主要表面的加工精度。

基准与加工次序安排有密切关系。基准选定也就初步确定了加工工序顺序。

4）先面后孔原则

零件加工应先进行平面加工工序，后进行孔加工工序。例如：箱体、支架和连杆等工件，因平面轮廓平整，定位稳定可靠，应先加工平面，然后以平面定位加工孔和其他表面，这样容易保证平面和孔之间的相互位置精度。

5）内外交替原则

若工件的加工表面既有孔、腔面等内表面，也有外表面，加工顺序往往是先加工内表面，然后加工外表面，再加工内表面，再加工外表面，如此交替进行。粗加工、半精加工

皆如此。

6）废品先现原则

对于容易产生废品的工序，精加工、超精密或光整加工都应当适当提前，某些次要的小表面可以放在其后。如果加工主要表面出现废品，可以在较多工序尚未开展时使废品尽早显现出来，避免产生无效和无意义的加工，避免浪费。

2. 热处理工序的安排

1）预备热处理

预备热处理是为了改善材料切削性能的热处理，如退火、正火、调质处理等。正火可以匀化金相组织，改善材料切削性。退火可以降低锻件硬度，提高材料切削性，去除冷、热加工的应力，细化匀化晶粒，提高冷加工性能。调质处理可以使零件在强度、硬度、塑性和韧性等方面普遍具有较好的综合力学性能。通常，预备热处理安排在粗加工之前进行。

2）中间热处理

中间热处理指一般安排在粗加工后和半精加工之前进行的热处理。中间热处理通常有两种情况：一种情况，为了消除（铸件等）内应力的热处理，包括人工时效、退火、正火等；另一种情况，为了获得材料的综合性能，如重要的锻件进行正火预备热处理后，在粗加工后安排调质处理作为中间热处理。

3）最终热处理

最终热处理指为了改善材料的理化和力学性能的热处理，包括淬火、渗碳、渗氮、高频感应等，用于提高材料强度、表面硬度和耐磨性。

淬火、淬火回火、渗碳淬火等热处理产生变形较大，它们通常被安排在半精加工之后和磨削加工之前进行。高频感应加热淬火等变形较小，有时允许安排在精加工之后进行。渗氮（氮化）处理可以获得更高的表面硬度和耐磨性、更高的疲劳强度，由于氮化层较薄，氮化后磨削余量不能太大，故一般将其安排在粗磨之后、精磨之前进行。通常，氮化处理前应对零件进行调质处理和去内应力处理，消除内应力，减少氮化变形，改善加工性能。

4）时效处理

安排时效处理可以消除毛坯制造和机械加工中产生的内应力。若铸件毛坯零件精度要求一般，可在粗加工前后进行一次时效处理。铸件毛坯零件精度要求较高时，可安排多次时效处理。

时效处理一般分为两种做法：一是人工时效，二是自然时效。

（1）人工时效，是将工件加热到较低温度，如淬火钢加热到 $120 \sim 150\ ℃$，较长时间保温，然后缓冷（空冷）下来的热处理方法。

（2）自然时效，是在常温下，靠长时间的存放，改变工件的性质、稳定形状尺寸的热处理方法。

自然时效进行得非常缓慢，有时需要几年才能完成，因此工厂中常用人工时效。

5）低温失效处理和冷处理

零件的低温失效处理和冷处理用于稳定精加工后的尺寸精度，一般安排在精加工工艺过程后进行。冷处理工艺是工件淬火热处理冷却至室温后，立即被放置入低于室温的环境下停留一定时间，然后取出放回室温环境的材料处理方法。低温冷处理和深冷处理可看成

是淬火热处理的继续，将淬火后已冷却到室温的工件继续深度冷却至零下很低温度。冷处理通常在最终热处理后进行。

6）表面处理

零件的表面处理工序一般安排在工艺过程的最后进行。表面处理包括表面金属镀层处理、表面磷化处理、表面发蓝、表面发黑、表面钝化处理、铝合金的阳极化处理等。

3. 检验工序安排

检验工序分一般检验工序和特种检验工序，它们是工艺过程中必不可少的工序。一般检验工序通常安排在粗加工后、重要工序前后、转车间前后及全部加工工序完成后。

特种检验工序，如 X 射线和超声波探伤等无损伤工件内部质量检验，一般安排在工艺过程开始时进行；如磁力探伤、荧光探伤等检验工件表面质量的工序，通常安排在精加工阶段进行；零件的静平衡和动平衡检查等一般安排在工艺过程的最后进行。

 ## 2.6　工序设计

工序设计是以零件图加工分析为基础，为机械加工工序选择适当的机床设备并配备工艺装备，确定切削用量，确定加工余量，确定工序尺寸及公差等。

▶▶▶ 2.6.1　机床与工艺装备的选择 ▶▶▶

1）机床的选择

机床是实现机械切削加工（包括磨削等）的主要设备。机床设备选择应遵循的原则是：

（1）机床的主要规格尺寸应与被加工零件的外廓尺寸相适应；

（2）机床的加工精度应与工序要求的加工精度相适应；

（3）机床的生产率应与被加工零件的生产类型相适应；

（4）机床的选择应充分考虑企业现有设备情况。

2）工艺装备的选择

工艺装备主要指夹具、刀具、量具和辅助工具等。

工艺装备选择首先需要满足零件加工需求。一般地，夹具与量具选择要注意其精度应与工件的加工精度要求相适应。刀具的类型、规格和精度应符合零件的加工要求。

工艺装备的配备还应该与零件的生产类型相适应，才能在满足产品质量的前提下提高生产率，并降低生产成本。

单件、小批量生产中，夹具应尽量选用通用工具，如卡盘、台虎钳和回转台等，为提高生产率可积极推广和使用成组夹具或组合夹具；刀具一般采用通用刀具或标准刀具，必要时也可采用高效复合刀具及其他专用刀具；量具普遍采用通用量具。

大批量、大量生产中，机床夹具应尽量选用高效的液压或气动等专用夹具；刀具可采用高效复合刀具及其他专用刀具；量具应采用各种量规和一些高效的检验工具，选用的量具精度应与工序设计工件的加工精度相适应。

如果工序设计需要采用专用的工艺装备，则应在设计任务书中批量生产时综合权衡生产率、生产成本等多方面因素，适当选用专用工艺装备。

▶▶ | 2.6.2　切削用量的确定 ▶▶▶ ▶

切削用量是机械加工的重要参数，切削用量数值因加工阶段不同而不同。选择切削用量主要从保证工件加工表面的质量、提高生产率、维持刀具耐用度及机床功率限制等方面来综合考虑。

1. 粗加工切削用量的选择

粗加工毛坯余量大，而且可能不均匀，粗加工切削用量的选择原则一般以提高生产率为主，但也应考虑加工经济性和加工成本。

粗加工阶段工件的精度与表面粗糙度（一般 $Ra\,12.5 \sim Ra\,50$）可以要求不高。在保证必要的刀具耐用度的前提下，应适当加大切削用量。

1）切削功率的三要素

切削功率的三要素为背吃刀量 a_p、进给量 f 和切削速度 v_c。

背吃刀量 a_p（切削深度）是垂直于进给速度方向的切削层最大尺寸，一般指工件上已加工表面和待加工表面间的垂直距离。对于圆柱体工件的切削加工，指的是已加工表面和待加工表面的直径差的 $1/2$，即单边切削深度。

进给量 f 是刀具在进给运动方向上相对于工件的位移量。

切削速度 v_c 是刀具切削刃上的某一点相对于待加工表面在主运动方向上的瞬时速度。

通常生产率用单位时间内的金属切除率 Z_ω 表示，则 $Z_\omega = 1\,000 v_c f a_p$（单位：$\mathrm{mm^3/s}$）。可见，提高背吃刀量 a_p、进给量 f 和切削速度 v_c 都能提高切削加工生产率。其中，切削速度对刀具耐用度影响最大，背吃刀量对刀具耐用度影响最小。在选择粗加工切削用量时，应首先选用尽可能大的背吃刀量；其次选用较大的进给量；最后根据合理的刀具耐用度，用计算法或查表法确定合适的切削速度。

2）背吃刀量的选择

粗加工时，背吃刀量由工件加工余量和工艺系统刚度决定。在预留后续工序加工余量的前提下，应将粗加工余量尽可能快速切除掉；若总余量太大，或者工艺系统刚度不足，或者加工余量明显不均，粗加工可分几次走刀，但总是将第一、二次进给的背吃刀量尽可能取大些。

在中等功率机床上，粗加工背吃刀量可达 $8 \sim 10$ mm。

3）进给量的选择

粗加工对工件表面质量没有太高要求，这时主要考虑机床进给机构的强度与刚性和刀杆的强度与刚性等限制因素，实际限制进给量的主要因素是切削力。在工艺系统刚性和强度良好的情况下，可用较大的进给量。进给量的选择可以采用查表法，参阅机械加工工艺手册和金属切削手册，根据工件材料和尺寸、刀杆尺寸和初选的背吃刀量来选取。

4）切削速度的选择

切削速度的主要限制因素是刀具耐用度和机床功率。刀具耐用度需参阅刀具产品手册和金属切削手册。

切削速度选择还应注意以下几点：

（1）尽量避开积屑瘤产生区域；

（2）断续切削时，适当降低切削速度，减小冲击和振动；

（3）易发生振动的情况，切削速度应该避开自激振动的临界速度；

（4）切削大型工件、细长件和薄壁件时，应选择较低的切削速度；

（5）切削带外皮的工件时，应适当降低切削速度。

2. 半精加工和精加工时切削用量的选择

半精加工（一般 Ra 1.6 ~ Ra 6.3）和精加工（一般 Ra 0.32 ~ Ra 1.6）时，加工余量小而均匀。切削用量的选用原则是在保证工件加工质量的前提下，兼顾切削效率、加工经济性和加工成本。

1）背吃刀量的选择

背吃刀量的选择由粗加工后留下的余量决定，一般不能太大，否则会影响加工质量。半精加工的背吃刀量一般取 0.5 ~ 2 mm，精加工的背吃刀量一般取 0.1 ~ 0.4 mm。

2）进给量的选择

限制进给量的主要因素是表面粗糙度。进给量应根据加工表面的表面粗糙度值要求、刀尖圆弧半径、工件材料、主偏角及副偏角、切削速度等选取。

3）切削速度的选择

切削速度的选择主要考虑表面粗糙度要求和工件的材料种类。当表面粗糙度值要求较小时，需要选择较高的切削速度。

▶▶▶ 2.6.3　加工余量的确定 ▶▶▶

1. 加工余量的概念

加工余量指在加工过程中从被加工表面上切除的金属层厚度。加工余量分为加工总余量和工序余量两种。工序余量是相邻两工序的工序尺寸之差。

由于工序尺寸公差的存在，实际切除的余量大小不等，因此工序余量是一个变动量。当工序尺寸用名义尺寸计算时，所得的加工余量称为基本余量或者公称余量。保证该工序加工表面的精度和质量所需切除的最小金属层厚度称为最小余量（Z_{min}），该工序余量最大值称为最大余量（Z_{max}）。

计算加工余量通常用尺寸链理论。加工余量是封闭环，工序尺寸是组成环。

机械加工去除金属量的过程如图 2-12 所示。

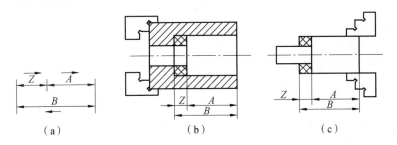

图2-12　机械加工去除金属量的过程
（a）建立尺寸链图；（b）内表面加工示意图；（c）外表面加工示意图

工序余量有单边余量和双边余量之分。零件非对称结构的非对称面，其加工余量一般为单边余量。单一平面的加工余量为单边余量，如图2-13（a）所示。零件对称结构的对称表面，其加工余量为双边余量，多见于回转体表面（内、外圆柱表面）的加工余量，如图

2-13(b)所示。

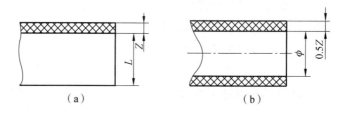

图 2-13　工序余量

(a)单边余量；(b)双边余量

加工总余量是同一表面上毛坯尺寸与零件设计尺寸之差，即从加工表面上切除的金属层总厚度。加工总余量 $Z_{总}$ 等于该表面各个工序余量(Z_1，Z_2，…，Z_n)之和，即

$$Z_{总} = Z_1 + Z_2 + \cdots + Z_n$$

第一道工序的加工余量 Z_1 就是粗加工的加工余量，其数值大小与毛坯制造方法有关。一般来讲，毛坯的制造精度高时，Z_1 可以小；毛坯的制造精度低时，Z_1 需要大些。

2. 影响加工余量的因素

1) 前道工序的表面粗糙度 R_z(轮廓最大高度)和表面层缺陷层厚度 H_a

前道工序的表面粗糙度 R_z 和表面层缺陷层厚度 H_a 都应在本工序内去除。零件表面层结构如图 2-14 所示。

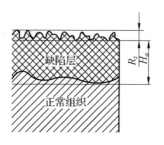

图 2-14　零件表面层结构

2) 前道工序的尺寸公差 T_a

应将前道工序的尺寸公差 T_a 计入本工序加工余量。

3) 前道工序的形位误差 ρ_a

工件形位误差包括工件表面的弯曲、工件的空间位置误差等。形位误差 ρ_a 往往具有空间方向性，加工余量分析与计算时可以按照其矢量模型计算。如果工件形位公差可以用目视观察获知，则需要增加矫直工序，矫直后残余形位误差应无法用目测判断其方向性，工序余量按照前道工序的形位误差矢量模型计算。

4) 本工序的安装误差 ε_b

安装误差也具有空间方向性，加工余量分析与计算时也参照矢量模型计算。原因同上。

综合上述因素，本工序的加工余量应为：

对称余量

$$Z \geqslant 2(R_z + H_a + |\varepsilon_b| + |\rho_a|) + T_a$$

单边余量

$$Z \geqslant R_z + H_a + |\varepsilon_b| + |\rho_a| + T_a$$

3. 加工余量的确定方法

加工余量的大小对零件的加工质量、生产率和生产成本均有较大影响。

加工余量过大，不仅增加机械加工的劳动量、降低生产率，而且增加了材料、刀具的数量和损耗以及能耗，增加了加工成本；加工余量过小，容易造成废品，往往不是加工余量不能消除前道工序的各种表面缺陷和误差，就是加工余量不能补偿本工序加工时工件的安装误差。因此，应合理地确定加工余量。

确定加工余量的基本原则是：在保证工件加工质量的前提下，尽可能选用较小加工余量。

实际工作中，确定工件加工余量的方法有查表法、经验估计法、分析计算法3种。

1) 查表法

查表法是根据有关切削加工手册或机械加工工艺手册提供的加工余量数据，或者依据工厂自身积累的经验数据，以查表的方式确定加工余量。查表法往往可以获知各种工序余量或加工总余量，亦可以结合实际加工企业情况，对查表数据作进一步修正，确定合适的加工余量。查表法操作方便、简单、实用，是目前应用较为广泛的方法，特别是对于机械加工经验尚不丰富的工艺人员来说。

孔加工余量与孔的大小有关，直径大的孔酌情取较大的加工余量。

外圆加工余量与外圆直径和工件长度有关。外圆直径不大于180 mm且工件长度不超过200 mm时，加工余量取下限；外圆直径超过180 mm且工件长度超过400 mm时，加工余量取上限，其他情况酌减。

平面或端面加工余量与平面或端面大小有关。加工平面长与宽不大于100 mm时，加工余量取下限；加工平面长大于500 mm且宽大于200 mm时，加工余量取上限，其他情况酌减。

渗碳热处理后工件变形较大，需要进行磨削加工，根据渗碳层的深度，适当选择双边和单边加工余量。

2) 经验估计法

工艺人员根据自身积累的机械加工经验，确定加工余量的方法称为经验估计法，经验估计法最为快捷、方便。为了防止加工余量过小而产生废品，采用经验估计法确定的加工余量往往数值偏大。

3) 分析计算法

分析计算法是根据理论公式和试验资料，对影响加工余量的各因素进行分析、计算从而确定加工余量的方法。这种确定加工余量的方法较为合理，但需要掌握完备和可靠的试验资料，计算也相对复杂。一般只在材料十分贵重或少数大批量、大量生产的情况下采用。

▶▶▶ 2.6.4　工序尺寸及其公差的确定 ▶▶▶

零件的设计尺寸一般要经过多道工序加工才能得到，每道工序加工所应保证的尺寸称为工序尺寸。

工序尺寸及公差应标注在对应的工序卡的工序简图上，它们是零件加工和工序检验的依据。工序尺寸及公差标注应符合"入体原则"。

"入体原则"标注指标注尺寸公差时应向材料实体方向单向标注。内表面(如孔)的工序尺寸公差取下极限偏差为0；外表面(如轴)的工序尺寸公差取上极限偏差为0。通常，毛坯尺寸公差可以双向布置上、下极限偏差。

工序尺寸及公差确定的基本原则如下：

(1)满足零件加工质量要求；

(2)毛坯制造方便，制造成本较低；

(3)各工序加工方便，加工成本较低。

机械加工过程中，工件的尺寸是不断变化的，由毛坯尺寸到工序尺寸，从上道工序尺寸到本道工序尺寸，然后到下道工序尺寸，最后达到满足零件性能要求的设计尺寸。

工序尺寸及公差确定的基本方法如下：

(1)最后一道工序的工序尺寸及公差按零件图纸确定；

(2)其余工序的工序尺寸及公差按工序加工方法的经济加工精度确定；

(3)各工序的工序余量应当合理；

(4)工序尺寸及公差确定过程是逐步推算的过程，推算方向是从最后一道工序向前依次推算。

由于零件结构和尺寸关系可能非常复杂，实际工序尺寸及公差计算过程可能会较为烦琐，需要遵循一些计算方法和步骤。

一般来说，如果某个工序尺寸在零件加工过程中工艺基准与设计基准是重合的，则工序尺寸及其公差的计算相对简单。当工艺基准与设计基准不重合时，工序尺寸及其公差的计算较为烦琐。

1)基准重合时工序尺寸及其公差的计算

当工艺基准与设计基准重合时，零件设计图纸可以确定最后一道工序的工序尺寸及公差。其余工序尺寸及其公差确定的基本方法如下：

(1)按照各工序加工方法，确定工序的加工余量；

(2)依据加工余量计算公式，从最后一道工序的工序尺寸开始，依次计算上一道工序的工序尺寸，直至零件毛坯尺寸；

(3)按工序加工方法的经济加工精度，确定各中间工序的工序尺寸及公差；

(4)按"入体原则"标注尺寸极限偏差。

例 2-1 齿轮箱体轴承安装孔的设计要求为 $\phi100H7$，$Ra\,0.40$，其机械加工工艺过程为：毛坯→粗镗→半精镗→精镗→浮动镗。试确定各工序尺寸及其公差。

解：从机械工艺手册查得各工序加工余量和所能达到的精度，具体列于表2-9中，再计算其他内容。

表 2-9 例 2-1 解答

工序名称	工序余量 /mm	工序精度	工序表面粗糙度 Ra/μm	工序基本尺寸 /mm	工序尺寸及其公差、表面粗糙度
浮动镗	0.1	H7($^{+0.035}_{0}$)	0.4	100	$\phi100^{+0.035}_{0}$，$Ra\,0.4$
精镗	0.5	H9($^{+0.087}_{0}$)	1.6	100-0.1=99.9	$\phi99.9^{+0.087}_{0}$，$Ra\,1.6$
半精镗	2.4	H11($^{+0.22}_{0}$)	6.3	99.9-0.5=99.4	$\phi99.4^{+0.22}_{0}$，$Ra\,6.3$

工序名称	工序余量/mm	工序精度	工序表面粗糙度 $Ra/\mu m$	工序基本尺寸/mm	工序尺寸及其公差、表面粗糙度
精镗	5	H13($^{+0.54}_{0}$)	12.5	99.4-2.4=97	$\phi97^{+0.54}_{0}$，Ra 12.5
毛坯孔	—	(±1.2)	—	97-5=92	$\phi92±1.2$

计算得到的工序余量、工序尺寸及其公差关系如图2-15所示。

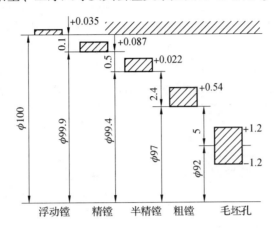

图2-15　计算得到的工序余量、工序尺寸及其公差关系

2）基准不重合时工序尺寸及其公差的计算

当零件结构复杂且加工表面较多时，零件加工工序会很多，加工过程中往往会多次更换机床设备，进行多次装夹工件，并更换定位基准；当零件加工精度较高时，尽管零件结构不很复杂，其加工过程也经常会有很多工序，加工过程中常会使用不同定位基准和工序基准。

由于基准转换，基准不重合时，工序尺寸及其公差的计算需要利用工艺尺寸链理论。

▶▶▶ 2.6.5　工序简图 ▶▶▶

在工序卡上，需要用图示方式简洁标明工件装夹方式、加工质量要求等。一般地，工序简图主要包括如下内容：

（1）零件结构图示；

（2）用标准符号标明定位基准、夹紧位置等；

（3）用加粗线条，突出标明本工序的加工表面轮廓；

（4）标明本工序的工序尺寸及其公差、形位公差、表面粗糙度等。

作业：分析图2-16所示汽车减速器螺旋伞齿轮加工过程中磨内孔和端面的工序简图。

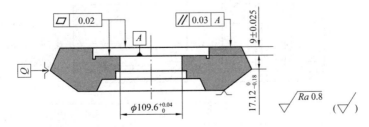

图2-16　汽车减速器螺旋伞齿轮加工过程中磨内孔和端面的工序简图

2.7 零件的机械加工结构工艺性

2.7.1 零件的机械加工结构工艺性的要求

零件本身的结构对机械加工质量、生产率和经济效益具有重要的影响。所谓零件具有良好的机械加工结构工艺性，是指所设计的零件在保证使用性能要求的前提下，能够经济、高效、合格地加工出来。零件的机械加工结构工艺性可以概括为对零件结构 3 个方面的要求：①有利于减少切削加工量；②便于工件安装、加工与检测；③有利于提高生产率。表 2-10 列出了在单件、小批量生产中，零件的机械加工结构工艺性实例，可供参考。

表 2-10　单件、小批量生产中零件的机械加工结构工艺性实例

设计原则	序号	改进前	改进后	说明
减少加工表面的面积	1			铸出凸台，以减少切去金属的体积
	2			如只有一小段有公差要求，则可设计成阶梯形，以减小磨削面积
便于工件在机床或夹具上安装	1		工艺凸台，加工后切除	为了安装方便，设计了工艺凸台，可在精加工后切除
	2			增设夹紧边缘
减少工件的安装次数	1			不通孔改为通孔，可减少安装次数，保证孔的同轴度
	2			原设计须从两端进行加工，改进后可省去一次安装

续表

设计原则	序号	改进前	改进后	说明
孔与槽的形状应便于加工	1			箱体上同一轴线的各孔，应都是通孔，无台阶；孔径向同一方向递减或从两边向中间递减；端面应在同一平面上
	2			不通孔或阶梯孔的孔底形状应与钻头形状相符
	3			槽的形状与尺寸应与立铣刀形状相符
加工时应便于进刀和退刀	1			对车到头的螺纹，应设计出退刀槽
	2			磨削时，各表面间的过渡部位应设计出砂轮越程槽
	3			孔内中断的键槽，应设计出退刀孔或退刀槽
提高钻头的刚性和寿命	1			孔的位置应使标准钻头能够加工，应尽量避免使用加长钻头
	2			应避免在曲面或斜壁上钻孔，以免钻头单边切削

续表

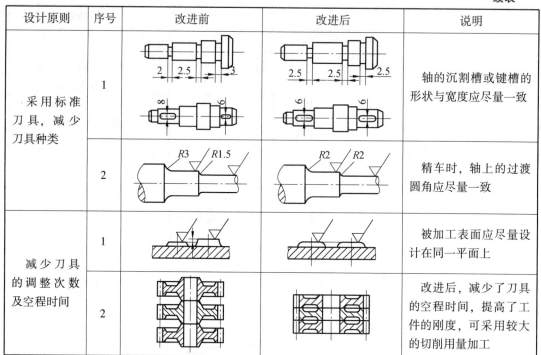

设计原则	序号	改进前	改进后	说明
采用标准刀具，减少刀具种类	1			轴的沉割槽或键槽的形状与宽度应尽量一致
	2			精车时，轴上的过渡圆角应尽量一致
减少刀具的调整次数及空程时间	1			被加工表面应尽量设计在同一平面上
	2			改进后，减少了刀具的空程时间，提高了工件的刚度，可采用较大的切削用量加工

▶▶▶ 2.7.2 零件的机械加工工艺过程示例 ▶▶ ▶

　　对零件进行机械加工之前，应拟订其加工工艺路线。工艺路线的拟订主要包括划分加工阶段、选择加工方法、安排加工顺序等内容。

　　零件的机械加工一般要经过粗加工、半精加工和精加工 3 个阶段才能完成。对于特别精密的零件还要进行光整加工。粗加工的主要任务是切除大部分加工余量，并为半精加工提供定位基准。半精加工的任务是为主要表面的精加工做好准备，并完成一些次要表面的加工，使之达到图样要求；精加工的任务是使各主要表面达到图样要求；光整加工的任务是使那些加工质量要求特别高(精度高于 IT6，表面粗糙度值低于 0.2 μm)的表面达到图样要求。划分加工阶段有利于保证加工质量，合理使用设备，及时发现毛坯的缺陷以避免浪费加工工时。

　　加工方法的选择首先应根据各个加工表面的技术要求，确定加工方法及分几次加工，同时还应考虑工件的材质、生产批量、现场设备及技术条件等因素。

　　加工顺序的合理安排有利于保证加工质量、降低成本和提高生产率。切削加工顺序的安排主要应遵循以下原则：①先加工精加工的定位基准表面，再加工其他表面；②先粗加工，后精加工；③先加工主要表面，后加工次要表面。热处理工序的安排应遵循以下原则：①预备热处理(如退火、正火等)的目的是改善工件的切削加工性和消除毛坯的内应力，一般应安排在切削加工之前进行；②最终热处理(如淬火、调质处理等)的目的是提高零件的力学性能(如强度、硬度等)，一般应安排在半精加工之后，磨削精加工之前进行。辅助工序包括检验、去毛刺、倒角等。检验工序是保证产品质量的重要措施，除了各工序操作者应进行自检、互检外，在各加工阶段之后，重要工序前后，转车间加工前后，以及全部加工结束之后，一般应安排专门的检验工序。去毛刺、倒角等辅助工序也是不可忽略的，否则将给装配工作带来困难，甚至导致机器不能使用。

下面以轴类零件的加工为例，说明零件的机械加工工艺过程。

在机器中，轴类零件一般用于支承齿轮、带轮等传动零件和传递转矩。从结构上看，它属于回转体零件，且长度大于直径，一般由同轴的若干个外圆柱面、圆锥面、内孔和螺纹等组成。按其结构特点可分为简单轴、阶梯轴、空心轴、异形轴等。轴类零件的主要技术要求如下：①足够的强度、刚度和表面耐磨性；②各外圆柱面、内孔面及端面之间的尺寸精度、形状与位置精度、表面质量等。

轴的结构形状特点决定了它的加工主要是采用各种车床和磨床进行车削和磨削，轴上的键槽则采用铣削或拉削。对重要轴的加工必须做到粗、精加工分开。主要表面的精加工应安排在最后进行，以免因其他表面的加工影响主要表面的精度。在加工阶梯轴时，为了避免工件在加工过程中因刚性被削弱所造成的影响，应将小直径外圆柱面的加工放在最后进行。轴上的花键和键槽应安排在外圆柱面的加工基本完成以后，最终热处理之前进行。为了避免热处理变形的影响，轴上的螺纹应安排在轴颈局部淬火之后进行加工。小批量生产图 2-17 所示的传动轴时，其加工工艺过程如表 2-11 所示。

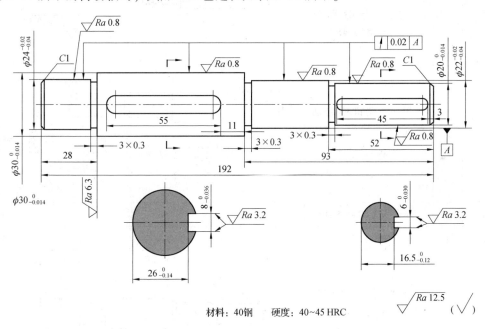

材料：40钢　　硬度：40~45 HRC

图 2-17　传动轴

表 2-11　小批量加工传动轴的工艺过程

工序号	工种	工序内容	加工简图	设备
Ⅰ	车	(1) 车一端面，钻中心孔 (2) 切断至长 194 (3) 车另一端面至长 192，钻中心孔	ϕ35　192　$\sqrt{Ra\,12.5}$	卧式车床

工序号	工种	工序内容	加工简图	设备
II	车	（1）粗车一端外圆分别至 $\phi32\times104$，$\phi26\times27$ （2）半精车该端外圆分别至 $\phi30.4^{+0.1}_{0}\times105$，$\phi24.4^{+0.1}_{0}\times28$ （3）切槽 $\phi23.4\times3$ （4）倒角 $C1$ （5）粗车另一端外圆分别至 $\phi24\times92$，$\phi22\times51$ （6）半精车该端外圆分别至 $\phi22.4^{+0.1}_{0}\times93$，$\phi20.4^{+0.1}_{0}\times52$ （7）切槽分别至 $\phi21.4\times3$，$\phi19.4\times3$ （8）倒角 $C1$	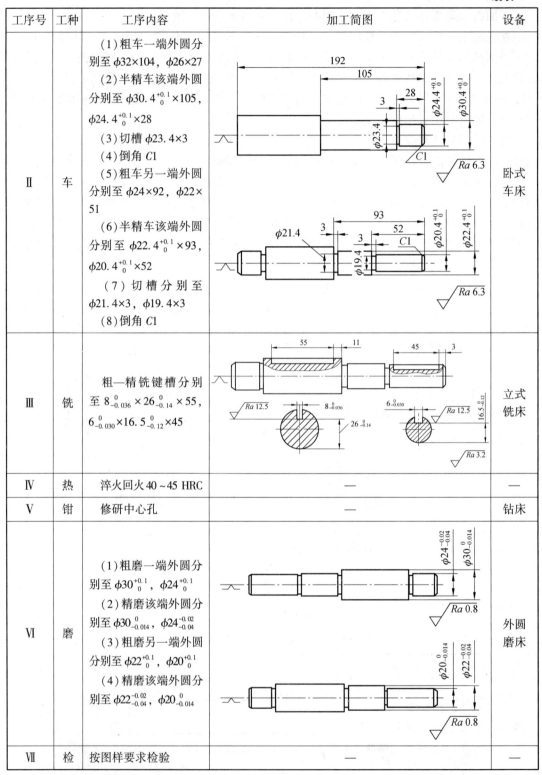	卧式车床
III	铣	粗—精铣键槽分别至 $8^{0}_{-0.036}\times26^{0}_{-0.14}\times55$，$6^{0}_{-0.030}\times16.5^{0}_{-0.12}\times45$		立式铣床
IV	热	淬火回火 40~45 HRC	—	—
V	钳	修研中心孔	—	钻床
VI	磨	（1）粗磨一端外圆分别至 $\phi30^{+0.1}_{0}$，$\phi24^{+0.1}_{0}$ （2）精磨该端外圆分别至 $\phi30^{0}_{-0.014}$，$\phi24^{-0.02}_{-0.04}$ （3）粗磨另一端外圆分别至 $\phi22^{+0.1}_{0}$，$\phi20^{+0.1}_{0}$ （4）精磨该端外圆分别至 $\phi22^{-0.02}_{-0.04}$，$\phi20^{0}_{-0.014}$		外圆磨床
VII	检	按图样要求检验	—	—

注：1. 加工简图中，粗实线为该工序加工表面。

2. 加工简图中，符号 ⊿ 所指为定位基准。

2.8　工艺方案的生产率、技术经济分析和价值分析

经济性是工艺方案的重要指标。

优良的工艺方案应使机械加工过程具有较高的生产率，能够用更短的时间完成同样的机械加工工作量。

生产率是一个工人在单位时间内生产出合格产品的数量。生产率是衡量生产效率的综合性能指标，表示了一个工人在单位时间内为社会创造财富的多少。

▶▶ 2.8.1　时间定额与提高生产率的措施 ▶▶▶

1. 时间定额

时间定额是工艺规程的重要组成部分，是生产计划、成本核算的主要依据，也是计算和规划新建厂机床设备配置（种类、数量）、人员编制（工种、数量）、车间布置和组织生产的主要依据。

时间定额通常指单件时间定额，是指在一定生产条件下，规定完成一件产品或完成一道工序所消耗的时间。合理的时间定额能促进工人生产技能不断提高，也能促进生产率不断提高。

时间定额由下面几部分组成。

1）基本时间 t_j

基本时间也称机动时间，它是直接改变工件尺寸、形状、相对位置、表面状态或材料性质等工艺过程所消耗的时间。直白地说，基本时间是机床上对工件开展机械加工的时间，它包括刀具切入、切削加工和刀具切出的时间。

2）辅助时间 t_f

辅助时间即为完成工艺过程所进行的各种辅助动作所消耗的时间。它包括装卸工件（包括定位夹紧）、开启和停止机床、改变切削用量、测量工件等所消耗的时间。

基本时间和辅助时间的总和称为作业时间。在批量生产中，作业时间内的机械加工动作重复进行。

3）单件布置工作地时间 t_b

布置工作地时间是为了维持机械加工作业正常进行，工人班内照管工作地消耗的时间，即用于调整与更换刀具、维护机床、清洁工作场地的时间。单件布置工作地时间是分摊到班内加工的每个工件上的布置工作地时间，一般可按下式估算

$$t_b = \alpha(t_j + t_f)$$

式中：α 与生产环境有关，可在2%～75%间近似取值。

4）单件休息与生理需要时间 t_x

单件休息与生理需要时间即分摊到班内加工的每个工件上的工人在工作班内为恢复体力和满足生理需要所消耗的时间，一般可按下式估算

$$t_x = \beta(t_j + t_f)$$

式中：$\beta \approx 25$。

5）准备与终结时间 t_z

准备与终结时间指加工一批零件时，开始和终了时所做的准备与终结工作而消耗的时间。例如：熟悉工艺文件、领取毛坯、安装刀具和夹具、调整机床、领取与归还工艺装备，以及送交成品等所消耗的时间都是准备与终结时间。

综上，成批生产时的单件时间定额为

$$t_d = t_j + t_f + t_b + t_x + t_z/N = (t_j + t_f)(1 + \alpha + \beta) + t_z/N$$

准备与终结时间对一批零件只消耗一次。零件批量 N 越大，分摊到每个工件上的准备与终结时间越小。所以，成批生产零件节省时间，具有经济性。

2. 提高生产率的措施

提高生产率实际上就是减少工时定额。一般来说，提高生产率可以从如下几个方面考虑。

1）缩短基本时间

首先，考虑采用新技术、新工艺、新方法和新设备等提高切削用量，提高去除金属材料的速度。这是提高生产率的最有效办法。

其次，考虑减少切削行程，减少机械加工工作量，从而缩短基本时间。

再次，考虑采用复合工步加工，使工步的部分或全部基本时间重合，从而减少工序时间。

最后，可以采用多工件同时加工的方式减少基本时间。机床在一次安装中，同时加工几个工件，减少了每个工件上消耗的基本时间和辅助时间。

2）缩短辅助时间

缩短辅助时间主要有两种方法：

（1）采用先进工装夹具；

（2）采用多工位机床或多工位机床夹具，使辅助时间与基本时间重合。

3）缩短布置工作地时间

缩短布置工作地时间主要通过采用先进刀具和先进的对刀装置、缩短微调刀具和每次换刀时间、提高刀具使用寿命，从而减少工作地点服务时间。

4）缩短准备与终结时间

缩短准备与终结时间的主要方法是扩大零件的生产批量和减少机床及夹具的调整时间。利用成组技术可以将结构、技术条件和工艺过程相近的零件进行归类加工，从而缩短准备与终结时间。

▶▶▶ 2.8.2　工艺方案的技术经济分析 ▶▶▶▶

1. 技术经济分析的评价参数

常用的技术经济分析评价参数有工艺成本、工艺过程劳动量、工艺过程生产率、基本时间系数、材料利用系数等。

1）工艺成本

制造一个零件或一件产品所需的一切费用的总和称为生产成本。工艺成本是生产成本中与机械加工工艺过程直接相关的一部分费用。

去除工艺成本后剩余的生产成本与工艺过程没有直接关系，这部分费用包括行政人员工资、厂房折旧费等，它们基本上不随工艺方案的变化而改变。进行工艺方案的技术经济分析时，不必分析生产成本，只需要考虑工艺成本即可。

工艺成本还可以细分为可变费用和不变费用两部分。

可变费用与产品产量有关，用 V 表示。不变费用与产品产量没有关系，用 C 表示。用 S 表示单件工艺成本，用 S_n 表示年工艺成本，用 N 表示该产品的年产量，则

$$S_n = C + VN$$

$$S = C/N + V$$

如果某种工艺方案的不变费用 C 较其他方案的大，且其可变费用 V 亦较大，显然该种工艺方案的经济性不好。

在进行技术经济分析时，对生产规模较大的主要零件的工艺方案选择，应该用工艺成本评定。在特别复杂的情况下，工艺方案的技术经济分析需要进一步采用一些其他方法手段进行。

2）工艺过程劳动量

工艺过程劳动量可以用工艺过程的单件时间定额表征，它是评定工艺过程的重要经济指标之一。使用工艺过程劳动量作为评价指标可以进行单个工序方案比较，也可以进行整个工艺过程方案比较。全工艺过程的劳动量是工艺过程的全部工序劳动量之和。需要指出，采用工艺过程劳动量指标评价工艺过程方案时，被比较的工艺过程方案的生产条件必须相似，生产成本必须相近，否则没有可比性。

3）工艺过程生产率

工艺过程生产率可以用工艺过程劳动量的倒数表征。它可以用来比较单个工序的经济性，也可以用来比较整个工艺过程方案的经济性。

工序的生产率可以用工序的工艺过程劳动量的倒数表征，即工序时间定额的倒数。

全工艺过程的生产率可以用全工艺过程的劳动率的倒数表征。

同样需要指出，采用工艺过程生产率指标评价工艺过程方案时，被比较的工艺过程方案的生产条件必须相似，生产成本必须相近，否则没有可比性。

4）基本时间系数

基本时间系数也称机动时间系数，是工艺过程的基本时间与时间定额的比值。它可以在工艺过程中实际用于表示机械加工的时间占总工作时间的比例。

通常，基本时间系数较高表明生产管理与生产组织比较合理，表明生产辅助时间、单件布置工作地时间或单件准备与总结时间等较短。

5）材料利用系数

材料利用系数是成品工件质量与毛坯质量的比值。它可以表征在工艺过程中是否有效地利用了原材料。

如果材料利用系数比较大，那么表明工艺过程中机械加工工作量较小，也表明基本时间较小，减少动力及切削刀具损耗。

2．工艺方案的技术经济分析方法

工艺方案的技术经济分析主要采用两种方法：一种是比较各个工艺方案的工艺成本；另一种是通过计算工艺方案的技术经济指标进行评判。

1）比较工艺成本

若各工艺方案的基本投资相近，或者在可以使用现有设备，不需要增加基本投资的情况下，可以采用工艺成本作为评价各方案经济性的依据。

假设两个工艺方案的全年工艺成本分别为

$$S_{n1} = C_1 + V_1 N, \quad S_{n2} = C_2 + V_2 N$$

且有 $C_1 > C_2$，$V_1 < V_2$。

当产量 N 一定时，先分别依据公式 $S_n = C + VN$ 绘制两种方案的全年工艺成本曲线，如图 2-18 所示。

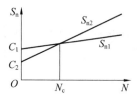

图 2-18　两种方案的全年工艺成本曲线

比较工艺成本曲线，选工艺成本小的方案。当计划产量 $N < N_c$ 时，则选第二方案；当 $N > N_c$ 时，则选第一方案。

N_c 称为临界产量，其数值可由下式计算

$$N_c = \frac{C_2 - C_1}{V_1 - V_2}$$

采用单件工艺成本计算公式 $S = C/N + V$，可以绘制单件工艺成本曲线。同样，可以进行工艺方案技术经济分析，并得到相同的结论。

2）计算技术经济指标

若各工艺方案的基本投资差额较大，仅用工艺成本评价工艺方案的经济性是不全面的，需要补充考察工艺方案的基本投资的回收期。

基本投资主要包括机床设备和工艺装备等方面的资金投入。基本投资用 K 表示。

最简单的情况是当某种工艺方案的工艺成本 S 和基本投资 K 都较其他工艺方案的大，显然该种工艺方案的经济性不好；反之，则经济性好。

除了上述简单情况外，评价工艺方案的经济性往往需要进一步判断工艺成本低是否是由于增加投资而得到的，需要考虑基本投资的经济效益，即考虑不同方案的基本投资回收期。

假设第一方案基本投资 K_1 大，但工艺成本 S_1 小；第二方案基本投资 K_2 小，但工艺成本 S_2 较大。

回收期是指第二方案比第一方案多花费的投资由工艺成本的降低而收回所需的时间。回收期用 τ 表示，则 $\tau = (K_2 - K_1)/(S_1 - S_2)$。显然，回收期越短，则工艺方案的经济效益越好。

一般工艺方案的回收期应小于所用设备的使用年限，也应小于市场对该产品的需求年限。国家规定夹具的回收期为 2~3 年，机床的回收期为 4~6 年。

如果按工艺成本和基本投资回收期比较，工艺方案的结果差别不明显，则可以从工艺方案的劳动量、生产率、基本时间系数、材料利用率等评价参数中适当选取一些作为指

标，进一步评价。也可以考虑补充其他相对性指标，参与工艺方案的评价。例如：每一工人的年产量、每台设备的年产量、每平方米生产面积的年产量、设备负荷率、工艺装备系数、设备构成比(专用设备与通用设备之比)、钳工修配劳动量与机床加工工时之比、单件产品的原材料消耗与电力消耗等。

此外，工艺方案的选取还可以考虑改善劳动条件、促进生产技术发展等问题。

▶▶▶ 2.8.3　价值分析 ▶▶▶

单纯根据经济性或能达到的质量水平来评价工艺方案的优劣都是片面的。根据价值分析的基本原理，产品(包括各种作业)的必要功能 F、为达到必要功能所需支付的费用(即成本) C 和产品(作业)的价值 V 三者之间存在如下关系

$$V = F/C$$

这里，产品(作业)的价值 V 是一个特定的概念，是指产品(作业)所带来的技术经济综合效果。因此，价值分析实质上是一种技术经济综合效果的分析。

由上式可知，价值与功能成正比，与成本成反比。因此，提高产品(作业)的价值主要有以下几种途径：①功能一定，降低成本；②成本一定，提高功能；③功能提高，成本降低；④功能有较大提高，而成本仅稍有提高。

价值分析的概念中包含着以下 3 个方面的要求：①以满足用户要求，不降低质量为前提，以尽可能低的成本实现产品(作业)的必要功能；②通过功能分析，保证必要的功能，减少不必要的功能，从而达到降低成本，取得良好经济效果的目的；③价值分析是一种有组织的活动，贯穿于从产品(作业)设计开始，直至制成(完成)、售后服务的整个过程和各个方面。

零件的制造工艺过程作为一种作业，完全可以用价值分析方法来分析与对比。例如：某化工容器的设计使用寿命为 20 年，若采用 Q235 钢制造，工艺成本为 0.4 万元，使用寿命为 1 年；若采用 1Cr18Ni9Ti 不锈钢制造，工艺成本为 4 万元，使用寿命为 20 年；若采用 Q235 钢加玻璃钢防腐内衬制造，工艺成本为 0.5 万元，使用寿命为 5 年。试分析比较上述 3 种方案。

显然，本例若单纯通过比较工艺成本的高低或比较使用寿命的长短来确定方案的取舍都是不合适的。表 2-12 列出了采取上述 3 种方案制造这种化工容器的价值对比，表中以使用寿命作为功能指标。由于这 3 种方案制造该容器的使用寿命均未超出设计使用寿命，故不存在过剩功能。表中结果表明，以采用 Q235 钢加玻璃钢防腐内衬的制造方案最为合理。

表 2-12　化工容器制造方案的价值对比

制造方案	成本 C		功能 F		价值 $V = F/C$
	工艺成本/万元	比值	使用寿命/年	比值	
Q235 钢方案	0.4	1	1	1	1
1Cr18Ni9Ti 不锈钢方案	4.0	10	20	20	2
Q235 钢加玻璃钢内衬方案	0.5	1.25	5	5	4

本例采用单功能直接分析方法，具有直观、简易、迅速的特点。然而，任何一种产品

(作业)都具有多种功能。这些功能可分为基本功能与辅助功能，必要功能与次要功能，使用功能与美观功能，显然不能平等看待。因此，价值分析的核心内容是功能分析。功能分析的方法有功能成本法、功能系数法和价值系数法等。鉴于本书的主要目标并不在此，这里不再赘述，读者可参阅有关专门资料。

 ## 2.9　提高机械制造生产率的措施

所谓生产率，是一个经济性的概念，不应单纯理解为单位时间产量的高低。它是指在一台正常工作的设备上所消耗的费用与利用这台设备所生产的产值在数值上的对比，应以货币形式来衡量和对比。人们追求高生产率的目标是在减少劳动量和降低费用的同时，大幅度地提高产量与质量。

▶▶ 2.9.1　提高机械制造生产率的常用措施 ▶▶ ▶

为了提高机械制造生产率，通常可采用以下几方面的措施。

1. 改进产品结构设计

1)减少零件的数量与减轻零件的质量

在满足产品性能要求的前提下，尽可能减少零件的数量与减轻零件的质量，既可以减少制造过程的劳动量，又可以降低材料消耗。

2)改善零件的结构工艺性

产品或零件的制造需要经过毛坯制造、机械加工、热处理和装配等多个环节。在进行设计与制造时应全面考虑各种因素，使之在各个制造环节都具有良好的工艺性能，可以有效地提高生产率和降低制造费用。

3)提高零(部)件的"三化"程度

提高零(部)件的"三化"程度是指提高其通用化、标准化和系列化程度。这样，可以减少设计工作量，扩大零(部)件的加工批量，既有利于稳定地保证制造质量，又能采用高生产率的制造方法。

2. 改进生产工艺

改进生产工艺，积极采用先进工艺是提高机械制造生产率的有力措施，常可成倍地，甚至几十倍地提高生产率。

1)采用少、无切削毛坯制造工艺

采用少、无切削新工艺制造的毛坯通常具有较高的精度，加工余量很小，甚至可不经机械加工直接使用。这样，既可以从根本上减少甚至免去机械加工工作量，又可以降低材料消耗，经济效果十分显著。例如：采用粉末冶金工艺制造齿轮液压泵的内齿轮，可以完全取消齿形加工，只要磨削两个端平面即可；采用冷挤压工艺制造齿轮，取代剃齿工艺，可将生产率提高4倍。

2)采用高生产率的机械加工工艺

近年来，由于刀具(包括砂轮等)材料得到很大改进，其切削性能得到改善，从而使各种高生产率的机械加工工艺得到迅速发展。例如：高速切削的速度在先进国家已达到600～1 200 m/min；高速磨削的速度已普遍达到45～60 m/s；用强力磨削取代平面铣削，不仅可以在一次加工中切除掉大部分加工余量，而且提高了加工精度。因此，采用高生产率的机械加工工艺已经成为提高机械制造生产率的主要方向。

3）减小切削行程长度

通过减小切削行程长度提高生产率的方法很多。例如：采用多刀多刃刀具同时加工工件的多个表面，采用多刀同时加工工件的一个表面，将多个工件串联起来加工以减少切入与切出时间，将多个工件并联起来实现同时加工等。

4）缩短辅助生产时间

除了以上缩短基本生产时间的工艺措施外，还可通过缩短辅助生产时间来提高机械制造生产率。例如：在大量生产中采用高效率的液动或气动快速夹具，可以大大缩短工件的装卸时间；在批量生产中采用拼装夹具和可调整夹具，在单件、小批量生产中采用组合夹具都可以大大缩短生产技术准备时间；采用各种快速换刀、自动换刀装置可以大大缩短刀具的装卸、刃磨和对刀时间；采用多工位加工方法，即当某一个或几个工位上的工件在进行加工时，另一个工位上的工件正在进行装卸，从而使辅助生产时间与基本生产时间重合等。

3. 改善生产组织和管理

1）采用先进的生产组织形式

流水生产是一种先进的生产组织形式，不仅适用于大量生产，在批量生产中也得到了推广应用，并因而出现了可变流水线、成组加工流水线等组织形式。

2）改进生产管理

改进生产管理，推行科学管理，合理地组织生产过程和调配劳动力，做好各项生产技术准备工作和工作地的组织、服务工作，也是提高机械制造生产率极为重要的措施。

4. 采用计算机技术

在生产技术准备和制造过程的各个环节中，广泛地采用计算机技术处理各种信息，是目前提高产品质量和生产率，降低生产成本的最有效措施之一，已获得了广泛的应用和迅速的发展。

▶▶ 2.9.2 成组技术简介 ▶▶▶

1. 成组技术的概念

机械制造业中，小批量生产占有较大的比重。随着国内外市场竞争的日益加剧和科学技术的飞速发展，要求产品不断改进和更新，因此，多品种、小批量生产方式所占比重将会继续增长。

传统的小批量生产方式主要存在以下几方面的问题：①生产计划、组织管理复杂，生产过程难于控制；②零件从投料至加工为成品的总生产时间（生产周期）较长；③生产准备工作量极大；④产量小限制了先进技术的应用。因此，与大批量、大量生产相比，传统的小批量生产方式的生产水平和经济效益都很低。

成组技术的科学理论与实践表明，它能从根本上解决生产中由于品种多、批量小所带来的各种问题，提高生产水平和经济效益。

所谓成组技术，主要包括以下内容：①将工厂各种产品的被加工零件按其几何形状、结构及加工工艺的相似性进行分类和分组；②根据各组零件的加工工艺要求，将机床划分为相应的若干个组，并按各组零件的加工工艺过程布置各机床组内的机床，使零件组与机床组一一对应；③将同组内零件按照共同的加工工艺过程，在同一机床组内稍加调整后加工出来。

根据成组技术的内容可知，其实质是将各种产品中加工工艺相似的零件集中在一起，扩大零件的批量，减少调整时间和加工时间，将在大批量生产中行之有效的各种高生产率的工艺方法与设备，应用于中、小批量生产，从而提高中、小批量生产的生产水平和经济效益。

2. 成组加工的生产组织形式

随着成组技术的应用和发展，成组加工的生产组织出现了以下 3 种形式。

1）成组加工单机

成组加工单机是成组加工最初的低级形式，仅由一个工作位置构成，成组零件从开始加工到加工终了的整个工艺过程全部在一台设备上完成。其典型实例为在转塔车床或自动车床上加工回转体零件等。

2）成组生产单元

由一个零件组的全部工艺过程所需用的一组机床，按照工艺流程原则合理布置而构成的车间内的一个封闭生产系统，称为成组生产单元，其平面布置示意图如图 2-19 所示。该零件组有 6 种零件，其工艺过程决定了这个成组生产单元由车床、铣床、钻床、磨床 4台机床构成。将这 6 种零件构成一个零件组，固定在这个成组生产单元中进行加工，除了考虑到其加工工艺的相似性外，还考虑到平衡这 4 台机床的负荷率。成组生产单元在形式上与流水线相似，但不等于流水线。流水线要求在各个工序之间保持一定的节拍，而成组生产单元无此项要求。

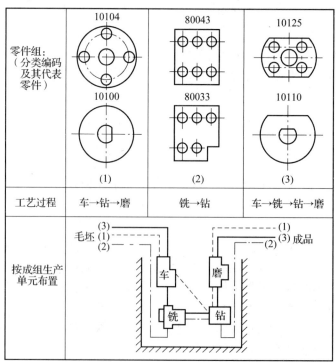

图 2-19　成组生产单元平面布置示意图

3）成组流水线

成组流水线是严格按照零件组的工艺过程组织起来的，其示意图如图2-20所示。它与普通流水线比较，相同之处在于各工序的节拍一致，且工作过程是连续而有节奏地进行的；不同之处在于成组流水线上流动的不是一种零件，而是一组相似的零件（图2-20中为5种相似的零件构成的一个零件组）。每种零件不一定经过线上的每一台设备加工，但每一台设备上加工的是一组相似的零件。显然，成组流水线与普通流水线一样具有大量生产的合理性和优越性，而且适用于中、小批量生产。

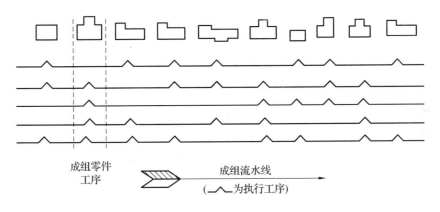

图2-20　成组流水线示意图

▶▶▶ 2.9.3 机械制造自动化 ▶▶▶

所谓机械制造自动化，是以机械的自动操作代替人的操作来完成特定的机械制造作业。实现机械制造自动化可以提高产品质量和生产率，降低产品生产成本，减轻工人劳动强度，是机械制造技术的一个重要发展方向。按照机械制造自动化的目的，可将其分为大批量生产的自动化和多品种、小批量生产的自动化两大类。

（1）自动生产线。自动生产线简称为自动线，适用于大批量生产的自动化。它加工的零件是固定不变的，故又称为刚性自动线。各种专用自动线在汽车、拖拉机、轴承等制造行业中得到了广泛的应用。

（2）计算机数控制造系统。多品种、小批量生产的自动化显然不能采用刚性自动线，而是要采用加工对象允许在一定范围内变化的加工自动化系统——计算机数控制造系统，实现柔性自动化。

本章知识小结

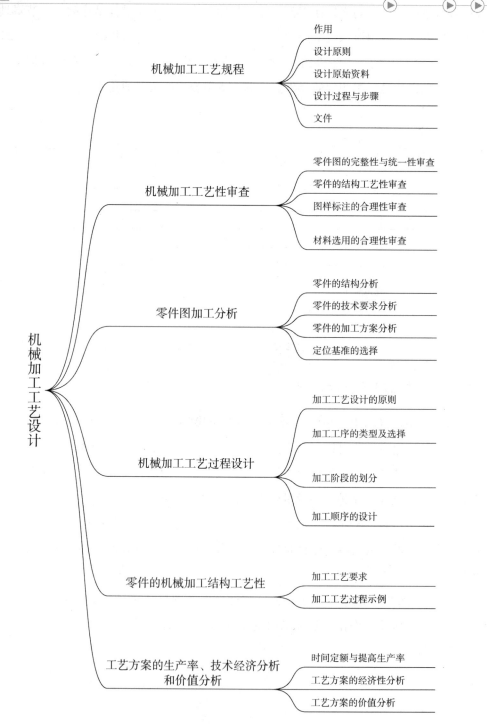

机械加工工艺设计
- 机械加工工艺规程
  - 作用
  - 设计原则
  - 设计原始资料
  - 设计过程与步骤
  - 文件
- 机械加工工艺性审查
  - 零件图的完整性与统一性审查
  - 零件的结构工艺性审查
  - 图样标注的合理性审查
  - 材料选用的合理性审查
- 零件图加工分析
  - 零件的结构分析
  - 零件的技术要求分析
  - 零件的加工方案分析
  - 定位基准的选择
- 机械加工工艺过程设计
  - 加工工艺设计的原则
  - 加工工序的类型及选择
  - 加工阶段的划分
  - 加工顺序的设计
- 零件的机械加工结构工艺性
  - 加工工艺要求
  - 加工工艺过程示例
- 工艺方案的生产率、技术经济分析和价值分析
  - 时间定额与提高生产率
  - 工艺方案的经济性分析
  - 工艺方案的价值分析

习题

2-1 设计武器加工工艺规程的原始资料包括哪些方面？

2-2 设计武器加工工艺规程的过程与步骤包括哪些？

2-3 零件的结构工艺性审查中工艺性的 3 个层次是什么？

2-4 简述毛坯的种类及选择方法。

2-5 分析零件的结构特点的目的包括哪些内容？

2-6 说明定位基准的分类及其各自的选择原则。

2-7 零件加工工艺过程可以划分为哪几种类型的加工阶段？

2-8 机械加工工序的安排包括哪些内容？

2-9 简述如何综合考虑切削用量的选择。

2-10 确定工序尺寸及公差的基本原则及基本方法有哪些？

第3章

武器加工精度控制

 3.1 影响机械加工精度的因素

　　加工精度是零件机械加工质量的重要指标，直接影响整台机器的工作性能和使用寿命。深入研究影响加工精度的各种因素及其规律，探究提高和保证加工误差的措施和方法是机械制造工艺学研究的重要内容。

　　研究提高加工精度的工艺措施要从减少加工误差入手。加工误差是指零件加工的实际几何参数相对理想几何参数的偏离程度。按照几何参数类型可将加工误差分类为尺寸加工误差、形状加工误差和位置加工误差，三者分别是加工零件的实际尺寸、形状和位置相对理想尺寸、形状和位置的偏差。

　　在机械加工中，零件的尺寸、几何形状和表面间相对位置的形成，取决于工件和刀具在切削过程中的相互位置关系。而工件安装在夹具上，夹具和刀具安装于机床之上，机床、夹具、刀具和工件组成工艺系统。直接或间接影响机械加工工艺系统的因素都将影响机械加工精度。

　　工艺系统中能够直接引起加工误差的因素统称为原始误差。一部分原始误差与工艺系统的初始状态有关，即零件未加工之前工艺系统本身就具有的某些误差因素，称为与工艺系统的初始状态有关的原始误差，或称几何误差；另一部分原始误差与加工过程有关，即受到力、热、磨损等原因的影响，工艺系统原有精度受到破坏而产生的附加误差因素，称为与加工过程有关的原始误差，或动误差。机械加工过程中可能出现的原始误差如图3-1所示。

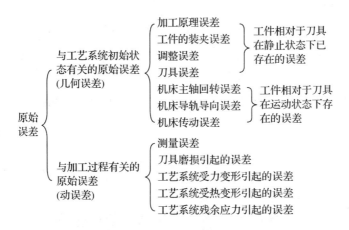

图 3-1 机械加工过程中可能出现的原始误差

3.2 工艺系统的几何误差及磨损

3.2.1 机床误差

加工中引起机床误差的原因主要有机床的制造误差、安装误差及机床的磨损 3 个方面。

本节着重分析对工件加工精度影响较大的机床主轴回转误差、机床导轨导向误差和机床传动链误差。

1. 机床主轴回转误差

1）机床主轴回转误差的概念

机床主轴做回转运动时，主轴的各个截面必然有它的回转中心。机床主轴回转时，在轴的任一截面上速度始终为 0 的点为理想回转中心。理想回转中心在空间中相对刀具或工件的位置是固定不变的。机床主轴各截面回转中心的连线称为回转轴线。

机床主轴回转误差是指机床主轴实际回转轴线相对于理想回转轴线的最大变动量。显然，变动量越小，即机床主轴回转误差越小，其回转精度越高；反之越低。机床主轴理想的回转轴线是一条在空间位置不变的回转轴线。通常以机床主轴各瞬时回转轴线的平均位置作为机床主轴轴线，也称为平均轴线。

2）机床主轴回转误差的表现形式

机床主轴回转误差可以分解为 3 种基本形式：轴向圆跳动、径向圆跳动、纯角度摆动。

（1）轴向圆跳动：瞬时回转轴线沿平均回转轴线方向的轴向运动，如图 3-2 所示。

机床主轴的轴向圆跳动对工件的圆柱面加工没有影响，主要影响端面形状、轴向尺寸精度、端面垂直度。机床主轴存在轴向圆跳动误差时，车削加工螺纹将产生螺距误差。

（2）径向圆跳动：瞬时回转轴线始终平行于平均回转轴线方向的径向运动，如图 3-3 所示。

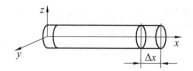

图 3-2　轴向圆跳动

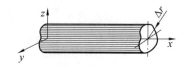

图 3-3　径向圆跳动

主轴的纯径向圆跳动会使工件产生圆柱度误差，对加工端面基本没有影响。但加工方法不同，所引起的加工误差形式和程度也不同。

（3）纯角度摆动：瞬时回转轴线与平均回转轴线方向成一倾斜角度，但其交点位置固定不变的运动，如图 3-4 所示。

机床主轴的角度摆动不仅影响工件加工表面的圆柱度误差，而且影响工件端面误差。

实际上，机床主轴回转误差是 3 种基本形式误差综合作用的结果，如图 3-5 所示。

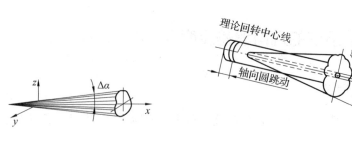

图 3-4　纯角度摆动　　　　图 3-5　3 种基本形式误差的综合作用

3）影响主轴回转精度的主要因素

导致主轴回转误差的因素较多，主要来自零件加工和整机装配。因主轴结构不同，影响因素也不同，主轴回转误差亦不同，往往需要具体问题具体分析。

4）提高主轴回转精度的措施

（1）提高主轴部件的制造精度和装配精度。

（2）当主轴采用滚动轴承时，应对其适当预紧，消除轴承间隙，增加轴承刚度，均化误差，可提高主轴的回转精度。

（3）采用运动和定位分离的主轴结构，可减小主轴误差对零件加工的影响，使主轴的回转精度不反映到工件上去。实际生产中，通常采用两个固定顶尖支承定位加工，主轴只起传动作用，如外圆磨床。

2. 机床导轨导向误差

导轨是机床实现成型运动法加工的基准，导轨误差直接影响加工精度。导轨导向误差是指机床导轨副的运动件实际运动方向与理想运动方向的偏差值。在机床的精度标准中，直线导轨的导向精度一般包括导轨在水平面内的直线度、导轨在垂直面内的直线度、前后导轨的平行度（即扭曲度）等。

1）导轨在水平面内直线度误差的影响

卧式车床在水平面内存在直线度误差 ΔY，如图 3-6（a）所示，则车刀尖的直线运动轨迹也会产生直线度误差 ΔY，从而造成工件圆柱度误差，$\Delta R = \Delta Y$，如图 3-6（b）所示。

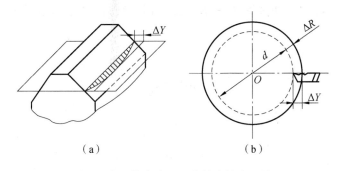

图 3-6 导轨在水平面内的直线度误差

图 3-6 表明，水平方向是卧式车床加工误差对导轨误差的敏感方向。外圆磨床的情况与卧式车床类似。

平面磨床、龙门刨床、铣床的加工误差对导轨误差的敏感方向在铅垂方向上，故平面磨床、龙门刨床、铣床等设备加工误差对导轨在水平面内的直线度误差不敏感。

2）导轨在垂直面内直线度误差的影响

卧式车床在垂直面内存在直线度误差 ΔZ，如图 3-7（a）所示，则车刀尖的直线运动轨迹也要产生直线度误差 ΔZ，从而造成工件圆柱度误差，$\Delta R = \Delta Z^2/2R$，如图 3-7（b）所示。

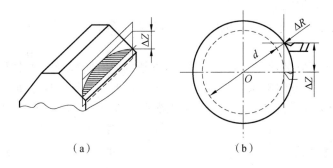

图 3-7 导轨在垂直面内的直线度误差

图 3-7 表明，卧式车床对导轨在垂直面内的直线度误差不敏感。外圆磨床情况与卧式车床类似。

由于平面磨床、龙门刨床的加工误差对导轨误差的敏感方向在铅垂方向上，所以平面磨床、龙门刨床、铣床等设备的导轨在垂直面内的直线度误差将直接反映到被加工件的表面，造成加工误差。

3）导轨面间平行度误差的影响

卧式车床两导轨间存在平行度误差时，将使床鞍产生横向倾斜，引起刀架和工件的相对位置发生偏斜，刀尖的运动轨迹是一条空间曲线，从而引起工件产生形状误差。导轨间的平行度误差如图 3-8 所示。

根据图 3-8 所示的几何关系，可知因导轨平行度误差所引起的工件半径的加工误差 ΔR 为

$$\Delta R = H\Delta/B \tag{3-1}$$

式中：H——主轴至导轨面的距离，m；

Δ——导轨在垂直方向的最大平行度误差，m；

B——导轨宽度，m。

一般车床 $H/B \approx 2/3$，外圆磨床 $H/B \approx 1$，因此导轨间的平行度误差对加工精度影响很大。

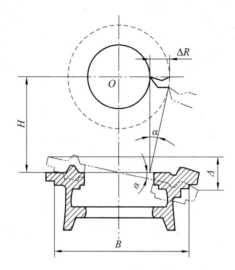

图 3-8 导轨间的平行度误差

4）导轨误差产生的原因

导轨误差主要来自机床安装、机床制造、机床变形（在重力作用下），以及机床使用中的磨损。

机床的安装（包括安装地基和安装方法）对导轨的原有精度影响非常大，一般远大于导轨的制造误差。特别是龙门刨床、龙门铣床和导轨磨床等，其床身导轨的刚性较差，在自重的作用下容易产生变形，导致工件产生加工误差。此外，导轨的不均匀磨损也是造成导轨误差的重要因素。

3. 机床传动链误差

1）机床传动链误差的概念

机床传动链误差是指机床内部传动机构传动过程中出现传动链首、末两端传动元件间相对运动的误差。传动链误差一般不影响圆柱面和平面的加工精度，但对齿轮、蜗轮和丝杠等加工有较大影响。

例如：车削单头螺纹（见图 3-9）时，要求工件旋转一周，相应刀具移动一个螺距 S，这种运动关系是由刀具与工件间的传动链来保证的，即保持传动比 i_f 恒定，有

$$S = \frac{z_1}{z_2} \cdot \frac{z_3}{z_4} \cdot \frac{z_5}{z_6} \cdot \frac{z_7}{z_8} \cdot T = i_f T \tag{3-2}$$

式中：i_f——总传动比；T——机床丝杠导程。

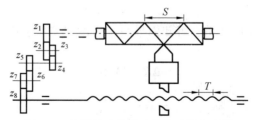

图 3-9 车削单头螺纹时的传动链示意图

如果机床丝杠导程或各齿轮制造存在误差，将会引起工件螺纹导程的加工误差。由式(3-2)可知，总传动比 i_t 反映了误差传递的程度，故也称为误差传递系数。显然，增速传动比会放大加工误差，而减速传动比能够减小加工误差。

2）传动链误差产生的原因

（1）传动链元件数量影响传动链误差。每增加一个传动元件，必然会带来一部分传动误差。

（2）传动副的加工和装配精度影响传动链误差。特别要注意保证末端传动件的精度，并尽量减小传动链中的齿轮副或螺旋副中存在的间隙，避免传动速比的不稳定和不均匀。

（3）在相同类型传动机构的情况下采用减速传动链有助于减小传动链误差。按降速比递增的原则分配各传动副的传动比。传动链末端传动副的减速比越大，则传动链中其余各传动元件的误差影响越小，从而可以减小末端传动元件转角误差的影响。为此，可增加蜗轮的齿数或加大螺母丝杠的螺距，这都有利于减小传动链误差。

▶▶▶ 3.2.2 夹具制造误差及磨损 ▶▶▶ ▶

夹具主要用于在机床上安装工件时，使工件相对于切削工具占有正确的相对位置。如果夹具存在误差，工件与切削刀具间的正确位置关系将可能受到破坏，从而可能影响机械加工精度。

夹具误差主要来源：夹具的定位元件、导向元件、夹具体等的加工与装配误差，还包括使用过程中发生的工作表面磨损。

为减小因夹具制造精度而引起的加工误差，在设计夹具时，应严格控制与工件加工精度有关的结构尺寸和要求。精加工用夹具的有关尺寸公差一般取工件公差的 1/5 ~ 1/2，粗加工一般取工件公差的 1/10 ~ 1/5。

容易磨损的元件，如定位元件与导向元件等，应采用较为耐磨的材料制造，且磨损后应便于更换。

▶▶▶ 3.2.3 刀具制造误差及磨损 ▶▶▶ ▶

刀具的种类不同，对加工精度的影响也不同。

（1）定尺寸刀具（如钻头、铰刀、拉刀、槽铣刀等）的尺寸精度将直接影响工件的尺寸精度。

（2）成型刀具（如成型车刀、成型铣刀、成型砂轮等）的切削刃形状精度将直接影响加工表面形状精度。

（3）展成加工（如齿轮加工、花键加工等）时，刀具切削刃形状精度和有关尺寸精度都会影响加工精度。

（4）一般刀具（如普通车刀、单刃镗刀和平面铣刀等）的制造误差对加工精度没有直接影响。

在切削过程中，刀具不可避免地要产生磨损，使原有的尺寸和形状发生变化，从而引起加工误差。在精加工及大型工件加工时，刀具磨损对加工精度可能会有较大的影响。

刀具磨损往往是影响工序加工精度稳定性的重要因素。

3.3 工艺系统的受力变形

在机械加工过程中，工艺系统受到切削力、夹紧力、惯性力和重力等作用，会产生相应的变形和振动，使得工件和刀具之间已调整好的正确的相对位置发生变动，从而造成工件的尺寸、形状和位置等方面的加工误差。工艺系统的受力变形亦会影响加工表面质量，甚至导致工艺系统产生振动，而且在某种程度上还可能制约生产率的提高。

▶▶▶ 3.3.1 工艺系统刚度 ▶▶▶

1. 工艺系统刚度的概念

任何一个物体在外力的作用下都会产生一定的变形。作用力 $F(\mathrm{N})$ 与力作用下产生的相应变形 $y(\mathrm{mm})$ 的比值称为物体的刚度，用 $K(\mathrm{N/mm})$ 表示，即

$$K = \frac{F}{y}$$

工艺系统在切削力作用下，将在各个受力方向产生相应变形。为了反应工艺系统刚度对精度的实际影响，将法向切削力 F_y 与总切削分力作用下工艺系统在该方向所产生的变形的法向位移量 y_{xt} 之比定义为工艺系统刚度 K_{xt}，即

$$K_{xt} = \frac{F_y}{y_{xt}}$$

在实际加工中，法向切削力与法向位移有可能方向相反，计算刚度为负值，即负刚度现象。如图 3-10 所示，在车床上加工工件外圆时，车刀在切削力 F 作用下将产生弯曲变形，使车刀尖在水平方向产生位移 y_y，位移方向与切削力水平方向分力 F_y 方向相反，故工艺系统刚度为负值，这对加工质量是不利的，应尽量避免。

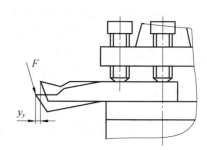

图 3-10 车床加工时产生的弯曲变形

2. 工艺系统刚度的计算

工艺系统在某一处的法向总变形 y_{xt} 是各个组成部分在同一处的法向变形量的叠加，即

$$y_{xt} = y_{jc} + y_{jj} + y_d + y_g$$

式中：y_{jc}——机床的法向变形量；

$\quad\quad y_{jj}$——夹具的法向变形量；

$\quad\quad y_d$——刀具的法向变形量；

$\quad\quad y_g$——工件的法向变形量。

根据工艺系统刚度的定义，机床刚度 K_{jc}、夹具刚度 K_{jj}、刀具刚度 K_d、工件刚度 K_g 分别写为

$$K_{jc} = \frac{F_y}{y_{jc}}, \quad K_{jj} = \frac{F_y}{y_{jj}}, \quad K_d = \frac{F_y}{y_d}, \quad K_g = \frac{F_y}{y_g}$$

代入得

$$K_{xt} = \frac{F_y}{y_{xt}} = \frac{F_y}{\dfrac{F_y}{K_{jc}} + \dfrac{F_y}{K_{jj}} + \dfrac{F_y}{K_d} + \dfrac{F_y}{K_g}} = \frac{1}{\dfrac{1}{K_{jc}} + \dfrac{1}{K_{jj}} + \dfrac{1}{K_d} + \dfrac{1}{K_g}} \tag{3-3}$$

由式(3-3)可知,薄弱环节的刚度对系统刚度影响大,而刚度很大的环节对系统刚度影响小,可以忽略不计。分析时把握主导因素刚度可将系统问题简化。

整个系统的刚度取决于薄弱环节的刚度,故而通常采用单向载荷测定法寻找工艺系统中刚度薄弱的环节,而后采取相应措施提高薄弱环节的刚度,即可明显提高整个工艺系统的刚度。

3. 影响工艺系统刚度的因素

1)连接表面间的接触变形

零件连接表面间的接触面积只是名义上接触面积的一部分,如图3-11所示。在外力作用下,接触处产生较大的接触应力,甚至产生局部塑性变形。实际上,连接表面的接触刚度除与法向载荷大小有关外,还与接触表面的材料、硬度、表面粗糙度、表面纹理方向和表面几何形状误差等因素有关。

2)部件中薄弱零件本身的变形

如果部件中存在某些刚度很低的薄弱零件,受力后这些低刚度零件将会产生很大的变形,从而使整个部件的刚度降低。

4. 工艺系统刚度的测定

实际中,通常采用实验方法测定工艺系统的刚度。

单向静载测定法是一种静刚度测试方法,如图

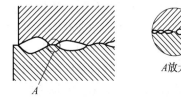

图3-11 表面接触情况

3-12所示。这种方法是在机床静止状态下,对机床施加载荷以模拟切削过程中的受力情况,根据机床各部件在不同静载荷下的变形作出刚度特性曲线,从而确定各部件的刚度。

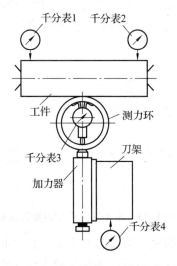

图3-12 单向静载测定车床刚度

▶▶▶ 3.3.2 工艺系统受力变形对加工精度的影响 ▶▶▶

机械加工过程中，工艺系统的受力变形将造成工件加工误差，如图3-13所示。图3-13(a)表示在车削细长轴时往往会出现腰鼓形误差；图3-13(b)表示加工直径和长度都很大的内孔时，经常会出现锥度。

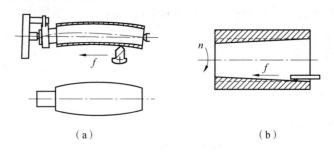

（a）　　　　　　　　　　　　　（b）

图3-13　因受力变形造成的工件加工误差

1）切削力作用点位置变化引起的工件形状误差

在切削过程中，工艺系统的刚度随切削力的作用点位置不同而变化，因而工艺系统的受力变形也是变化的，使得加工后获得的工件表面存在形状误差。

2）切削力大小变化引起的加工误差

切削加工过程中，工艺系统在切削力作用下产生的变形大小取决于切削力，但在加工余量不均匀、材料硬度不均匀或机床、夹具和刀具等在不同部位时的刚度不同的影响下切削力将会发生变化，导致相应的受力变形量变化，从而使工件加工后存在相应误差，这种现象称为"误差复映"。

多次走刀或多道工序能够减小误差复映的程度，可降低工件的加工误差，但也意味着生产效率降低。

3）夹紧力引起的加工误差

在工件装夹过程中，如果工件刚度较低或夹紧力的方向和着力点选择不当，则会引起工件的变形，造成加工误差。特别是薄壁套、薄板等零件，较易产生加工误差。因夹紧力产生的加工误差如图3-14所示。

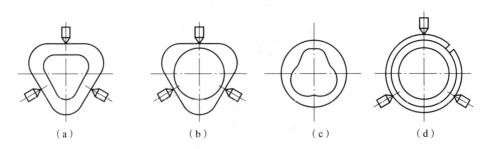

（a）　　　　　　（b）　　　　　　（c）　　　　　　（d）

图3-14　因夹紧力产生的加工误差

以自定心卡盘夹持薄壁套筒进行镗孔加工为例。假定工件是圆形，图3-14(a)所示为夹紧后套筒因受力变形；图3-14(b)所示为镗出的内孔为圆形；去除夹紧力后，套筒零件弹性变形恢复，使得外圆大致为圆形，而内孔将不再是圆形，如图3-14(c)所示。所以为了减少该加工误差，生产中常在套筒外面加装一个厚壁的开口过渡环，如图3-14(d)所示，使夹紧力均匀分布在套筒上。

4）重力引起的加工误差

工艺系统的零（部）件自重也会引起变形，尤其是在加工大型工件或组合件时，工件自重引起的变形可能会成为产生加工形状误差的主要原因，如龙门铣床、龙门刨床横梁在刀架自重下引起的变形将造成工件的平面度误差。所以装夹工件时，可适当布置支承位置或采用平衡措施以减少自重影响。

5）惯性力对加工精度的影响

如果工艺系统中有不平衡的高速旋转的构件存在，就会产生离心力。它在工件的每一转中将不断地变更方向，引起工件几何轴线做相同形式的摆动。当不平衡质量的离心力大于切削力时，车床主轴轴颈和轴套内孔表面的接触点就会不断地变化，则轴套孔的圆度误差将传给工件的回转轴心。周期性变化的惯性力还会引起工艺系统的强迫振动。

▶▶▶ 3.3.3 减少工艺系统受力变形对加工精度影响的措施 ▶▶▶

减小工艺系统受力变形对工件加工精度影响的主要措施是提高工艺系统的刚度，特别是提高工艺系统中最薄弱部分的刚度。一般采用以下方法提高工艺系统刚度。

1）合理的结构设计

机床的床身、立柱、横梁、夹具体、镗模板等支承零件的刚度对整个工艺系统刚度影响较大，因而设计时应尽量减少连接面的数目，注意刚度的匹配，并尽可能防止有局部低刚度环节的出现。合理设计零件、刀具结构和截面形状，使其具有较高刚度。

2）提高连接表面的接触刚度

由于零件间的接触刚度往往远低于零件的刚度，因而提高零件间的接触刚度是提高工艺系统刚度的关键。

3）采用合理的装夹及加工方式

合理的装夹能够使夹紧力分布均匀，从而减小受力变形，如薄壁套类零件加工可采用刚性开口夹紧环或改为端面夹紧。

加工方式对刚度也有影响。

如图 3-15（a）所示，铣削加工时，加工面距离夹紧面较远，加工中刀杆和工件的刚度很差。如果工件平放，改用端铣刀加工，如图 3-15（b）所示，加工面距夹紧面较近，则刚度会明显提高。

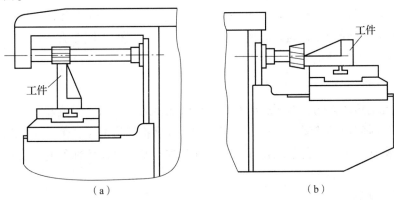

图 3-15 装夹对刚度的影响

3.4 工艺系统的热变形

在机械加工过程中，工艺系统受到各种热源的影响将产生复杂的变化，工件、刀具、夹具和机床会因温度变化而产生热变形，这种热变形对加工精度影响较大。研究表明，现代机床加工中热变形所引起的加工误差占总误差的40%～70%。

实际加工中为了减少热变形的影响，常需要很多时间进行预热和调整机床。

所以，热变形不仅影响机械加工精度，而且制约着加工效率的提高。

▶▶▶ 3.4.1 工艺系统的热源 ▶▶▶

工艺系统的热变形是由加工过程中存在的各种热源所引起的。热源大致分为内部热源和外部热源两大类：内部热源包括切削热和摩擦热，外部热源包括环境温度场和辐射热。

1. 内部热源

1）切削热

切削加工或磨削加工过程中，切削层的弹性变形、塑性变形、刀具与工件及切屑之间的摩擦机械能绝大部分被转化为切削热，形成切削加工过程的最主要热源。

切削热将传到机床、工件、刀具、夹具、切屑、切削液和周围的介质。

车削加工时，切削热中的大部分热量被切屑带走。切削速度越高，切屑所带走热量的百分比越大。一般，切屑所带走的热量在50%以上，传给工件的热量约30%，而传给刀具的热量一般在10%以下。

钻削和卧式镗孔时，因有大量切屑滞留在工件孔内，散热条件不良，因而传给工件的切削热较多。例如：钻孔时传给工件的热量一般在50%以上。

磨削加工时，细小的磨屑带走的热量很少，且砂轮为不良导体，因而84%左右的热量将传给工件。由于磨削在短时间产生的热量大，而热源面积小，故热量相当集中，以致磨削区的温度可高达800～1 000 ℃。

2）摩擦热

摩擦热主要是机械和液压系统中的运动部件产生的。这些运动部件在相对运动时，会因摩擦力作用而形成摩擦热。尽管摩擦热较切削热少，但摩擦热会导致工艺系统局部发热，引起局部温升和变形，温升的程度由于相对热源位置的不同而有所区别，即使同一个零件，其各部分的温升也可能有所不同。

2. 外部热源

工艺系统受热源影响，温度逐渐升高，同时热量通过辐射、对流和传导等方式向周围传递。当单位时间内的热量传入和传出相等时，温度将保持恒定，工艺系统达到热平衡状态。在热平衡状态下，工艺系统各部分的温度基本不变，因而各部分的热变形也就相应趋于稳定。

1）环境温度场

在工件加工过程中，周围环境的温度场随季节气温、昼夜温度、地基温度、空气对流等的影响而变化，从而造成工艺系统温度的变化，影响工件的加工精度，特别是加工大型精密件时影响更为明显。

2）辐射热

在加工过程中，阳光、照明、取暖设备等都会产生辐射热，致使工艺系统产生热变形。

3.4.2　热变形对加工精度的影响

虽然工艺系统的热源很多，但它们对工艺系统的影响是有主次之分的，因此分析工艺系统热变形时应明确占据主导的影响因素，而后采取措施减小或消除其影响。在工艺系统热变形中，以机床热变形最为复杂，工件和刀具次之。

1. 工件热变形对加工精度的影响

加工中工件热变形的主要热源是切削热或磨削热，但对于大型零件和精密零件，外部热源的影响也不可忽视。工件的热变形情况与工件材料、工件的结构和尺寸，以及加工方法等因素有关。工件的热变形可能会造成切削深度和切削力的改变，导致工艺系统中各部件之间的相对位置改变，破坏工件与刀具之间相对运动的准确性，造成工件的加工误差。工件的热变形及其对加工精度的影响，与其受热是否均匀有关。

1）工件均匀受热而产生的变形

均匀受热是指工件的温度分布比较一致，工件的热变形也会比较均匀。一些形状简单的回转类工件（如短轴类零件、套类零件和盘类零件等），切削加工时属于均匀受热，这类工件进行内、外圆加工时，由于工作行程短，一般可将其热变形引起的纵向形状误差忽略不计。均匀热变形主要影响工件的尺寸精度。

2）工件不均匀受热而产生的变形

影响热源及其传递的因素较为复杂。实际上，多数情况下工件受热不均匀，其热变形也不均匀。不均匀热变形主要影响工件的形状和位置精度。

2. 刀具热变形对加工精度的影响

刀具的热变形主要是由切削热引起的。传给刀具的热量虽不多，但是由于刀具体积小，热容量小，且热量集中在切削部分，因此仍有相当程度的温升，从而引起刀具的热伸长并导致加工误差。如用高速钢刀具车削时，刃部的温度高达 $700 \sim 800$ ℃，刀具热伸长量达 $0.03 \sim 0.05$ mm。

由图 3-16 看出，当车刀连续切削工作时，开始切削时车刀温升较快，热伸长量增长较快，随后趋于缓和并最后达到平衡状态，此时车刀热变形（Δ）很小。当切削停止时，刀具逐渐冷却收缩。当车刀间断切削工作时，非切削时刀具有一段短暂的冷却时间，切削时刀具继续加热，因此刀具热变形时伸长和冷却交替进行，

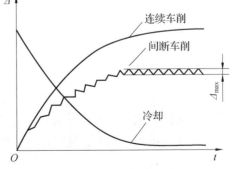

图 3-16　车削时车刀热变形与切削时间的关系曲线

具有热胀冷缩的双重性质，总的变形量比连续切削时要小一些。

加工大型零件时，刀具热变形往往造成几何形状误差，如车削长轴或立车端面时，刀具连续切削的时间较长，随着切削时间的增加，刀具逐渐伸长，造成加工后工件产生圆柱度误差或平面度误差。加工小零件时，刀具热变形对加工尺寸的影响并不显著，但会造成一批工件尺寸分散。

3. 机床热变形对加工精度的影响

机床工作时会受到内外热源的影响，但各部分热源不同且分布不均匀，加上机床的结构比较复杂，将造成机床各部件发生不同程度的热变形，从而破坏机床的几何精度，以主轴部件、床身、导轨、立柱和工作台等部件的热变形对加工精度影响较大。

车床、铣床、镗床类机床的主要热源是主轴箱。主轴箱内的齿轮、轴承摩擦发热和箱中的润滑油发热等，都将导致主轴箱及与之相连的部分(如床身或立柱)发生变形和翘曲，从而造成主轴的偏移和倾斜。尽管温升不大，但如果热变形出现在加工误差的敏感方向，则对加工精度的影响较为显著。

立式铣床产生热变形后，将使铣削后工件的平面与定位基准面之间出现平行度或垂直度误差。镗床的热变形则会导致所镗内孔轴线与定位基准面之间的平行度或垂直度误差。龙门刨床、外圆磨床、导轨磨床等大型机床的主要热源是工作台运动时导轨面产生的摩擦热及环境温度。它们的床身较长，温差影响会产生较大的弯曲变形，上表面温度高则床身中凸，下表面温度高则床身中凹。床身热变形是影响加工精度的主要因素。例如：长 12 m、高 0.8 m 的导轨磨床床身，若导轨面与床身底面温差 1 ℃时，其弯曲变形量可达 0.22 mm。

当机床运转一段时间后传入各部件的热量与各部件散失的热量接近或相等时，各部件的温度将停止上升并达到热平衡状态，相应的热变形及部件间的相互位置也趋于稳定。机床达到热平衡状态时的几何精度称为热态几何精度。

热平衡状态前，机床的几何精度变化不定，其对加工精度的影响也变化不定。因此，精密加工应在机床处于热平衡之后进行。一般机床，如车床、磨床等，其运转的热平衡时间为 1~2 h，大型精密机床往往超过 12 h 甚至达到数十小时。

加工中心是一种高效率机床，可在不改变工件装夹的条件下，对工件进行多面和多工位的加工。加工中心的转速较高，内部有很大的热源，而较高的自动化程度使其散热的时间极少。但工序集中的加工方式和高加工精度并不允许有较大的热变形，所以加工中心机床上采取了很多防止和减少热变形的措施。

▶▶▶ 3.4.3 减小热变形对加工精度影响的措施 ▶▶▶

综上分析，热变形主要取决于温度场的分布，但热变形分析应注意热变形的方向与加工误差敏感方向的相对位置关系，应将机床热变形尽量控制在加工误差的不敏感方向上，以减少工件的加工误差，这可以从结构和工艺两个方面采取措施。

1. 结构措施

1)采用热对称结构

机床大件的结构和布局对机床热态特性有较大影响。以加工中心的立柱为例，单立柱结构受热将产生较大的扭曲变形，而双立柱结构由于左右对称，仅产生垂直方向的热位移，容易通过调整的方法予以补偿。

主轴箱的内部结构中，应注意传动元件（如轴、轴承及传动齿轮等）安放的对称性，使箱壁温度分布及变化均匀，从而减少箱体的变形。

2）采用热补偿及冷却结构

热补偿结构可以均衡机床的温度场，使机床产生的热变形均匀，从而不影响工件的形状精度。例如：M7150A 型平面磨床采取回油补偿的方法均衡温度场，在床身下部配置热补偿油沟，使一部分带有余热的回油经热补偿油沟后送回油池。采取这些措施后，床身上下部温差降至 1 ~ 2 ℃，使热变形明显减少。

对于不能分离的、发热量大的热源，如主轴轴承、丝杠螺母副、高速运动的导轨等，则可以从结构、润滑等方面改善其摩擦特性，或采用强制式的风冷、水冷等散热措施；对机床、刀具和工件的发热部位采取充分冷却措施，控制温升以减小变形。

3）分离热源

将可能从机床分离的热源进行独立布置，如电动机、变速箱、液压系统、冷却系统等均应移出，使之成为独立单元。将发热部件和机床大件（如床身、立柱等）采用隔热材料相隔离。

2．工艺措施

1）合理安排工艺过程

粗、精加工时间间隔较短时，粗加工的热变形将影响到精加工，因此应将加工分开，并保证工件粗加工后有一定的冷却时间，既可保证加工精度，又可满足较高的切削生产要求。在单件、小批量生产中，粗、精加工在同一道工序进行，则粗加工后应停机一段时间使工艺系统冷却，同时还应将工件松开，待精加工时再重新夹紧。

2）保持或加速工艺系统的热平衡

对于精密机床特别是大型机床，可在加工前进行高速空转预热，等到热平衡状态后再进行加工，从而利于保证加工精度。或在机床的适当部位设置控制热源，使机床较快地达到热平衡状态，然后进行加工。加工一些精密零件时，间断时间内不要停车，以避免破坏热平衡。

3）控制环境温度

精加工机床应避免日光直接照射，精密机床应安装在恒温车间内。

 ## 3.5　其他影响加工精度的因素及改进措施

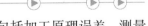

机械加工工艺系统中还有一些其他因素影响加工精度，主要包括加工原理误差、测量误差、调整误差和残余应力等。

3.5.1　加工原理误差

加工原理误差是指采用了近似的成型运动或近似的刀刃轮廓进行加工而产生的误差。

1）采用近似的成型运动所造成的误差

用展成法加工渐开线齿轮时，其渐开线表面与理论上所要求的光滑渐开线表面是不同的，因而存在加工原理误差。在曲线或曲面的数控加工中，常用直线或圆弧插补方式加工轮廓曲线和曲面，刀具相对于工件的成型运动也是近似的，也存在加工原理误差。

2）采用近似的切削刃轮廓所造成的误差

在加工渐开线齿轮时，理论上要求对同一模数、同一压力角而齿数不同的齿轮应选取相应齿数的铣刀。但为避免铣刀数目过多而引起过高成本或难于管理，实际上的铣刀刀具是按优选系列制备的，这必然产生齿形误差。

虽然有些加工原理误差不可避免，但可以简化工装结构，提高生产效率，因此在满足产品精度的前提下，只要加工原理误差不超过规定的范围，则其存在是允许的，一般其应小于工件公差值的 10% ~ 15%。

▶▶▶ 3.5.2 测量误差 ▶▶▶

工件在加工过程中要用各种量具、量仪等进行检验测量，并依据测量结果进行工艺系统的调整，防止工件超差，保证工件加工后能够达到预定的加工精度。

测量误差是指工件实际尺寸与量具表示的尺寸之间的差值。测量误差直接影响加工精度，但在理论上是不可避免的，产生测量误差的原因主要有以下几种。

1. 计量器具和测量方法本身的误差

1）计量器具本身精度的影响

任何一种精密量具、量仪等测量设备本身都存在制造误差，但制造误差并不直接影响加工精度，仅使加工误差的数值失真。但在试切法或调整加工时，其对加工精度则有直接影响。

计量器具精度主要是由示值误差、示值稳定性、回程误差和灵敏度等 4 个方面综合起来的极限误差表示的，选用不同的计量器具，测量误差的变动范围也很大。例如：用光学比较仪测量轴类零件，误差小于 1 μm，用千分尺测量时误差为 5 ~ 10 μm，而用游标卡尺测量时误差则达 150 μm。

2）计量器具或测量方法不符合"阿贝原则"

"阿贝原则"是指测量仪器的轴线与待测工件的轴线须在同一直线上，否则会产生测量误差。

所采用的测量方法和量具结构不符合"阿贝原则"时，会产生很大的测量误差，称为"阿贝误差"。例如：用千分尺、内径千分尺等进行测量，是符合"阿贝原则"的，而用游标卡尺则不符合"阿贝原则"。

3）单次测量判断的不准确性

测量精度是由测量误差衡量的，而测量误差的大小是以实际测得值与所谓"真值"之差表示的。然而，真值在测量前是未知的。为了衡量测量误差的大小，必须寻找一个非常接近真值的数值代替真值，以评价测量精度的高低。因此，在排除测量过程中系统误差的前提下，对某一测量尺寸进行多次重复测量，一般以重复测量值的算术平均值代替真值。

2. 测量条件的影响

环境条件对测量精度也有影响，主要指测量环境的温度和振动。温度变化会引起测量时量具和工件的热变形量不相等，从而产生测量误差；振动则会使工件位置变动或使量具读数不稳定。除此之外，测量者的视力、判断能力、测量经验、相对测量或间接测量所用的对比标准，以及测量力等因素都会引起读数的误差而产生测量误差。

减小测量误差的主要措施有：

（1）提高量具精度，根据加工精度要求合理选择量具；

（2）注意操作方法，正确使用和维护量具，定期检测；

（3）注意测量条件，精密零件应在恒温环境下进行测量。

▶▶▶ 3.5.3 调整误差 ▶▶▶

零件加工的每一道工序中，为了获得被加工表面的形状、尺寸和位置精度，必须对机床进行调整，而任何调整方法及任何调整工具都不可能绝对精确，因而会产生调整误差。

机械加工中由于零件生产量的不同和加工精度的不同，所采用的调整方法也不同。单件、小批量生产时，多采用试切法调整；而大批量、大量生产时，一般采用样板、样件、挡板及靠模等调整工艺系统。调整方式不同，其误差来源也不同。

▶▶▶ 3.5.4 残余应力 ▶▶▶

残余应力是指外部载荷去除后，仍残存在工件内部的应力。

零件中的残余应力往往处于一种很不稳定的平衡状态，在外界某种因素的影响下很容易失去原有的平衡状态，重新达到一个新的较稳定的平衡状态。这一过程中，残余应力将重新分布，零件也要产生相应的变形，使原有的加工精度逐渐丧失。若把具有残余应力的零件装配成机器，则可能使机器在使用过程中也产生变形，甚至破坏整个机器的质量。

1. 产生残余应力的原因

残余应力是由金属内部的相邻宏观或微观组织发生了不均匀的体积变化而产生的，促成这种变化的因素主要来自冷加工或热加工。

1）毛坯制造过程中产生的残余应力

在铸、锻、焊及热处理等加工过程中，由于工件各部分热胀冷缩不均匀及工件金相组织转变时的体积变化，毛坯内部会产生残余应力。

残余应力的程度与毛坯的结构、厚度均匀情况、散热条件等有直接关系。毛坯的结构越复杂，各部分壁厚越不均匀，则散热条件相互差别越大，毛坯内部产生的残余应力也越大。具有残余应力的毛坯，其残余应力暂时处于相对平衡状态，一旦去除表面部分后，打破这种平衡，残余应力将重新分布，从而使工件出现变形。

2）工件冷校直时产生的残余应力

一般在加工细长的零件（如细长的轴或曲轴等轴类零件）时易产生弯曲变形，不能满足后续工序的加工精度要求，常采用冷校直工艺进行校正。校正的方法是在与变形相反的方向上施加作用力，使工件反方向弯曲，产生塑性变形，以使工件变直。

为使工件变直，工件部分的应力必须超过弹性极限，即产生塑性变形。外力去除后，弹性变形部分要恢复原有形状，而塑性变形的部分已不能恢复，两部分互相牵制，应力将重新分布，并达到新的平衡状态。

经过冷校直之后，虽然减少了工件的弯曲，但工件内部产生了新的应力状态，工件仍处于不稳定状态。如果再次加工，工件将产生新的弯曲。所以，精度要求较高的细长轴类工件(如精密丝杠等)，不允许采用冷校直工艺减小弯曲变形，而是加大毛坯余量，经过多次切制和人工时效处理来消除残余应力。

3)切削加工中产生的残余应力

切削加工过程中产生的力和热，也会使被加工工件的表面层产生残余应力。这种残余应力的分布情况由加工时的工艺因素决定。

2. 减小或消除残余应力的措施

1)合理设计零件结构

设计零件结构时，应简化结构，提高零件的刚度，尽量使零件的壁厚均匀、结构对称，以减少残余应力的产生。

2)设立消除残余应力的工序

消除残余应力的工序主要有热处理和时效处理。

3)合理安排工艺过程

安排工艺过程时，应尽可能将粗、精加工分开，使粗加工后有一定时间让残余应力重新分布，经过充分变形后，通过精加工减少对加工精度的影响。对于质量和体积很大的零件，即使在同一台中型机床上进行粗、精加工，也应该在粗加工后将夹紧工件松开，使之有充足时间松弛应力，待充分变形后再重新夹紧，然后进行精加工。

3.6 控制加工精度的途径

为了保证和提高机械加工精度，必须找出造成加工误差的主要因素(原始误差)，然后采取相应的措施来控制或减少这些因素的影响。加工误差的性质不同，减少加工误差的途径也不同。

1)减小或消除原始误差

在查明产生加工误差的主要因素后，可以直接对其进行减少或消除，以提高加工精度，这是生产中应用较广的一种方法。

2)补偿或抵消原始误差

误差补偿法是人为地制造出一种新的原始误差，以补偿或抵消原有的原始误差，从而减少加工误差，提高加工精度。

误差补偿法还用于补偿精密螺纹、精密齿轮和蜗轮加工机床内传动链的传动误差，如精密丝杠车床用校正装置对传动误差进行校正或补偿。

误差补偿的方法对于消除或减小系统稳态误差比较有效，但不能对系统动态误差进行补偿。

3)转移原始误差

各种原始误差反映到零件加工误差上的程度，与其是否在加工误差的敏感方向上有直接关系。因而在一定条件下，设法将工艺系统的误差转移到误差非敏感方向或不影响加工精度的其他方向，可以提高加工精度。

本章知识小结

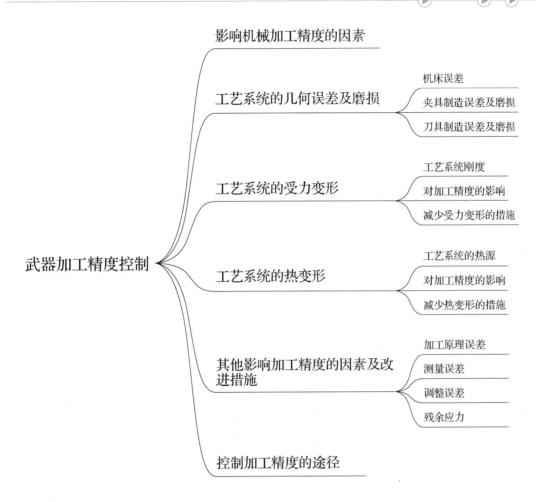

武器加工精度控制

- 影响机械加工精度的因素
- 工艺系统的几何误差及磨损
  - 机床误差
  - 夹具制造误差及磨损
  - 刀具制造误差及磨损
- 工艺系统的受力变形
  - 工艺系统刚度
  - 对加工精度的影响
  - 减少受力变形的措施
- 工艺系统的热变形
  - 工艺系统的热源
  - 对加工精度的影响
  - 减少热变形的措施
- 其他影响加工精度的因素及改进措施
  - 加工原理误差
  - 测量误差
  - 调整误差
  - 残余应力
- 控制加工精度的途径

习题

3-1　机械加工过程中可能出现的原始误差有哪些？

3-2　加工过程中，引起机床的误差及其影响有哪些？

3-3　工艺系统的受力变形对加工精度有什么影响？减少受力变形的措施有哪些？

3-4　工艺系统的热变形对加工精度有什么影响？减少热变形的措施有哪些？

3-5　简述工艺系统的受力变形和热变形之外影响加工精度的因素及改进措施。

3-6　简述残余应力产生原因，以及减小残余应力的方法及措施。

3-7　控制加工精度的途径有哪些？

第4章
机床夹具设计

 ## 4.1 机床夹具概述

▶▶▶ 4.1.1 工件的安装方法 ▶▶ ▶

工件在机床上加工时，由于加工精度和生产批量的不同，可能有不同的安装方法，归纳起来主要有以下几种。

1. 直接找正安装

直接找正安装法是利用机床上的装夹面(如自定心卡盘、单动卡盘、平口钳、电磁盘等)来对工件直接定位的，工件的定位是由操作者利用划针、百分表等量具直接校准工件的待加工表面，也可校准工件上某一个相关表面，从而使工件获得正确的位置。如图4-1所示，在内圆磨床上磨削一个与外圆表面有很高同轴度要求的筒形工件的内孔时，为保证工件定位的外圆表面轴心线与磨床头架回转轴线的同轴度要求，加工前可先把工件装在单动卡盘上，用百分表在位置 I 和 II 处直接对外圆表面找正，直至认为该外圆表面已取得正确位置后，用卡盘将其夹牢固定。找正用的外圆表面即为定位基准。

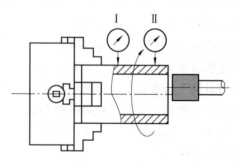

图4-1 内圆磨削直接找正法

图4-2(a)中工件的加工面 A 要求与工件的底面 B 平行，装夹时将工件的定位基准面

B 靠紧并吸牢在磁力工作台上即可；图 4-2(b)中工件为一夹具底座，加工面 A 要求与底面 B 垂直并与底部已装好导向键的侧面平行，装夹时除将底面靠紧在工作台面上之外，还需使导向键侧面与工作台上的 T 形槽侧面靠紧；图 4-2(c)中工件上的孔 A 只要求与工件定位基准面 B 垂直，装夹时将工件的定位基准面紧靠在钻床工作台面上即可。直接找正安装因其装夹时间长、生产率低，故一般用于单件、小批量生产。定位精度要求特别高时往往用精密量具来直接找正安装。

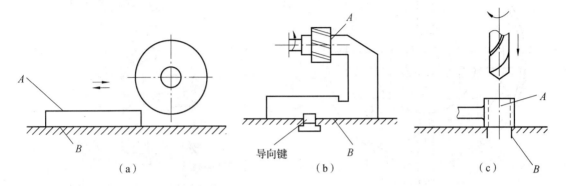

图 4-2 其他加工直接找正安装

(a)加工面与底面平行；(b)加工面与底面垂直；(c)工件孔与定位基准面垂直

直接找正安装应用比较普遍，如轴类、套类、圆盘类工件在卧式或立式车床上的安装；齿坯在滚齿机上的安装等。

用直接找正安装方法安装工件时，找正比较费时，且定位精度的高低主要取决于所用工具或量仪的精度，以及工人的技术水平，定位精度不易保证，生产效率低，通常用于单件、小批量生产。

2. 划线找正安装

按加工要求预先在待加工的工件表面上划出加工表面的位置线，然后在机床上按划出的线找正工件的方法，称为划线找正安装，如图 4-3 所示。划线找正安装的定位精度比较低，一般为 0.2 ~ 0.5 mm，因为划线本身有一定的宽度，所以划线又有划线误差，找正时还有观察误差等。这种方法广泛用于单件、小批量生产，更适用于形状复杂的大型、重型铸锻件及加工尺寸偏差较大的毛坯。

3. 用夹具安装

夹具是根据加工某一零件某一工序的具体加工要求设计的，其上有专用的定位和夹紧装置，将零件直接装在夹具的定位元件上并夹紧，零件可以迅速而准确地装夹在夹具中。采用夹具装夹，是在机床上先安装好夹具，使夹具上的安装面与机床上的装夹面靠紧并固定，然后在夹具中装夹工件，使工件的定位基准面与夹具上定位元件的定位面靠紧并固定。由于夹具上定位元件的定位面相对夹具的安装面有一定的位置精度要求，故利用夹具装夹就能保证工件相对刀具及成型运动的正确位置关系。这种方法安装迅速方便，定位可靠，广泛应用于批量和大量生产中。例如：加工套筒类零件时(见图 4-4)，就可以用零件的外圆定位，用自定心卡盘夹紧进行加工，由夹具保证零件外圆和内孔的同心度。采用夹具装夹工件，易于保证加工精度、缩短辅助时间、提高生产效率、减轻工人劳动强度和降低对工人的技术水平要求，故特别适用于成批和大量生产。目前，批量、大量生产中已广泛使用组合夹具。

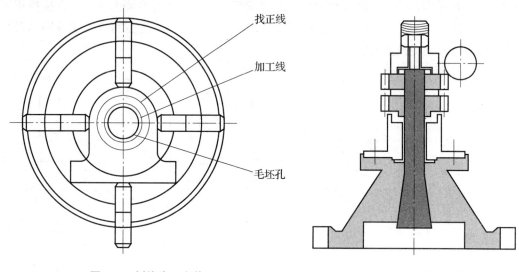

图 4-3　划线找正安装　　　　　　　　图 4-4　用夹具安装套筒类零件

▶▶▶ 4.1.2　机床夹具的定义 ▶▶▶

在批量、大量生产中，工件的装夹是通过机床夹具实现的。机床夹具是工艺系统的重要组成部分，它在生产中应用十分广泛。

在机床上加工工件时，为了使工件在该工序所加工表面达到图样规定的尺寸、形状和相互位置精度等要求，必须使工件在机床上占有正确的位置，这一过程称为工件的定位；为使该正确位置在加工过程中不发生变化，就需要使用特殊的工艺方法将工件夹紧、压牢，这一过程称为工件的夹紧。从定位到夹紧的全过程称为工件的装夹。机械加工中，在机床上用以确定工件位置并将其夹紧的工艺装备称为机床夹具。

▶▶▶ 4.1.3　机床夹具的作用 ▶▶▶

1. 保证加工精度

用机床夹具装夹工件，能准确确定工件与刀具、机床之间的相对位置关系，可以保证批量生产一批工件的加工精度。

2. 提高劳动生产率

机床夹具能快速地将工件定位和夹紧，可以减少辅助时间，提高生产率。在生产批量较大时，比较容易实现多件、多工位加工，使装夹工件的辅助时间与基本时间重合；当采用自动化程度较高的夹具时，可进一步缩短辅助时间，从而大大提高生产率。

3. 降低对工人技术水平的要求并减轻工人的劳动强度

采用夹具装夹工件，工件的定位精度由夹具本身保证，不需要操作者有较高的技术水平；机床夹具采用机械、气动、液动夹紧装置，可以减轻工人的劳动强度。

4. 扩大机床的加工范围

在机床上配备专用夹具，可以扩大机床的加工范围，如在车床或钻床上使用镗模可以代替镗床镗孔，使车床、钻床具有镗床的功能。

▶▶▶ 4.1.4 机床夹具的分类 ▶▶ ▶

根据应用范围和使用特点，机床夹具可以分为以下几类。

1. 通用夹具

通用夹具是指结构已经标准化，且有较大适用范围的夹具，一般作为通用机床的附件提供，如车床用的自定心卡盘和单动卡盘、铣床用的平口钳及分度头、镗床用的回转工作台等。这类夹具通用性强，广泛应用于单件、小批量生产中。

2. 专用夹具

专用夹具是针对某一工件的某道工序专门设计制造的夹具，它一般是在产品批量、大量生产中使用，是机械制造厂应用数量最多的一种机床夹具。此类夹具的优点是针对性强、结构紧凑、操作简便、生产率高；缺点是需专门设计制造，成本较高，当产品变更时无法继续使用。

3. 组合夹具

组合夹具是用一套预先制造好的标准元件和合件组装而成的夹具。组合夹具被用过之后可方便地拆开、清洗后存放，待组装成新的夹具。因此，组合夹具具有结构灵活多变、设计和组装周期短，零(部)件能长期重复使用等优点，适合在多品种单件、小批量生产或新产品试制等场合应用。组合夹具的缺点是一次性投资较大。

4. 成组夹具

成组夹具是在采用成组加工时，为每个零件组设计制造的夹具，当改换加工同组内另一种零件时，只需调整或更换夹具上的个别元件，即可进行加工。成组夹具适合在多品种、中/小批量生产中应用。

5. 随行夹具

随行夹具是一种在自动线上使用的移动式夹具，在工件进入自动线加工之前，先将工件装在夹具中，然后夹具连同被加工工件一起沿着自动线依次从一个工位移到下一个工位，直到工件退出自动线加工时，才将工件从夹具中卸下。随行夹具是一种始终随工件一起沿着自动线移动的夹具。

此外，按使用机床的类型，夹具可分为车床夹具、钻床夹具、铣床夹具、镗床夹具、磨床夹具、拉床夹具、齿轮机床夹具及组合机床夹具等类型。按夹具动力源，夹具可分为手动夹紧夹具、气动夹紧夹具、液压夹紧夹具、气液联动夹紧夹具、电磁夹具、真空夹具等。

▶▶▶ 4.1.5 机床夹具的组成 ▶▶ ▶

机床夹具一般由下列元件或装置组成。

1. 定位元件

定位元件是用来确定工件正确位置的元件，被加工工件的定位基准面与夹具定位元件直接接触或相配合，如图4-5中的定位心轴6。

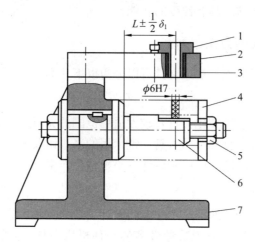

1—钻套；2—衬套；3—钻模板；4—开口垫圈；5—锁紧螺母；6—定位心轴；7—夹具体。

图4-5　钻床夹具

2. 夹紧装置

夹紧装置是使工件在外力作用下仍能保持其正确定位位置的装置，如图4-5中的锁紧螺母5和开口垫圈4。

3. 对刀元件、导向元件

对刀元件、导向元件是指夹具中用于确定（或引导）刀具相对于夹具定位元件具有正确位置关系的元件，如钻套、衬套、对刀块等，如图4-5中的钻套1。

4. 夹具体

夹具体是夹具的基础元件，用于连接并固定夹具上各元件及装置，使之成为一个整体。夹具通过夹具体与机床连接，使夹具相对机床具有确定的位置，如图4-5中的夹具体7。

5. 其他元件及装置

根据加工要求，有些夹具尚需设置分度转位装置、靠模装置、工件抬起装置和辅助支承装置等。

应该指出，并不是每台夹具都必须具备上述的各组成部分。但一般说来，定位元件、夹紧装置和夹具体是每一夹具都应具备的基本组成部分。

 ## 4.2　工件在夹具中的定位

▶▶▶ 4.2.1　工件在夹具中定位的目的 ▶▶ ▶

工件在夹具中的定位，对保证加工精度起着决定性的作用。使用夹具就是要使机床、刀具、夹具和工件之间保持正确的加工位置。工件在夹具中定位的目的就是使同一批工件在夹具中占有同一正确的加工位置。为此，必须选择合适的定位元件，设计相应的定位和夹紧装置，同时，要保证有足够的定位精度。

▶▶▶ 4.2.2 工件定位基本原理 ▶▶▶

物体在空间具有 6 个自由度，即沿 3 个坐标轴的移动(分别用符号 $\vec{x}$、$\vec{y}$ 和 $\vec{z}$ 表示)和绕 3 个坐标轴的转动(分别用 $\hat{x}$、$\hat{y}$ 和 $\hat{z}$ 表示)。如图 4-6 所示，如果完全限制了物体的这 6 个自由度，则物体在空间的位置就完全确定了。

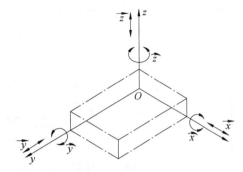

图 4-6 物体在空间的自由度

工件定位的实质就是要根据加工要求限制对加工有不良影响的自由度。设空间有一固定点，工件的底面与该点保持接触，那么工件沿 z 轴的位置自由度便被限制了。如果按图 4-7 所示设置 6 个固定点，工件的 3 个面分别与这些点保持接触，工件的 6 个自由度都被限制了(底面 3 个不共线的支承点限制工件沿 z 轴移动和绕 y 轴、x 轴转动的自由度；侧面连线与底面平行的 2 个支承点限制了工件沿 x 轴移动和绕 z 轴转动的自由度；端面 1 个支承点限制了工件沿 y 轴移动的自由度，如图 4-8 所示)。这些用来限制工件自由度的固定点称为定位支承点，简称支承点。

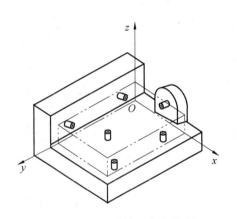

图 4-7 工件的六点定位

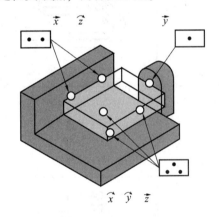

图 4-8 6 个支承点限制工件的 6 个自由度

欲使工件在空间处于完全确定的位置，必须选用与加工件相适应的 6 个支承点来限制工件的 6 个自由度，这就是工件定位的六点定位原理。

但应注意的是，有些定位装置的定位点不如上述例子直观，一个定位元件可以体现一个或多个支承点。要根据定位元件的工作方式及其与工件接触范围的大小而定，如一个较小的支承平面与尺寸较大的工件相接触时只相当于 1 个支承点，只能限制 1 个自由度；一个平面支承在某一方向上与工件接触，就相当于 2 个支承点，能限制 2 个自由度；一个支承平面在二维方向与工件接触，就相当于 3 个支承点，能限制 3 个自由度；一个与工件内孔的轴向接触范围小的圆柱定位销(短圆柱销)相当于 2 个支承点，限制 2 个自由度；一个与工件内孔在轴向有大范围接触的圆柱销(长圆柱销)相当于 4 个支承点，可以限制 4 个自由度等。另外，支承点的分布必须合理，如图 4-7 侧面上的两个支承点不能垂直布置，否

则工件绕 z 轴转动的自由度不能限制。常用的典型定位元件及其所限制自由度的情况如表 4-1 所示。

表 4-1 常用的典型定位元件及其所限制自由度的情况

定位基准面	定位元件	定位方式及所限制的自由度	定位基准面	定位元件	定位方式及所限制的自由度
平面	支承钉		平面	固定支承与自位支承	
	支承板			固定支承与辅助支承	
圆孔	定位销（心轴）		外圆柱面	定位套	
	锥销			半圆孔	

定位基准面	定位元件	定位方式及所限制的自由度	定位基准面	定位元件	定位方式及所限制的自由度
外圆柱面	支承板 支承钉	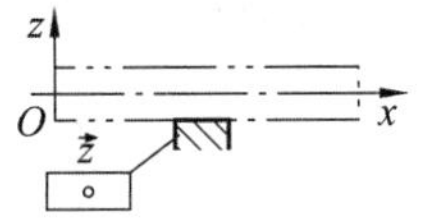 $\vec{z}$	外圆柱面	锥套	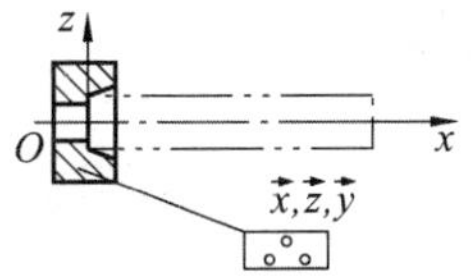 $\vec{x}, \vec{z}, \hat{y}$
		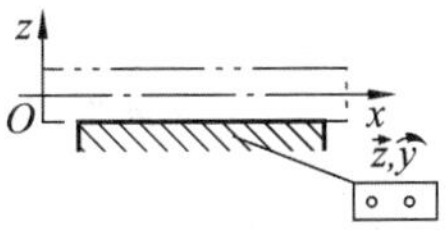 $\vec{x}, \vec{z}, \hat{y}$			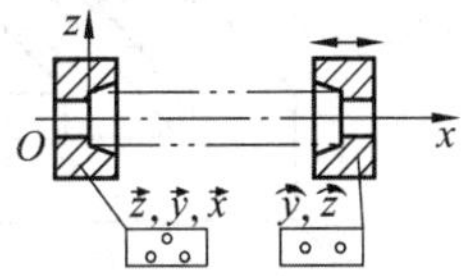 $\vec{z}, \hat{y}, \vec{x}$ $\hat{y}, \vec{z}$
	V形块	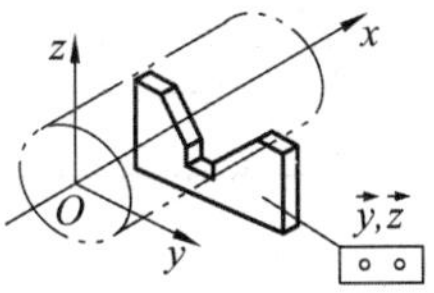 $\vec{y}, \vec{z}$ $\hat{y}, \vec{z}$	锥孔	顶尖	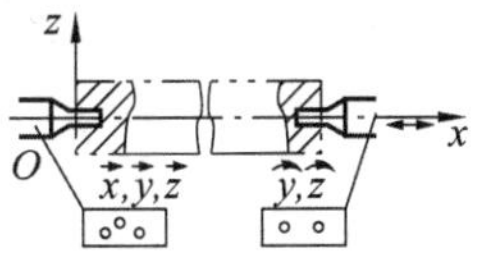 $\vec{x}, \vec{y}, \vec{z}$ $\vec{y}, \vec{z}$
		$\vec{y}$		心轴	$\vec{x}, \vec{z}, \hat{y}$ $\hat{y}, \vec{z}$

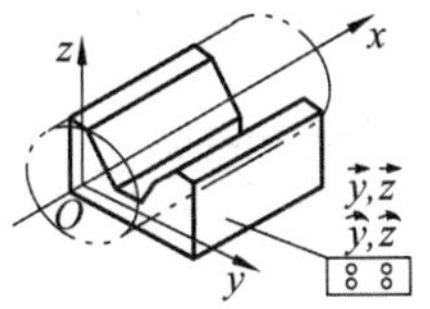

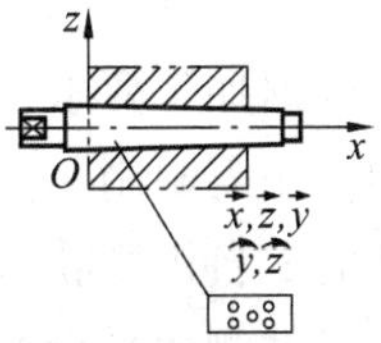

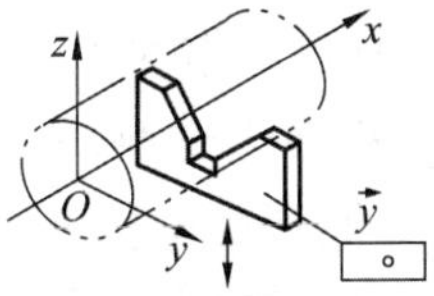

注：□内点数表示相当于支承点的数目，□外注表示定位件所限制工件的自由度。

▶▶▶ 4.2.3 工件定位时的几种情况 ▶▶▶

加工时工件的定位需要限制几个自由度，完全由工件的加工要求所决定。

1. 完全定位

工件的 6 个自由度完全被限制的定位称为完全定位。如图 4-9(a)所示，在工件上铣一个槽，要求保证工序尺寸 A、B、C，保证槽的侧面和底面分别与工件的侧面和底面平行。为保证工序尺寸 A 及槽底面和工件底面平行，工件的底面应放置在与铣床工作台面相平行的平面上定位，三点可以决定一个平面，这就相当于在工件的底面上设置了 3 个支承点，它限制了工件的 $\vec{z}$、$\hat{y}$ 和 $\hat{x}$ 3 个自由度；为保证工序尺寸 B 及槽侧面与工件侧面平行，工件的侧面应紧靠与铣床工作台纵向进给方向相平行的某一直线，两点可以决定一条直线，这就相当于让工件侧面靠在 2 个支承点上，它限制了工件 $\vec{x}$ 和 $\hat{z}$ 的 2 个自由度；为保证工序尺寸 C，工件的端面紧靠在 1 个支承点上，以限制工件的 $\vec{y}$ 自由度。这样，工件的 6 个自由度完全被限制，满足了加工要求。

2. 不完全定位

在保证加工精度的前提下，并不需要完全限制工件的 6 个自由度，不影响加工要求的自由度可以不限制，称为不完全定位。如图 4-9(b) 所示，在工件上铣通槽，限制 $\vec{x}$、$\vec{z}$、$\hat{x}$、$\hat{y}$ 和 $\hat{z}$ 5 个自由度，就可以保证工件的加工要求，工件沿 y 方向的移动自由度可以不加限制。

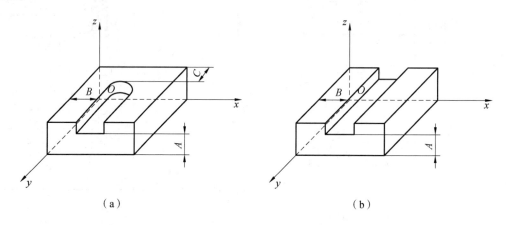

图 4-9　铣槽加工不同定位的分析

(a)完全定位分析；(b)不完全定位和欠定位分析

3. 欠定位

根据加工要求，工件应该限制的自由度未被限制，称为欠定位。如图 4-9(b) 所示，铣槽工序需限制 $\vec{x}$、$\vec{z}$、$\hat{x}$、$\hat{y}$ 和 $\hat{z}$ 5 个自由度，如果在工件侧面上只放置一个支承点，则工件的 $\hat{z}$ 自由度就未被限制，加工出来的工件就不能满足尺寸 B 的要求，也不能满足槽侧面与工件侧面平行的要求，很显然欠定位不能保证加工要求，因此是不允许的。

几个定位元件重复限制工件某一自由度的定位现象，称为过定位。过定位一般是不允许的，因为它可能造成破坏定位、工件不能装入、工件变形或夹具变形。但如果工件与夹具定位面的精度比较高而不会产生干涉，过定位也是允许的，因为它可以提高工件的安装刚度和加工的稳定性。如图 4-10 所示，工件以内孔和端面作为定位基准面装夹在滚齿机心轴 1 和支承凸台 3 上，心轴 1 限制了工件的 $\vec{x}$、$\vec{y}$、$\hat{x}$ 和 $\hat{y}$ 4 个自由度，支承凸台 3 限制了工件的 $\vec{z}$ 和 $\hat{x}$ 和 $\hat{y}$ 3 个自由度，心轴 1 和支承凸台 3 重复限制了工件的 $\hat{x}$ 和 $\hat{y}$ 2 个自由度，出现了过定位现象。由于工件孔中心线与端面存在垂直度误差，滚齿机心轴轴线与支承凸台平面存在垂直度误差，因此工件定位时，将出现工件端面与支承

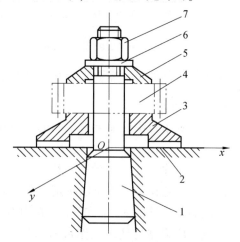

1—心轴；2—工作台；3—支承凸台；4—工件；
5—压块；6—垫圈；7—压紧螺母。

图 4-10　过定位分析(滚齿机上加工齿轮)

凸台不完全接触，用压紧螺母7将工件4压紧在支承凸台3上后，会使机床心轴产生弯曲变形或使工件产生翘曲变形，其结果都将破坏工件的定位要求，从而严重影响工件的定位精度。

如图4-11所示，双联齿轮两端面对花键内孔大径轴线有跳动的位置公差要求，除了保证齿轮传动的使用要求外，还可以避免加工齿形由于过定位造成的工件不能装入、工件变形或夹具变形等情况。

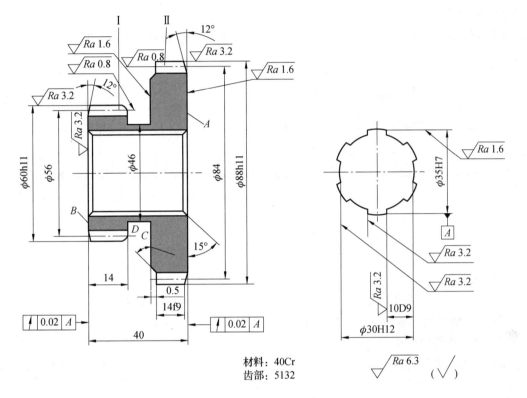

材料：40Cr
齿部：5132

图4-11　双联齿轮零件图

消除过定位一般有两个途径：一是改变定位元件的结构，以消除被重复限制的自由度，如将图4-10中的支承凸台3的大端面改成小端面，或将心轴1和工件内孔接触范围缩小；二是提高工件定位基准面之间及夹具定位元件之间的位置精度，以减少或消除过定位引起的干涉。

▶▶▶ 4.2.4　定位方式及定位元件 ▶▶▶

工件定位方式不同，夹具定位元件的结构形式也不同，这里只介绍几种常用定位方式及所用定位元件，实际生产中使用的定位元件都是这些基本定位元件的组合。

1. 工件以平面定位方式及常用定位元件

机械加工中，利用工件上的一个或几个平面作为定位基准的定位方式称为平面定位方式。例如：各种箱体、支架、机座、连杆、圆盘等类工件，常以平面或平面与其他表面组合为定位基准进行定位。以平面作为定位基准所用的定位元件主要有支承钉、支承板、可调支承、自位支承及辅助支承等。平面定位是支承定位，通过工件定位基准面与定位元件表面相接触而实现定位。

1）支承钉

常用支承钉的结构形式如图4-12所示。平头支承钉［见图4-12（a）］用于支承精基准面；球头支承钉［见图4-12（b）］用于支承粗基准面；网纹顶面支承钉［见图4-12（c）］能产生较大的摩擦力，但网槽中的切屑不易清除，常用在工件以粗基准定位且要求产生较大摩擦力的侧面定位场合。1个支承钉相当于1个支承点，限制1个自由度；在同一平面内，2个支承钉限制2个自由度；不在同一直线上的3个支承钉限制3个自由度。

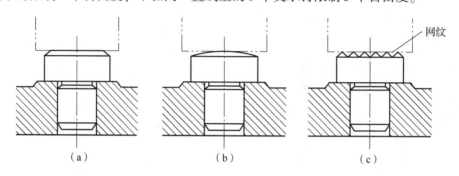

网纹

（a）　　　　　　（b）　　　　　　（c）

图4-12　常用支承钉的结构形式

（a）平头支承钉；（b）球头支承钉；（c）网纹顶面支承钉

2）支承板

常用支承板的结构形式如图4-13所示。平面型支承板［见图4-13（a）］结构简单，但沉头螺钉处清理切屑比较困难，适合作为侧面和顶面定位；带斜槽型支承板［见图4-13（b）］，在带有螺钉孔的斜槽中允许容纳少许切屑，适合作为底面定位。当工件定位平面较大时，常用几块支承板组合成1个平面。1个支承板相当于2个支承点，限制2个自由度；2个（或多个）支承板组合，相当于一个平面，可以限制3个自由度。

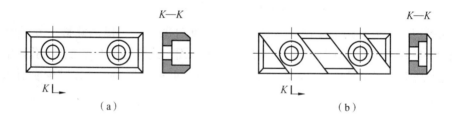

$K-K$　　　　　　　　　　　　$K-K$

K　　　　　　　　　　　　K

（a）　　　　　　　　　　　（b）

图4-13　常用支承板的结构形式

（a）平面型支承板；（b）带斜槽型支承板

3）可调支承

支承点的位置可以在一定范围内调整的支承称为可调支承。常用可调支承的结构形式如图4-14所示。可调支承多用于支承工件的粗基准面，支承点可以根据需要进行调整，调整到位后用螺母锁紧。1个可调支承限制1个自由度。

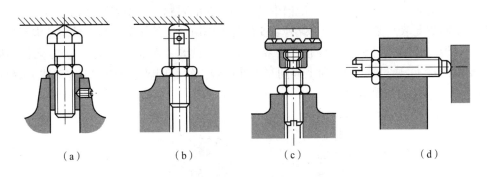

图4-14　常用可调支承的结构形式

(a)尖顶可调支承；(b)圆顶可调支承；(c)网纹顶可调支承；(d)圆顶横向可调支承

4）自位支承

支承本身在定位过程中，支承点的位置随工件定位基准位置的变化而自动调整并与之相适应的一类支承称为自位支承。常用自位支承的结构形式如图4-15所示。由于自位支承是活动的或是浮动的，无论结构上是2点支承还是3点支承，其实质只起1个支承点的作用，所以自位支承只限制1个自由度。使用自位支承的目的在于增加与工件的接触点，减小工件变形或减少接触应力。

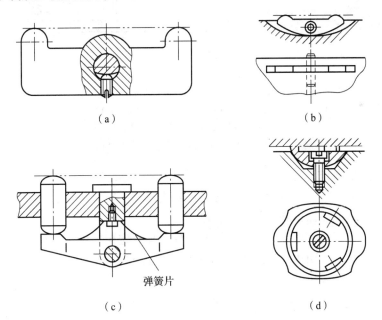

弹簧片

图4-15　常用自位支承的结构形式

(a)平底杠杆式；(b)曲面杠杆式；(c)组合杠杆式；(d)卡爪式

5）辅助支承

辅助支承只在工件定位后才参与支承，只起提高工件刚性和稳定性的作用，不限制工件自由度。因此，辅助支承不能作为定位元件。图4-16列出了辅助支承的几种结构形式。4-16(a)所示为手动无止动销辅助支承，其结构简单，但在调整时支承钉要转动，会损坏工件表面，也容易破坏工件定位；图4-16(b)所示为手动带止动销辅助支承，该结构在旋转螺母 1 时，支承钉 2 受装在衬套 4 键槽中的止动销 3 的限制，只做直线移动；图 4-16(c) 所示为自动调节支承，支承销 6 受下端弹簧 5 的推力作用与工件接触，当工件定位夹紧后，回转手柄 9 通过锁紧螺钉 8 和斜面顶销 7 将支承销 6 锁紧；图 4-16(d) 所示为推式辅助支承，支承滑柱 11 通过推杆 10 向上移动与工件接触，然后回转手柄 13 通过钢球 14 和半圆键 12 将支承滑柱 11 锁紧。

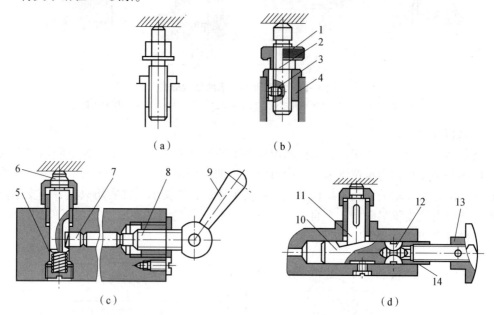

1—螺母；2—支承钉；3—止动销；4—衬套；5—弹簧；6—支承销；7—斜面顶销；
8—锁紧螺钉；9、13—回转手柄；10—推杆；11—支承滑柱；12—半圆键；14—钢球。

图 4-16　辅助支承的结构形式

(a)手动无止动销辅助支承；(b)手动带止动销辅助支承；(c)自动调节支承；(d)推式辅助支承

以精基准大平面作为定位基准面时，可采用数个平头支承钉或支承板作为定位元件，其作用相当于一个大平面，但几个支承板装配到夹具体上后须进行磨削，以保证支承平面等高，且与夹具体底面保持必要的位置精度。

支承钉或支承板的工作面应耐磨，以利于保持夹具定位精度。直径小于 12 mm 的支承钉及小型支承板，一般用 T7A 钢制造，淬火后硬度为 60 ~ 64 HRC；直径大于 12mm 的支承钉及较大型的支承板一般采用 20 钢制造，渗碳淬火后硬度为 60 ~ 64 HRC。

2. 工件以孔定位方式及常用定位元件

工件以孔定位即工件以孔作为定位基准的定位方式，工件以孔定位常用的定位元件有定位销和心轴等。定位孔与定位元件之间处于配合状态，能够保证孔轴线与夹具定位元件轴线重合，属于定心定位。

1) 定位销

定位销按定位元件的形状又可分为圆柱销和圆锥销。

(1)圆柱销。图 4-17 所示为常用圆柱销的典型结构。当工件的孔径尺寸较小时，可选用图 4-17(a)所示的结构；当工件同时以圆孔和端面组合定位时，则应选用图 4-17(b)所示的带有支承端面的结构；当工件孔径尺寸较大时，选用图 4-17(c)所示的结构；大批量生产时，为了便于圆柱销的更换，可采用图4-17（d）所示带衬套的结构形式。用定位销定位时，短圆柱销限制2个自由度；长圆柱销限制4个自由度。图4-17（a）～图4-17（c）3种为固定式。固定式圆柱销直接装配在夹具体上使用，结构简单，但不便于更换。

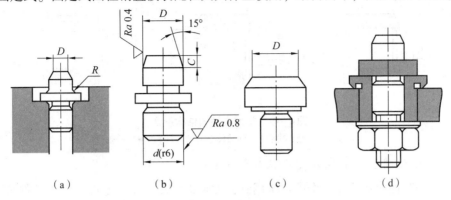

图4-17 圆柱销的结构形式

（a）用于工件孔径尺寸较小时；（b）用于圆孔和端面组合定位时；

（c）用于工件孔径尺寸较大时；（d）用于大批量生产时

圆柱销结构已标准化，为便于工件顺利装入，圆柱销头部应有15°的大倒角。圆柱销的材料 $D<16$ mm 时一般用T7A，淬火后硬度为53～58 HRC；$D>16$ mm 时用20钢，渗碳深度为0.8～1.2 mm，淬火后硬度为53～58 HRC。

（2）圆锥销。在实际生产中，也有圆柱孔用圆锥销定位的方式，如图4-18所示。这种定位方式是圆柱面与圆锥面接触，由于两者的接触为线接触，工件容易倾斜，故圆锥销常和其他定位元件组合定位。圆锥销比短圆柱销多限制一个沿轴向的移动自由度，即共限制工件3个移动方向的自由度。图4-18（a）用于粗基准定位，图4-18（b）用于精基准定位，这种定位方式也属于定心定位。

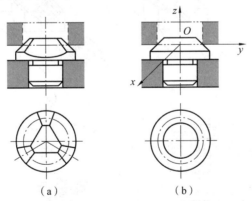

图4-18 圆锥销的结构形式

（a）用于粗基准定位；（b）用于精基准定位

2）心轴

心轴主要用于加工盘类或套类零件时的定位。心轴的结构形式很多，图4-19所示为几种常用心轴的结构形式。图4-19（a）所示为过盈配合心轴，限制工件4个自由度；图4-19（b）所示为间隙配合心轴，限制工件5个自由度，其中外圆柱部分限制4个自由度，轴凸台限制1个自由度；图4-19（c）所示为小锥度心轴，装夹工件时，通过工件孔和心轴接触表面的弹性变形夹紧工件,定位时,工件楔紧在心轴上,靠孔的弹性变形产生的少许过盈消除间隙,并产生摩擦力带动工件回转,而不需另外夹紧。使用小锥度心轴定位可获得较高的定位精度,它可以限制 5 个自由度。

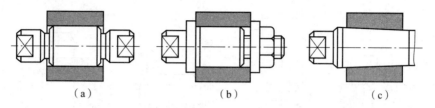

图 4-19　常用心轴的结构形式

(a)过盈配合心轴;(b)间隙配合心轴;(c)小锥度心轴

3. 工件以外圆柱面定位方式及常用定位元件

工件以外圆柱面定位在生产中经常用到,如轴类零件、盘类零件、套类零件等的加工中。工件以外圆柱面定位常用的定位元件有 V 形块、定位套和半圆套。

1) V 形块

外圆柱面采用 V 形块定位应用最广,V 形块两斜面间的夹角一般为 60°、90°或 120°。90° V 形块应用最多,其结构已标准化。V 形块的常用结构形式如图 4-20 所示。图 4-20(a)所示为短 V 形块,用于精基准定位;图 4-20(b)所示为两个短 V 形块的组合,用于工件定位基准面较长的精基准定位;图 4-20(c)所示为淬硬钢镶块或硬质合金镶块用螺钉固定在 V 形铸铁底座上,用于工件长度和直径均较大的定位;图 4-20(d)所示的 V 形块用于较长的粗基准或阶梯轴定位,工作面的长度一般较短,以提高定位的稳定性;图 4-20(e)和(f)所示为两种浮动式 V 形块结构。短 V 形块限制 2 个自由度,长 V 形块限制 4 个自由度,浮动式短 V 形块只限制 1 个自由度。

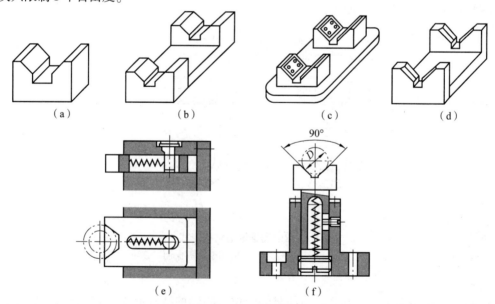

图 4-20　V 形块的常用结构形式

(a)短 V 形块;(b)两个短 V 形块的组合;(c)淬硬钢镶块或硬质合金镶块用螺钉固定在 V 形铸铁底座上;

(d)用于较长的粗基准或阶梯轴定位;(e)、(f)浮动式 V 形块

V形块定位对中性好，即能使工件的定位基准(轴线)对中在V形块两斜面的对称面上，而不受工件直径误差的影响。此外，V形块可用于非完整外圆表面的定位，并且安装方便。

V形块的材料一般选用20钢，渗碳深度为0.8～1.2 mm，淬火后硬度为60～64 HRC。

2)定位套

工件以外圆柱面在定位套中定位，常将定位套镶装在夹具体中。图4-21所示为定位套的常用结构形式。图4-21(a)用于工件以端面为主要定位基准面的场合，短定位套限制工件的2个自由度；图4-21(b)用于工件以外圆柱面为主要定位基准面的场合，长定位套限制工件的4个自由度；图4-21(c)用于工件以圆柱面端部轮廓为定位基准面，锥孔限制工件的3个自由度。定位套应用较少，主要用于形状简单的小型轴类零件的定位。

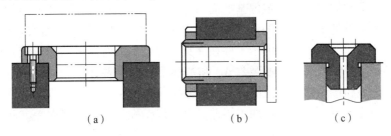

（a）　　　　　　（b）　　　　　　（c）

图4-21　定位套的常用结构形式

（a）用于工件以端面为主要定位基准面；（b）用于工件以外圆柱面为主要定位基准面；
（c）用于工件以圆柱面端部轮廓为定位基准面

3)半圆套

当工件尺寸较大，用圆柱孔定位不方便时，可将圆柱孔改成两半，下半孔用于定位，上半孔用于夹紧工件。图4-22所示为半圆套的典型结构形式。短半圆套[见图4-22(a)]限制2个自由度，长半圆套[见图4-22(b)]限制4个自由度。这种定位方式常用于不便轴向安装的大型轴套类零件的精基准定位。

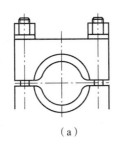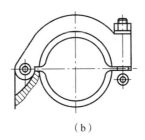

（a）　　　　　　　　　　（b）

图4-22　半圆套的典型结构形式

（a）短半圆套；（b）长半圆套

4. 工件以组合表面定位方式及常用定位元件

为满足实际生产加工要求，有时采用几个定位面相组合的方式进行定位，称为组合表面定位。常见的组合形式有两顶尖孔、一端面一孔、一端面一外圆、一面两孔等，与之相对应的定位元件也是组合式的。例如：长轴类零件采用双顶尖组合定位，箱体类零件采用一面两孔组合定位。

几个表面同时参与定位时，各定位基准面在定位中所起的作用有主次之分。例如：轴以两顶尖孔在车床前后顶尖上定位时，前顶尖孔为主要定位基准面，限制3个自由度；后顶尖为辅助定位基准面，只限制2个自由度。

4.3 定位误差的分析与计算

▶▶▏4.3.1 定位误差分析 ▶▶▶

1. 定位误差的概念

工件在夹具中的位置是以其定位基准面与定位元件相接触(配合)来确定的。然而，定位基准面、定位元件的工作表面的制造误差，会使一批工件在夹具中的实际位置不一致，工件加工后形成尺寸误差。这种由于工件在夹具上定位不准而造成的加工误差称为定位误差，用 Δ_{dw} 表示，它包括基准位置误差 Δ_{jw} 和基准不重合误差 Δ_{jb}。工件在夹具中定位时，定位副的制造公差和最小配合间隙的影响，导致定位基准在加工尺寸方向上产生位移，从而使各个工件的位置不一致，产生加工误差，这个误差称为基准位置误差。基准位置误差等于定位基准在工序尺寸方向的最大变动量。当定位基准与工序基准不重合时产生基准不重合误差，因此选择定位基准时应尽量与设计基准相重合。

2. 定位误差的计算公式

在采用调整法加工一批工件时，定位误差的实质是工序基准在加工尺寸方向上的最大变动量。采用试切法加工，不存在定位误差。

基准位置误差和基准不重合误差均应沿工序尺寸方向度量，如果与工序尺寸方向不一致，则应投影到工序尺寸方向计算。

定位误差的计算公式为

$$\Delta_{dw} = \Delta_{jw} \pm \Delta_{jb} \tag{4-1}$$

式(4-1)中"+""-"号的确定方法如下：

(1)分析定位基准面直径由小变大(或由大变小)时，定位基准的变动方向；

(2)定位基准面直径同样变化时，假设定位基准的位置不变动，分析工序基准的变动方向；

(3)两者的变动方向相同时，取"+"号；两者的变动方向相反时，取"-"号。

使用夹具以调整法加工工件时，由于夹具定位、工件夹紧及加工过程都可能产生加工误差，故定位误差仅是加工误差的一部分，因此在设计和制造夹具时一般限定定位误差不超过工件相应尺寸公差的 $1/5 \sim 1/3$。

▶▶▏4.3.2 典型定位方式的定位误差计算 ▶▶▶

1. 工件以平面定位

工件以平面定位，夹具上相应的定位元件是支承钉或支承板，工件定位基准面的平面度误差和定位元件的平面度误差都会产生定位误差。对高度工序尺寸，如图4-23所示，当用已加工平面作为定位基准面时，此项误差很小，一般可忽略不计。对于水平方向的工序尺寸，其定位基准为工件左侧面 A，工序基准与定位基准重合，即 $\Delta_{jb}=0$；由于工件左侧面与底面存在角度误差（$\pm\Delta\alpha$），对于一批工件来说，其定位基准 A 最大变动量即为水平方向的基准位移误差

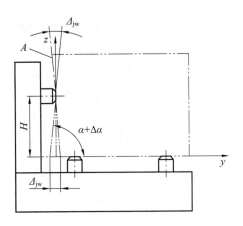

图4-23 平面定位误差计算

$$\Delta_{jw}=2H\tan\Delta\alpha \qquad (4\text{-}2)$$

水平方向尺寸定位误差为

$$\Delta_{jw}=\Delta_{jb}+\Delta_{jw}=2H\tan\Delta\alpha \qquad (4\text{-}3)$$

式中：H——侧面支承点到底面的距离，当 H 等于工件高度的一半时，定位误差达最小值，所以从减小误差出发，侧面支承点应布置在工件高度一半处。

2. 工件以内孔表面定位

工件以孔定位时，夹具上的定位元件可以是心轴或是定位销。图4-24是以内孔定位铣平面的工序简图，由图可知，工序尺寸的定位基准与工序基准重合，无基准不重合误差，即 $\Delta_{jb}=0$；对于定位孔与定位元件为过盈配合情况，由于定位基准面与限位基准无径向间隙，即使定位孔的直径尺寸有误差，定位时孔的表面位置有变动，但孔中心的位置却是固定不变的，故无基准位置误差；对于定位孔与定位元件为间隙配合情况，根据定位元件放置的形式不同，分为以下两种情况。

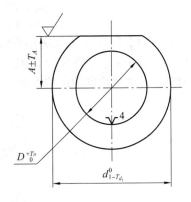

图4-24 以内孔定位铣平面的工序简图

（1）定位销（心轴）水平放置。如图4-25（a）所示，工件装到定位销中后，由于自重作用，工件定位孔与心轴上的母线接触。在孔径最大、轴径最小的情况下，孔的中心在 O_2 处；在孔径最小、轴径最大的情况下，孔的中心在 O_1 处。孔中心的最大变动量 O_1O_2 即基准位置误差为

$$\Delta_{jw}=O_1O_2=\frac{1}{2}(D_{max}-d_{min})-\frac{1}{2}(D_{min}-d_{max})$$

$$=\frac{(D_{min}+T_D)-(d_{max}-T_d)}{2}-\frac{D_{min}-d_{max}}{2}=\frac{1}{2}(T_D+T_d) \qquad (4\text{-}4)$$

式中：D_{min}、D_{max}——定位孔的最小直径与最大直径；

T_D——定位孔的公差；

d_{min}、d_{max}——定位销的最小直径与最大直径；

T_d——定位销的公差。

（2）定位销（心轴）垂直放置。如图4-25（b）所示，工件装到定位销上时，工件定位孔与定位销可在任意母线接触。在孔径最大、轴径最小的情况下，孔中心的位置变动量最大。这时的基准位置误差为

$$\Delta_{jw}=2OO_1=2\left(\frac{D_{max}-d_{min}}{2}\right)=(D_{min}+T_D)-(d_{max}-T_d)-(d_{max}-T_d)$$

$$=T_D+T_d+\Delta_{min} \qquad (4\text{-}5)$$

式中：Δ_{min}——孔与轴的最小配合间隙。

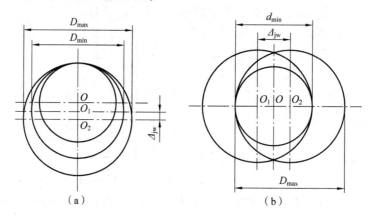

图4-25 工件以孔定位的定位误差分析
（a）定位销水平放置；（b）定位销垂直放置

【**例4-1**】图4-26为在金刚石镗床上镗活塞销孔的示意图，活塞销孔轴线对活塞裙部内孔中心线的对称度要求为0.02 mm。以裙部内孔及端面定位，内孔与定位销的配合为$\phi 95H7/g6$。求对称度的定位误差，并分析定位质量。

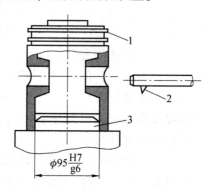

1—活塞；2—镗刀；3—定位销。
图4-26 镗活塞销孔示意图

解：由已知条件查表得 $\phi 95H7 = \phi 95^{+0.035}_{0}$ mm，$\phi 95g6 = \phi 95^{-0.012}_{-0.034}$ mm。

（1）基准不重合误差 Δ_{jb} 计算。对称度的工序基准是裙部内孔中心线，定位基准也是裙部内孔中心线，两者重合，故

$$\Delta_{jb} = 0$$

（2）基准位置误差 Δ_{jw} 计算。如图4-26所示，定位销垂直放置，由式（4-5）可得

$$\Delta_{jw} = T_D + T_d + \Delta_{min} = (0.035 + 0.022 + 0.012) \text{ mm} = 0.069 \text{ mm}$$

注：T_d 数值通过查询标准公差数值表得到。

（3）对称度的定位误差为

$$\Delta_{dw} = \Delta_{jb} + \Delta_{jw} = 0.069 \text{ mm}$$

（4）在镗活塞销孔时，要求保证活塞销孔轴线对裙部内孔中心线的对称度公差为0.02 mm，由定位误差不超过工件相应尺寸公差的1/5～1/3的原则，$0.069 > \frac{1}{3} \times 0.02$，故该定位方案不能满足所要求的加工精度。

3. 工件以外圆柱面定位

工件以外圆柱面定位常用的定位元件有 V 形块、定位套和半圆套，尤以 V 形块居多。图 4 - 27 为圆柱形工件在 V 形块上定位铣键槽的例子。对于键槽深度尺寸可以有 h_1、h_2、h_3 3 种标注方法。其工序基准分别是工件的中心线、上母线和下母线，其定位误差的计算可分以下 3 种情况。

(1) 以工件外圆轴线为工序基准标注键槽深度尺寸 h_1[见图 4-27(a)]。V 形块定位，工件的定位基准是工件轴心线。工序尺寸 h_1 的工序基准与工件的定位基准重合，无基准不重合误差，$\Delta_{jb}(\Delta_1) = 0$。

当工件直径有变化时，定位表面外圆和定位元件 V 形块有制造误差，故有定位副制造不准确误差 $\Delta_{jw}(h_1)$，而在水平方向轴心线的变动量为 0，此即 V 形块的对中性。在垂直方向上，基准位置误差为

$$\Delta_{jw}(h_1) = O_1O_2 = O_1C - O_2C = \frac{O_1C_1}{\sin\left(\frac{\alpha}{2}\right)} - \frac{O_2C_2}{\sin\left(\frac{\alpha}{2}\right)} = \frac{d}{2\sin\left(\frac{\alpha}{2}\right)} - \frac{d - T_d}{2\sin\left(\frac{\alpha}{2}\right)} = \frac{T_d}{2\sin\left(\frac{\alpha}{2}\right)}$$

式中：T_d——工件外圆直径公差；α——V 形块夹角。

铣键槽工序的定位误差为

$$\Delta_{dw}(h_1) = \Delta_{jb}(h_1) + \Delta_{jw}(\Delta_1) = \frac{T_d}{2\sin(\alpha/2)} \tag{4-6}$$

(2) 以工件外圆下母线为工序基准标注键槽深度尺寸 h_1[见图 4-27(b)]。工序尺寸 h_2 工序基准与定位基准不重合，故有基准不重合误差，其值为工序基准相对于定位基准在工序尺寸 h_2 方向上的最大变动量，即 $\Delta_{jb}(h_2) = \dfrac{T_d}{2}$；该铣键槽工序还存在定位副制造不准确误差(即基准位置误差)，其值同前，$\Delta_{jw}(h_2) = O_1O_2 = \dfrac{T_d}{2\sin(\alpha/2)}$，但两者仍需考虑其加减关系。由于 $\Delta_{jb}(h_2)$ 与 $\Delta_{jw}(h_2)$ 在工序尺寸 h_2 方向上的投影方向相反，故其定位误差为

$$\Delta_{dw}(\Delta_2) = \Delta_{jw}(h_2) - \Delta_{jb}(h_2) = \frac{T_d}{2\sin\left(\frac{\alpha}{2}\right)} - \frac{T_d}{2} = \frac{T_d}{2}\left[\frac{1}{\sin\left(\frac{\alpha}{2}\right)} - 1\right] \tag{4-7}$$

(3) 以工件外圆上母线为工序基准标注键槽深度尺寸 h_3[见图 4-27(c)]。工序尺寸 h_3 的工序基准与定位基准不重合，故有基准不重合误差，其值为工序基准相对于定位基准(外圆轴线)在工序尺寸 h_3 方向上的最大变动量，即 $\Delta_{jb}(h_3) = \dfrac{T_d}{2}$；此外，该铣键槽还存在定位副制造不准确误差(即基准位置误差)，其值同前，$\Delta_{jw}(h_3) = O_1O_2 = \dfrac{T_d}{2\sin(\alpha/2)}$。由于工件直径公差 T_d 是影响基准位置误差和基准不重合误差的公共因素，因此必须考虑其相加减的关系。由于这两项误差因素导致工序尺寸做相同方向的变化，因此应该将二者相加，其定位误差为

$$\Delta_{dw}(h_3) = \Delta_{jw}(h_3) - \Delta_{jb}(h_3) = \frac{T_d}{2\sin\left(\frac{\alpha}{2}\right)} + \frac{T_d}{2} = \frac{T_d}{2}\left[\frac{1}{\sin\left(\frac{\alpha}{2}\right)} + 1\right] \tag{4-8}$$

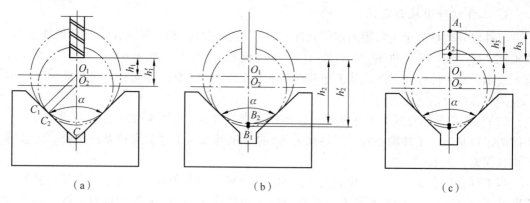

图 4-27　工件在 V 形块定位铣键槽

（a）以工件外圆轴线为工序基准；（b）以工件外圆下母线为工序基准；（c）以工件外圆上母线为工序基准

由以上分析可知，按图 4-27 所示方式定位铣削键槽时，键槽深度尺寸由上母线标注时，其定位误差最大；由下母线标注时，其定位误差最小。因此从减小误差的角度考虑，在进行零件图设计时，应采用 h_1 或 h_2 的标注方法。

4. 组合定位时的定位误差

以箱体类零件采用一面两孔组合定位为例。图 4-28 所示箱体零件采用一面两孔组合定位，支承平面限制 $\vec{z}$、$\hat{x}$、$\hat{y}$ 3 个自由度，短圆柱销 I 限制 $\vec{x}$ 和 $\vec{y}$ 2 个自由度，短圆柱销 II 限制 $\vec{x}$ 和 $\vec{z}$ 2 个自由度。可见，2 个短圆柱销同时限制了 $\vec{x}$ 自由度，出现了过定位现象。当工件上两定位孔的中心距和夹具上两定位销的中心距处于极限位置时，会出现工件无法装入的情况。为防止工件定位孔无法装入夹具上定位销的情况发生，采取以菱形销(削边销)代替一个圆柱销的办法，如图 4-29 所示，削边部分必须在两销连线方向上，使菱形销(削边销)不限制 $\vec{x}$ 自由度，实现完全定位。

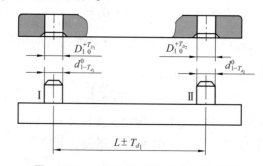

图 4-28　一面两孔定位的定位误差分析

工件以一面两孔定位，有可能出现图 4-29 所示工件轴线偏斜的极限情况，即左边定位孔 I 与圆柱销在上边接触，而右面的定位孔 II 与菱形销在下边接触。当两孔直径均为最大、两销直径均为最小时，工件轴线相对于两销轴线的最大偏转角为

$$\theta = \arctan \frac{O_1 O'_1 + O_2 O'_2}{L}$$

式中：$O_1 O'_1 = \dfrac{1}{2}(D_{1,\max} - d_{1,\min})$；$O_2 O'_2 = \dfrac{1}{2}(D_{2,\max} - d_{2,\min})$。则有

$$\theta = \arctan \frac{D_{1,\max} - d_{1,\min} + D_{2,\max} - d_{2,\min}}{2L}$$

一面两孔定位时转角定位误差的计算公式为

$$\Delta_{dw} = \pm \arctan \frac{D_{1,max} - d_{1,min} + D_{2,max} - d_{2,min}}{2L}$$

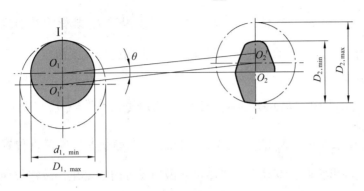

图 4-29 菱形销代替圆柱销

【例 4-2】图 4-30 所示为工件以水平心轴定位铣键槽时的零件简图。图中给出了键槽深度尺寸的 5 种标注方法。试计算键槽深度工序尺寸的定位误差。

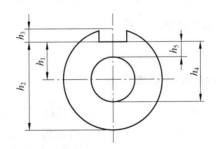

图 4-30 一面两孔组合定位

解：当心轴水平放置时，基准位置误差 $\Delta_{jw} = \frac{1}{2}(T_D + T_d)$。

（1）对于工序尺寸 h_1，由于工序基准与定位基准重合，基准不重合误差为 0，故 $\Delta_{jb}(h_1) = 0$；所以定位误差为

$$\Delta_{dw}(h_1) = \Delta_{jw} = \frac{1}{2}(T_D + T_d)$$

式中：T_D——定位孔公差；T_d——心轴公差。

（2）对于工序尺寸 h_2，定位基准与工序基准不重合，故有 $\Delta_{jb}(h_2) = \frac{1}{2}T_{d_1}$。由于在影响基准位置误差和基准不重合误差的因素中，没有任何一个因素对两者同时产生影响，因此考虑各因素的独立变化，在计算定位误差时，应将两者相加，即

$$\Delta_{dw}(h_2) = \Delta_{jw} + \Delta_{jb} = \frac{1}{2}(T_D + T_d) + \frac{1}{2}T_{d_1} = \frac{1}{2}(T_D + T_d + T_{d_1})$$

式中：T_{d_1}——套筒公差。

（3）对于工序尺寸 h_3，$\Delta_{jb}(h_3) = \frac{1}{2}T_{d_1}$。由于在影响基准位置误差和基准不重合误差的

因素中，也没有公共因素，因此在计算定位误差时，还应将两者相加，即

$$\Delta_{dw}(h_3) = \Delta_{jw} + \Delta_{jb} = \frac{1}{2}(T_D + T_d) + \frac{1}{2}(T_D + T_d + T_{d_1})$$

（4）对于工序尺寸 h_4，$\Delta_{jb}(h_4) = \frac{1}{2}T_D$。由于误差因素 T_D 既影响基准位置误差，又影响基准不重合误差，两者变动引起工序尺寸做相同方向的变化，故定位误差为两项误差之和，即

$$\Delta_{dw}(h_4) = \Delta_{jw} + \Delta_{jb} = \frac{1}{2}(T_D + T_d) + \frac{1}{2}T_D = T_D + \frac{1}{2}T_d$$

（5）对于工序尺寸 h_5，$\Delta_{jb}(h_5) = \frac{1}{2}T_D$。内孔直径公差仍是影响基准位置误差和基准不重合误差的公共因素，两者变动引起工序尺寸做相反方向的变化，故定位误差为两项误差之差，即

$$\Delta_{dw}(h_5) = \Delta_{jw} - \Delta_{jb} = \frac{1}{2}(T_D + T_d) - \frac{1}{2}T_D = \frac{1}{2}T_d$$

4.4　工件在夹具中的夹紧

▶▶| 4.4.1　对工件夹紧装置的基本要求 ▶▶ ▶

夹紧装置是夹具的重要组成部分，在设计夹紧装置时应满足以下基本要求。

（1）夹紧过程不得破坏工件在夹具中的正确定位位置。

（2）夹紧力大小要适当。既要保证工件在加工过程中定位的稳定性和可靠性，又要防止因夹紧力过大使工件产生较大的夹紧变形和表面损伤。夹紧机构一般应能自锁。

（3）操作方便、安全、省力。

（4）结构应尽量简单、紧凑，并尽量采用标准化元件，便于制造。

▶▶| 4.4.2　夹紧力的确定 ▶▶ ▶

夹紧力包括大小、方向和作用点三要素，下面分别讨论。

1. 夹紧力方向的选择

（1）夹紧力的方向应垂直于工件的主要定位基准面，以有利于工件的准确定位。图 4-31 所示镗孔工序要求保证孔轴线与 A 面垂直，则应以 A 面为主要定位基准面，夹紧力方向应与 B 面垂直；否则由于 A 面与 B 面的垂直度误差，很难保证孔轴线与 B 面的垂直度要求。

（2）夹紧力的作用方向应与工件刚度最大的方向一致，以减小工件的夹紧变形。图 4-32 所示为加工薄壁套筒零件的两种夹紧方式，由于工件轴向刚度大，因此用图 4-32(b)所示轴向夹紧方式比用图 4-32(a)所示径向夹紧方式的夹紧变形相对较小。

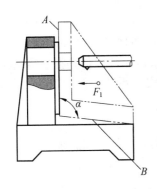

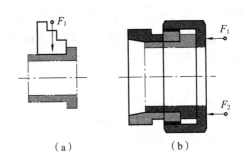

图 4-31 夹紧力垂直于主要定位面	图 4-32 加工薄壁套筒零件的两种夹紧方式
	(a)径向夹紧方式；(b)轴向夹紧方式

（3）夹紧力作用方向应尽量与工件的切削力、重力等的作用方向一致，以减小夹紧力。

2. 夹紧力作用点的选择

（1）夹紧力的作用点应正对定位元件或位于定位元件所形成的支承面内，以保证工件已获得的定位不变。图 4-33 违背了这项原则，夹紧力的正确位置应如图中箭头所示。

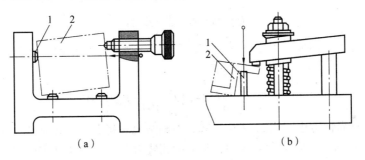

1—定位元件；2—工件。

图 4-33 夹紧力作用点的位置

（2）夹紧力的作用点应位于工件刚性较好的部位，以减小工件的变形。图 4-34 中实线为夹紧力的正确作用点。

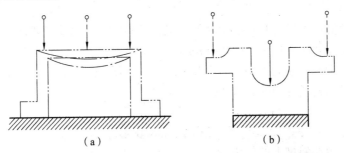

图 4-34 夹紧力作用点与工件变形

（3）夹紧力的作用点应尽量靠近加工表面，以减小切削力对工件造成的翻转力矩，防止或减少切削过程中的振动和变形。

3. 夹紧力的估算

确定夹紧力时，将工件视为分离体，将作用在工件上的各种力(如切削力、夹紧力、重力和惯性力)等根据静力平衡条件列出方程式，即可求得保持工件平衡所需的最小夹紧力。最小夹紧力乘以安全系数，即得到所需的夹紧力。安全系数：粗加工一般取 2.5 ~ 3，精加工取 1.5 ~ 2。

【例 4-3】在图 4-35 所示刨平面工序中，G 为工件自重，F 为夹紧力，F_c、F_p 分别为切削力和背向力。已知：$F_c = 800$ N，$F_p = 200$ N，$G = 100$ N。问：需施加多大夹紧力才能保证此工序加工的正常进行？

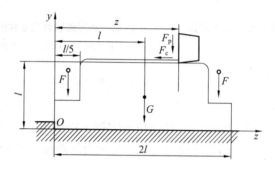

图 4-35　刨平面夹紧力计算

解：取工件为分离体，工件所受的力如图 4-35 所示，根据静力平衡原理，列出静力平衡方程式为

$$F_c l - \left[\frac{Fl}{10} + Gl + F\left(2l - \frac{l}{10}\right) + F_p z \right] = 0$$

从夹紧的可靠性考虑，当 $z = l/5$ 时属最不利情况。将有关已知条件代入上式，即可求得夹紧力 $F = 330$ N；取安全系数 $k = 3$，最后求得需施加的夹紧力 $F = 990$ N。

夹具设计中，夹紧力大小并非在所有情况下都需要计算，如手动夹紧装置中，常根据经验或类比法确定所需的夹紧力。

▶▶▶ 4.4.3　典型夹紧机构 ▶▶▶

1. 斜楔夹紧机构

斜楔是夹紧机构中最为基本的一种形式，它是利用斜面移动时所产生的力来夹紧工件的，常用于气动和液压夹具中。图 4-36(a)所示为一钻床夹具，它用移动斜楔 1 产生的力夹紧工件 2，取斜楔 1 为分离体，分析其所受的作用力，如图 4-36(b)所示，根据静力平衡条件，可得斜楔夹紧机构的夹紧力为

$$F_J = \frac{F_Q}{\tan \varphi_1 + \tan(\alpha + \varphi_2)} \tag{4-9}$$

式中：F_Q——作用在斜楔上的作用力；

　　　α——斜楔升角；

　　　φ_1——斜楔与工件间的摩擦角；

　　　φ_2——斜楔与夹具体间的摩擦角。

夹紧机构一般都要求自锁，即在去除作用力 F_Q 后，夹紧机构仍能保持对工件的夹紧，

斜楔自锁条件为

$$\alpha \leqslant \varphi_1 + \varphi_2$$

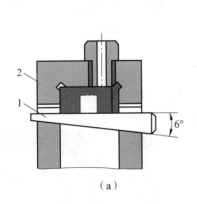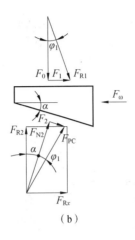

1—斜楔；2—工件。

图4-36 斜楔夹紧

(a)钻床夹具；(b)斜楔受力分析

2. 螺旋夹紧机构

采用螺旋直接夹紧或与其他元件组合实现夹紧的机构，统称螺旋夹紧机构。螺旋夹紧机构可以看作绕在圆柱表面上的斜面，将它展开就相当于一个斜楔。

图4-37所示为较简单的螺旋夹紧机构，图4-37(a)为螺钉夹紧，螺钉头部直接压紧工件表面，螺钉转动时易划伤工件表面，且易使工件产生转动，破坏工件的定位。图4-37(b)在螺钉3的头部增加活动压块1与工件表面接触，拧螺钉时，压块不随螺钉转动，并且增大了承压面积，通过更换衬套2可提高夹紧机构的使用寿命。图4-37(c)为螺母夹紧，适用于夹紧毛坯表面。

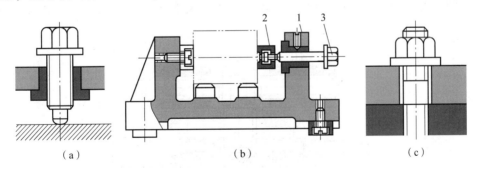

1—活动压块；2—衬套；3—螺钉。

图4-37 螺旋夹紧机构

(a)螺钉夹紧；(b)螺钉加活动压块夹紧；(c)螺母夹紧

螺旋夹紧机构结构简单，容易制造。由于螺旋升角小，因此螺旋夹紧机构的自锁性能好，夹紧力和夹紧行程都较大，在手动夹具上应用较多。图4-38所示为螺旋压板夹紧机构。拧动螺母1通过压板4压紧工件表面。采用螺旋压板组合夹紧时，由于被夹紧表面的高度尺寸有误差，压板位置不可能一直保持水平，因此在螺母端面和压板之间设置球面垫圈和锥面垫圈，可防止在压板倾斜时，螺栓不致因受弯矩作用而损坏。

3. 偏心夹紧机构

偏心夹紧机构（见图4-39）是利用偏心轮回转半径逐渐增大而产生夹紧作用的，其原理和斜楔工作时斜面高度由小变大而产生夹紧作用相同。偏心夹紧机构具有结构简单、夹紧迅速等优点；但它的夹紧行程小，增力倍数小，自锁性能差，常用于切削平稳、切削力不大的场合。

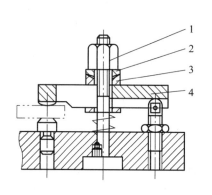

1—螺母；2—球面垫圈；3—锥面垫圈；4—压板。
图4-38　螺旋压板夹紧机构

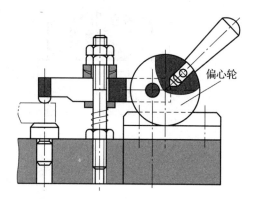

图4-39　偏心夹紧机构

4. 定心夹紧机构

定心夹紧机构能够在实现定心作用的同时，又起着将工件夹紧的作用。定心夹紧机构中与工件定位基准面相接触的元件，既是定位元件，又是夹紧元件。

定心夹紧机构从工作原理可分为依靠定心夹紧机构等速移动实现定心夹紧和依靠定心夹紧机构产生均匀弹性变形实现定心夹紧两种类型。图4-40所示为一螺旋定心夹紧机构，螺杆3的两端分别有螺距相等的左、右螺纹，转动螺杆，通过左、右螺纹带动两个V形块1和2同步向中心移动，从而实现工件的定心夹紧。叉形件7可用来调整对称中心的位置。

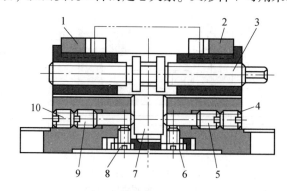

1，2—V形块；3—螺杆；4，5，6，8，9，10—螺钉；7—叉形件。
图4-40　螺旋定心夹紧机构

图4-41（a）所示为工件以外圆柱面定位的弹簧夹头，旋转螺母4，其内螺孔端面推动弹性夹头2向左移动，锥套3内锥面迫使弹性夹头2上的簧瓣向里收缩，将工件夹紧。图4-41（b）所示为工件以内孔定位的弹簧心轴，旋转螺母8时，其端面向左推动锥套7迫使

弹性夹头 6 上的簧瓣向外胀开，将工件定心夹紧。

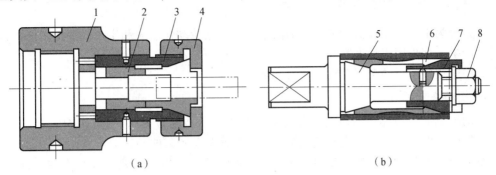

1—夹具体；2，6—弹性夹头；3，7—锥套；4，8—螺母；5—锥度心轴。

图 4-41 弹性定心夹紧机构

(a)弹簧夹头；(b)弹簧心轴

5. 联动夹紧机构

在夹紧机构设计中，有时需要对一个工件上的几个点或对多个工件同时进行夹紧，为减少装夹时间，简化机构，常采用各种联动夹紧机构。图 4-42 所示为联动夹紧机构实例，图 4-42(a)所示为实现相互垂直的两个方向的夹紧力同时作用的联动夹紧机构；图 4-42(b)所示为实现相互平行的两个夹紧力同时作用的联动夹紧机构。图 4-43 所示为多件联动夹紧机构实例。

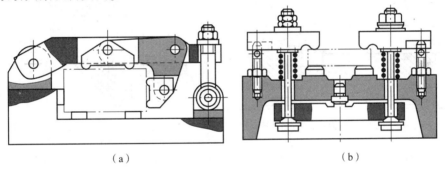

图 4-42 联动夹紧机构

(a)夹紧力相互垂直；(b)夹紧力相互平行

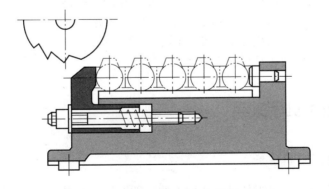

图 4-43 多件联动夹紧机构

▶▶▶ 4.4.4 夹紧的动力装置 ▶▶▶ ▶

夹紧分为手动夹紧和机动夹紧。但由于手动夹紧劳动强度大和生产效率低，因此在大批量生产中，多采用机动夹紧装置。机动夹紧的动力装置有气动、液动、电动、真空夹紧等，其中应用较广泛的是气动夹紧装置和液动夹紧装置。

1. 气动夹紧装置

气动夹紧装置以压缩空气为工作介质，其工作压力通常为 $0.4 \sim 0.6$ MPa。气动传动系统中执行元件是气缸，常用的气缸结构有活塞式和薄膜式两种。

双向作用活塞式气缸如图 4-44 所示，活塞杆 3 与传力装置或直接与夹紧元件相连，气缸行程较长；单向作用薄膜式气缸如图 4-45 所示，薄膜 2 代替活塞将气室分为左、右两部分。与活塞式气缸相比，薄膜式气缸具有密封性好、结构简单、寿命较长的优点；缺点是工作行程较短，夹紧力随行程变化而变化。

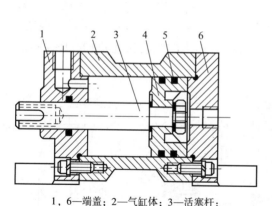

1，6—端盖；2—气缸体；3—活塞杆；
4—活塞；5—密封圈。

图 4-44　双向作用活塞式气缸

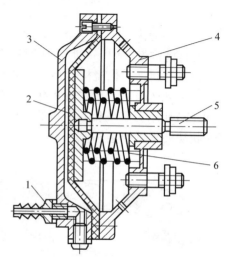

1—管接头；2—薄膜；3，4—左右气缸壁；
5—推杆；6—弹簧。

图 4-45　单向作用薄膜式气缸

2. 液动夹紧装置

液动夹紧装置的工作原理与气动夹紧装置基本相同，所不同的是，液动夹紧装置以液压油为工作介质，工作压力可达 $5 \sim 6.5$ MPa。与气动夹紧装置相比，液动夹紧具有以下优点：传递动力大，夹具结构相对较小；油液不可压缩，夹紧可靠，工作平稳；噪声小。其缺点是须设置专门的液压系统，成本较高。

4.5　各类机床夹具

▶▶▶ 4.5.1 钻床夹具 ▶▶▶ ▶

钻床夹具是引导刀具对工件进行孔加工的一种夹具，习惯上又称为钻模。用钻模加工孔，一方面可以保证孔的轴线不倾斜；另一方面可以保证被加工的孔系之间、孔与端面之间的位置精度要求。

1. 钻模的主要类型

钻模的种类很多，有固定式、回转式、翻转式、滑柱式和盖板式等多种形式。

1）固定式钻模

固定式钻模加工中钻模板相对于工件的位置不变。图 4-46 所示为用于加工拨叉轴孔的固定式钻模。工件以底平面和外圆柱表面分别在夹具上的支承板 1 和 V 形块 2 上定位，限制 5 个自由度；旋转手柄 8，由转轴 7 上的螺旋槽推动 V 形压头 5 夹紧工件；钻头由安装在固定式钻模板 3 上的钻套 4 导向。固定式钻模板 3 用螺钉紧固在夹具体上。

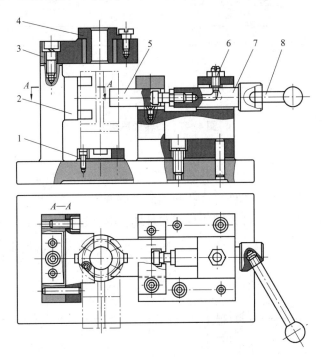

1—支承板；2—V 形块；3—固定式钻模板；4—钻套；5—V 形压头；6—螺钉；7—转轴；8—手柄。

图 4-46　固定式钻模

2）回转式钻模

回转式钻模用于加工分布在同一圆周上的轴向或径向孔系，工件一次装夹，经夹具分度机构转位而顺序加工各孔。图 4-47 是用来加工工件上 3 个有角度关系径向孔的回转式钻模。工件以内孔、键槽和侧平面为定位基准面，分别在夹具上的定位销 6、键 7 和支承板 3 上定位，限制 6 个自由度。由螺母 5 和开口垫圈 4 夹紧工件。分度装置由分度盘 9、等分定位套 2、拔销 1 和手柄 11 组成：工件分度时，拧松手柄 11，拔出拔销 1，旋转分度盘 9 带动工件一起分度，当转至拔销 1 对准下一个定位套Ⅰ或Ⅱ时，将拔销 1 插入，实现分度定位，然后 拧紧手柄 11，锁紧分度盘，即可加工工件上另一个孔。钻头由安装在固定式钻模板上的钻套 8 导向。

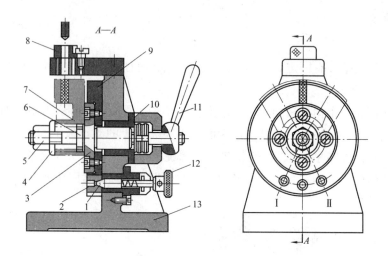

1—拔销；2—等分定位套；3—支承板；4—开口垫圈；5—螺母；6—定位销；7—键；8—钻套；
9—分度盘；10—衬套；11，12—手柄；13—底座；Ⅰ，Ⅱ—定位套。

图4-47　回转式钻模

3）翻转式钻模

翻转式钻模用于加工中小型工件分布在不同表面上的孔。图4-48所示为钻锁紧螺母上四个径向孔的翻转式钻模。工件以内孔和端面在胀套3和支承板4上定位，拧紧螺母5使工件夹紧。在工作台上将工件连同夹具一起翻转，顺序钻削工件上4个径向孔。该夹具结构简单，但需手动翻转钻模，因此工件连同夹具质量不能太大，常在中、小批量生产中使用。

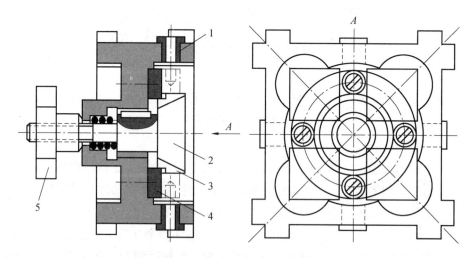

1—钻套；2—锥面螺栓；3—胀套；4—支承板；5—螺母。

图4-48　翻转式钻模

4）滑柱式钻模

滑柱式钻模是一种具有升降模板的通用可调整钻模。图4-49所示为手动滑柱式钻模，转动手柄5，使齿轮轴1上的齿轮带动齿条滑柱2和钻模板3上下升降，导向柱6起导向作用，保证钻模板位移的位置精度。

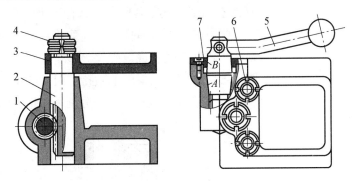

1—齿轮轴；2—滑柱；3—钻模板；4—螺母柄；6—导向柱；7—锥套。

图4-49 手动滑柱式钻模

滑柱式钻模具有结构简单、操作方便迅速等优点，广泛用于批量生产和大量生产中，但这种钻模应具有自锁机构。

5）盖板式钻模

盖板式钻模无夹具体。图4-50所示为加工车床溜板箱小孔所用的盖板式钻模，工件以一面两孔定位，在钻模板上装有钻套和定位元件。盖板式钻模的优点是结构简单，适用于体积大而笨重工件的小孔加工。

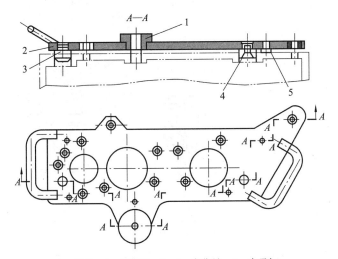

1—钻套；2—钻模板；3，4—定位销；5—支承钉。

图4-50 盖板式钻模

2. 钻床夹具设计要点

1）钻套

钻套是用来引导刀具的元件，用以保证孔的加工位置，并防止刀具在加工中偏斜。根据结构特点，钻套分为固定钻套、可换钻套、快换钻套和特殊钻套等多种形式。固定钻套（见图4-51）直接被压装在钻模板上，其位置精度较高，但磨损后不易更换。固定钻套多用于中、小批量生产。可换钻套结构如图4-52(a)所示，钻套1装在衬套2中，衬套2压装在钻模板 3 中，为防止钻套在衬套中转动，钻套用螺钉 4 紧固。可换钻套在磨损后可以更换，多用在大批量生产中。快换钻套如图 4-52(b)所示，具有快速更换钻套的特点，只需逆时针转动钻套，使削边平面转至螺钉位置，即可向上快速取出钻套。快换钻套适用于在工件的一次装夹中，顺序进行钻孔、扩孔、铰孔或攻螺纹等多个工步加工的情况。特殊钻套是为特定场合设计的钻套，图 4-53(a)用于在斜面上钻孔；图 4-53(b)用于钻孔表面离钻模板较远的场合；图 4-53(c)用于两孔孔距过小而无法分别采用钻套的场合。

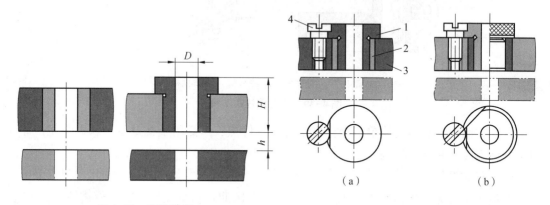

图 4-51　固定钻套

1—钻套；2—衬套；3—钻模板；4—螺钉。

图 4-52　可换钻套与快换钻套

(a)可换钻套；(b)快换钻套

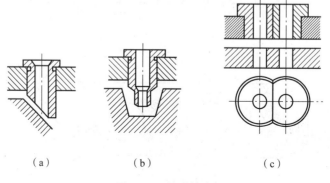

(a)　　　　　　(b)　　　　　　(c)

图 4-53　特殊钻套

钻套导向高度尺寸 H 越大，导向性越好，但摩擦增大，一般取 $H=(l\sim2.5)D$。孔径小、精度要求较高时，H 取较大值。为便于排屑，排屑空间应满足：加工钢件时，取 $h=(0.7\sim1.5)D$；加工铸铁件时，取 $h=(0.3\sim0.4)D$。大孔取较小的系数，小孔取较大的系数。

2)钻模板

钻模板用于安装钻套，常见的钻模板有固定式、铰链式、分离式、悬挂式 4 种结构形式。固定式钻模板与夹具体是固定连接，图 4-46 所示钻模所用的钻模板就是固定式钻模板，采用这种钻模板钻孔，位置精度较高。铰链式钻模板与夹具体通过铰链连接，如图

4-54 所示,加工时钻模板用菱形螺母 2 紧固。采用铰链式钻模板,工件装卸方便,由于铰链与销孔之间存在配合间隙,因此钻孔位置精度不高,主要用在生产规模不大、钻孔精度要求不高的场合。分离式钻模板如图 4-55 所示,工件每装卸一次,钻模板也要装卸一次,装卸工件比较方便。悬挂式钻模板(见图 4-56)与机床主轴箱相连接,并随主轴箱上、下升降,钻模板下降的同时夹紧工件。悬挂式钻模板常用于组合机床的多轴传动头加工平行孔系,生产效率高。

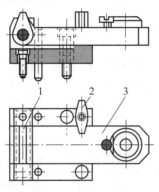

1—铰链轴;2—菱形螺母;3—钻模板。

图 4-54 铰链式钻模板

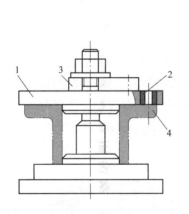

1—钻模板;2—转套;

3—夹紧元件;4—工件。

图 4-55 分离式钻模板

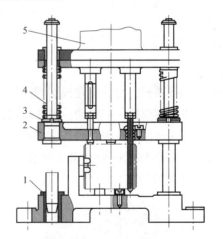

1—定位套;2—钻模板;3—螺母;

4—滑柱;5—主轴箱。

图 4-56 悬挂式钻模板

▶▶▶ 4.5.2 镗床夹具 ▶▶▶

1. 镗模的种类

镗床夹具习惯上又称为镗模,镗模与钻模有很多相似之处。镗模根据支架的布置形式可分为单面导向和双面导向两类。图 4-57 为单面单导向镗模,单面单导向要求镗杆与机床主轴刚性连接;单面双导向镗模(见图 4-58)在刀具的后方向有两个导向套,镗杆与机床主轴浮动连接；双面单导向镗模(见图4-59)有两个镗模支架，分别布置在刀具的前、后方，并要求镗杆与机床主轴浮动连接，镗孔的精度完全取决于夹具，而不受机床精度的影响。

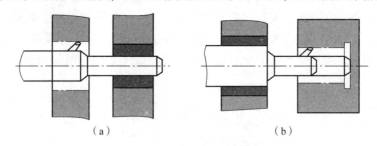

（a）　　　　　　　　　　　（b）

图4-57　单面单导向镗模

（a）单面前导向；（b）单面后导向

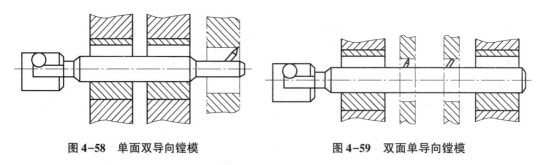

图4-58　单面双导向镗模　　　　　图4-59　双面单导向镗模

2. 镗模的设计要点

1）镗套

镗套用于引导镗杆，分为固定镗套和回转镗套。固定镗套的结构与钻套类似，它固定在镗模支架上而不能随镗杆一起转动，镗杆和镗套之间存在摩擦。固定镗套外形尺寸较小，多用于低速场合；回转镗套在镗孔过程中随镗杆一起转动，所以镗杆与镗套之间无相对转动，只有相对移动。回转镗套可分为滑动镗套[见图4-60(a)]和滚动镗套[见图4-60(b)]。回转镗套多用于速度较高的场合。

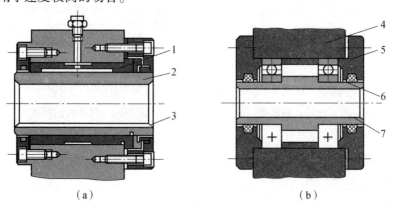

（a）　　　　　　　　　　　　　（b）

1—轴承套；2，7—镗套；3—键槽；4—镗模支架；5—端盖；6—轴承。

图4-60　回转镗模

（a）滑动镗套；（b）滚动镗套

2）镗模支架

镗模支架用于安装镗套，保证加工孔系的位置精度，并可承受切削力。镗模支架要求有足够的强度和刚度，在工作时不应承受夹紧力，以免支架变形影响镗孔精度。

▶▶▶ 4.5.3　铣床夹具 ▶▶▶ ▶

铣削加工属断续切削，易产生振动，铣床夹具的受力部件要有足够的强度和刚度，夹紧机构所提供的夹紧力应足够大，且要求有较好的自锁性能。为了提高工作效率，常采用多件夹紧和多件加工。

对刀装置和定位键是铣床夹具的特有元件。对刀装置用来确定夹具相对于铣刀的位置，主要由对刀块和塞尺构成。图 4-61 所示为两种常见的对刀装置，其中图 4-61（a）为高度对刀块，用于加工平面时对刀；图 4-61（b）为直角对刀块，用于加工键槽或台阶面时对刀。采用对刀装置对刀时，为避免刀具与对刀块直接接触而造成磨损，用塞尺检查刀具与对刀块之间的间隙，凭抽动的松紧感觉来判断刀具的正确位置。定位键用来确定夹具相对于机床的位置。定位键安装在夹具体底面的纵向槽中，并与铣床工作台 T 形槽相配合，如图 4-62 所示，一个夹具一般要配置两个定位键。

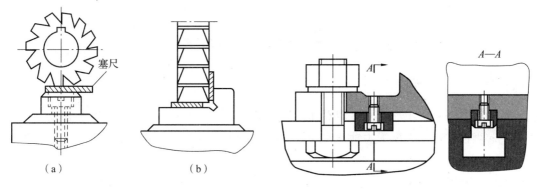

图 4-61 对刀装置	图 4-62 定位键
（a）高度对刀块；（b）直角对刀块	

图 4-63 所示为加工分离叉内侧面的铣床夹具，该图的右下角为铣分离叉内侧面的工序简图。工件以 φ25H9 孔定位支承在定位销 5 上，限制 4 个自由度；轴向则由右端面靠在支座 6 侧平面上定位，限制 1 个自由度；叉脚背面靠在支承板 1 或 7 上限制 1 个自由度，实现完全定位。由螺母 8、螺柱 9 和压板 4 组成的螺旋压板机构将工件压紧在支承板 7 和 1 上。支承板 7 还兼作对刀块用。夹具在铣床工作台上的定位由装在夹具体底部的两个定位键 2 实现。

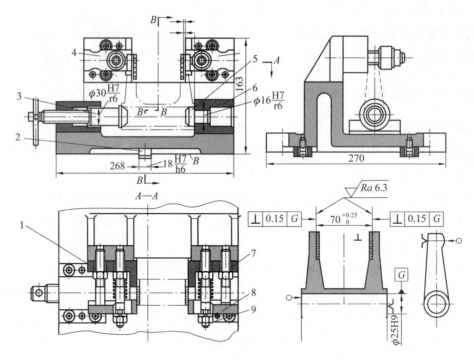

1，7—支承板；2—定位键；3—顶锥；4—压板；5—定位销；6—支座；8—螺母；9—螺柱。

图 4-63　加工分离叉内侧面的铣床夹具

▶▶◀ 4.5.4　车床夹具 ▶▶ ▶

　　车床夹具一般用于加工回转体零件，其主要特点是：夹具都安装在机床主轴上，并与主轴一起做回转运动。由于主轴转速一般很高，在设计夹具时，要注意平衡问题和操作安全问题。

　　车床夹具与车床主轴常见的连接方式如图 4-64 所示。图 4-64（a）中的夹具体以长锥柄安装在主轴孔内，定位精度较高，但刚性较差，多用于小型车床夹具与主轴的连接；图 4-64（b）以端面 A 和内孔 D 在主轴上定位，制造容易，但定位精度不高；图 4-64（c）以端面 T 和短锥面 K 定位，定位精度高，而且刚性好，但这种定位方式属于过定位，故要求制造精度很高。

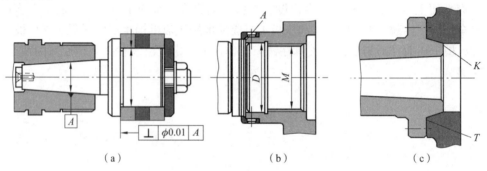

（a）　　　　　　　　　　　（b）　　　　　　　　　　　（c）

图 4-64　车床夹具与车床主轴常见的连接方式

4.5.5 组合夹具 ▶▶▶ ▶

组合夹具是用一套预先制造好的标准元件和合件组装而成的夹具。组合夹具使用完后，所用元件均可以拆开、清洗入库，留待组装新夹具时再用。

图 4-65 所示为一套钻转向臂侧孔的组合夹具，图 4-65（a）与图 4-65（b）分别为其分解图和立体图。工件以内孔及端面在定位销 6、定位盘 7 上定位，共限制 5 个自由度，另一个自由度由菱形定位销 8 限制；工件用螺旋夹紧机构夹紧，夹紧机构由 U 形垫圈 18、槽用螺栓 12 和厚螺母 13 组成。快换钻套 9 用钻套螺钉 10 紧固在钻模板 5 上，钻模板用专用螺母 14、槽用螺栓 12 紧固在支承座 3 上。支承座 3 用槽用螺栓 12 和专用螺母 14 紧固在支承座 2 和底座 1 上。

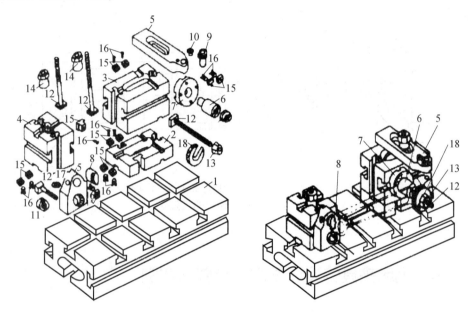

1—底座；2，3，4—支承座；5—钻模板；6—定位销；7—定位盘；8—菱形定位销；
9—快换钻套；10—钻套螺钉；11—圆螺母；12—槽用螺栓；13—厚螺母；
14—专用螺母；15—定位键；16—沉头螺钉；17—定位螺钉；18—U 形垫圈。

图 4-65 钻转向臂侧孔的组合夹具

（a）分解图；（b）立体图

组合夹具标准化、系列化、通用化程度较高，其优点是结构灵活多变，元件能长期重复使用，设计和组装周期短；缺点是体积较大，刚性较差，购置元件和合件一次性投资大。组合夹具适用于在单件、小批量生产和新产品试制中使用。

4.5.6 数控机床夹具 ▶▶▶ ▶

数控机床夹具的主要作用是把工件精确地载入机床坐标系中，保证工件在机床坐标系中的确切位置。设计数控机床夹具时应注意以下几点。

（1）数控机床夹具定位面与机床原点之间有严格的坐标关系，因此要求夹具在机床上要完全定位。

（2）数控机床夹具只需具备定位和夹紧两种功能，无须设置刀具导向和对刀装置。因为数控机床加工时，机床、夹具、刀具和工件始终保持严格的坐标关系，刀具与工件的相对位置无须导向元件来确定位置。

（3）数控机床在工件一次装夹中可以完成多个表面加工，因此数控机床夹具应是敞开式结构，以免夹具与机床运动部件发生干涉或碰撞。

（4）数控机床夹具应尽量选用可调夹具和组合夹具。因为数控机床上加工的工件常常是单件、小批量的，必须采用柔性好、准备时间短的夹具。

图4-66所示为在数控机床上使用的正弦平口钳。该夹具利用正弦规原理，通过调整高度规的高度，可以使工件获得准确的角度位置。夹具底板上设置了12个定位销孔，孔的位置度误差不大于0.005 mm，通过孔与专用T形槽定位销的配合，可以实现夹具在机床工作台上的完全定位。为保证工件在夹具上的准确定位，正弦平口钳的钳口及夹具上其他基准面的精度要达到0.003/100。

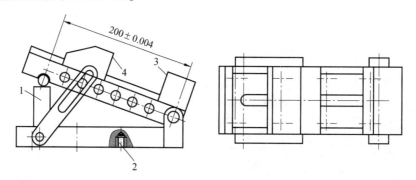

1—高度规；2—定位销孔；3—固定钳口；4—活动钳口。

图4-66　数控机床上使用的正弦平口钳

4.6　机床夹具的设计要求、步骤与实例

▶▶▶ 4.6.1　机床夹具设计要求 ▶▶▶

1. 保证工件加工精度

保证工件加工精度是夹具设计的最基本要求，其关键是正确确定定位方案、夹紧方案、刀具导向方式，合理制订夹具的技术要求，必要时要进行误差分析与计算。

2. 夹具结构尽量与生产类型相适应

大批量生产时，应尽量采用多件夹紧、联动夹紧等高效夹具，以提高生产率；对于中、小批量生产，在满足夹具功能的前提下，尽量使夹具结构简单，以降低制造成本。

3. 尽量选用标准化零（部）件

尽量选用标准夹具元件和标准件，这样可以缩短夹具的设计制造周期，提高夹具设计质量和降低夹具制造成本。

4. 夹具应操作方便、安全、省力

为便于夹紧工件，操纵夹紧件的手柄或扳手应有足够的活动空间，应尽量采用气动、液动等夹紧装置。

5. 夹具应具有良好的结构工艺性

所设计的夹具应具有良好的结构工艺性，便于制造、检验、调整和维修。

▶▶▶ 4.6.2　机床夹具设计步骤 ▶▶▶

1. 明确设计要求，收集和研究原始资料

在接到夹具设计任务书后，首先，要仔细阅读被加工零件的零件图和装配图，了解零件的作用、结构特点和技术要求；其次，要认真研究零件的工艺规程，充分了解本工序的加工内容和加工要求；最后，要了解本工序使用的机床和刀具，研究分析夹具设计任务书上所选用的定位基准和工序尺寸。

2. 确定夹具的结构方案，绘制夹具结构草图

(1)确定定位方案，选择定位元件，计算定位误差。

(2)确定刀具引导方式，并设计引导装置或对刀装置。

(3)确定夹紧方案，选择夹紧机构。

(4)确定其他元件或装置的结构形式，如分度装置、夹具和机床的连接方式等。

(5)确定夹具的总体结构。

在确定夹具结构方案的过程中，应提出几种不同的方案进行比较分析，从中择优。在确定夹具结构方案的基础上，绘制夹具结构草图，并检查方案的合理性和可行性，为绘制夹具装配图做准备。

3. 绘制夹具装配图

夹具装配图一般按1：1比例绘制，以使所设计夹具有良好的直观性。总图上的主视图，应取操作者实际工作位置。

绘制夹具装配图可按如下顺序进行：用细双点画线画出工件的外形轮廓和定位面、加工面；画出定位元件和导向元件；按夹紧状态画出夹紧装置；画出其他元件或机构；将夹具体各部分连接成一体，形成完整的夹具：标注必要的尺寸、配合及技术条件；绘制零件编号，填写零件明细表和标题栏。

4. 绘制夹具零件图

绘制装配图中非标准零件的零件图。

▶▶▶ 4.6.3　机床夹具设计实例 ▶▶▶

图4-67(a)为钻摇臂小头孔的工序简图，零件材料为45钢，毛坯为模锻件，年产量为500件，所用机床为Z525型立式钻床。试为该工序设计一钻床夹具。

1)精度与批量分析

本工序有尺寸精度和位置精度要求，年产量为500件，使用夹具保证加工精度是可行的，但批量不是很大，因此在满足夹具功能的前提下，结构应尽量简单。

2)确定夹具的结构方案

(1)确定定位方案，选择定位元件。根据工序简图规定的定位基准，选用带小端面的定位销和活动V形块实现完全定位，如图4-67(b)所示。定位孔与定位销的配合尺寸取$\phi36H7/g6$。对于工序尺寸120 ± 0.08而言，定位基准与工序基准重合量为0；定位副制造误差引起的基准位置误差$\Delta_{jw}=(0.025+0.016+0.009)\ \text{mm}=0.05\ \text{mm}$，它小于该工序尺寸公差 0.16 的 1/3，定位方案可行。

（2）确定导向装置。本工序需依次对被加工孔进行钻、扩、粗铰、精铰 4 个工步的加工，故采用快换钻套作为导向元件，如图 4-67(c) 所示。

（3）确定夹紧机构。选用螺旋夹紧机构夹紧工件，如图 4-67(d) 所示。在带螺纹的定位销上，用螺母和开口垫圈夹紧工件。

（4）确定其他装置。为提高工艺系统的刚度，在工件小头孔端面设置辅助支承，如图 4-67(d) 所示。设计夹具体，将上述各种装置组成一个整体。

3）画夹具装配图，标注尺寸、配合及技术要求

4）对零件进行编号，填写明细表与标题栏，绘制零件图

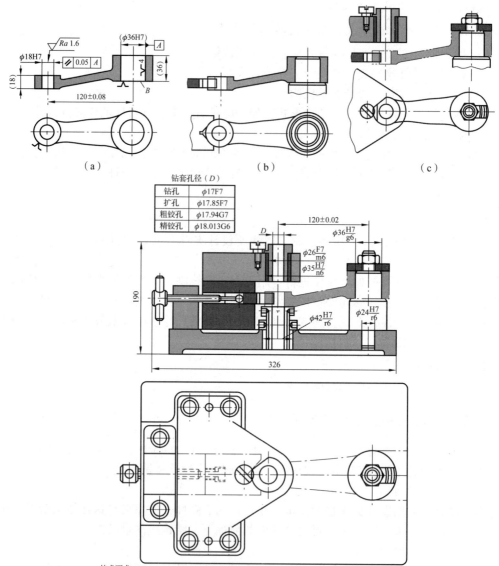

技术要求：
1.钻套孔轴线对定位心轴轴线平行度公差为0.02 mm。
2.定位心轴轴线对夹具地面垂直度公差为0.02 mm。
3.活动V形块对钻套与定位心轴轴线所决定的平面对称度公差为0.05 mm。

（d）

图 4-67　机床夹具设计实例

本章知识小结

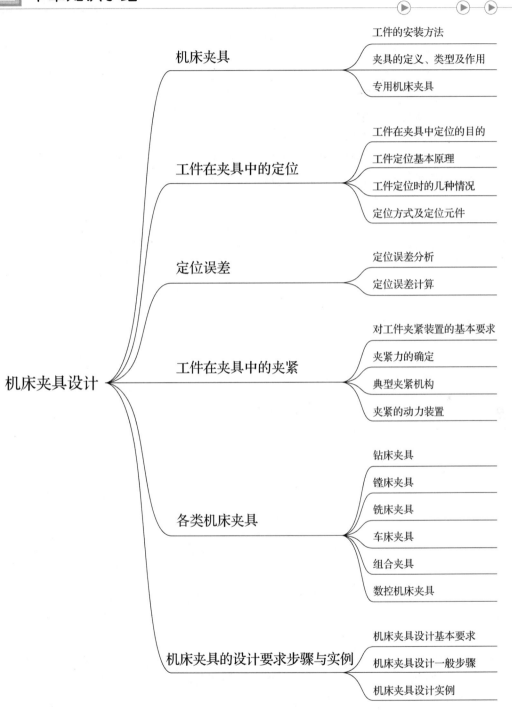

 习题

4-1 工件在机床加工时有哪些不同的安装方法？

4-2 根据夹具的应用范围和使用特点，机床夹具可以分为哪几类？

4-3 简述工件在夹具中定位的目的及基本原理。

4-4 简述常用的集中定位方式及所用的定位元件。

4-5 典型定位方式的定位误差如何计算？

4-6 工件夹紧装置的基本要求有哪些？

4-7 简述钻模的主要类型及钻床夹具的设计要点。

4-8 简述机床夹具设计的要求及步骤。

第5章
机械加工表面质量控制

 ## 5.1 影响加工表面质量的因素

▶▶▶ 5.1.1 影响表面粗糙度的工艺因素 ▶▶ ▶

影响表面粗糙度的工艺因素主要有几何和物理两方面的因素。加工方式不同,影响表面粗糙度的工艺因素也各不相同。

1. 切削加工的表面粗糙度

1)几何因素

影响表面粗糙度的几何因素是指刀具相对工件做进给运动时,由于刀具的几何形状、几何参数、进给运动及切削刃本身的表面粗糙度等影响,未能完全将加工余量切削,在加工表面留下残留面积,形成表面粗糙度。

图 5-1 中,κ_r 为主偏角;κ_r' 为副偏角;f 为进给量;v_f 为进给速度;H 为残留面积高度;r_c 为刀尖圆弧半径。

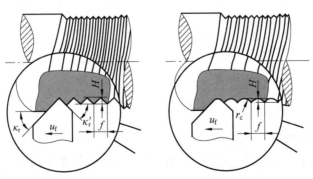

图 5-1 车削和刨削加工的零件表面

2)物理因素

在切削过程中,刀具对工件的挤压和摩擦等物理因素使金属材料发生塑性变形,从而

影响理论残留部分的轮廓及表面粗糙度。加工获得的表面粗糙度轮廓形状是几何因素和物理因素综合作用的结果。

影响表面粗糙度的物理因素可归结为以下几个方面。

(1)刀具几何参数及刀具材料。刀具的几何参数对切削加工表面的表面粗糙度影响很大，其中刀具的主偏角、副偏角和刀尖圆弧半径影响较为显著。适当增大刀具前角可以有效改善加工表面的表面粗糙度。而刀具后角的大小与已加工表面的摩擦有关，后角大的刀具有利于改善表面粗糙度，但后角过大对刀刃强度不利，易产生切削振动，表面粗糙度值反而增大。

选用强度好，特别是热硬性高的材料制造的刀具，易于保持刃口锋利，而且摩擦因数小、耐磨性好，在切削加工时则能获得较小的表面粗糙度值。

(2)工件材料及热处理。由于工件材料的品种、成分和性质，以及热处理方法不同，加工表面的表面粗糙度也存在一定差别。塑性材料(如低碳钢、耐热钢、铝合金和高温合金等)切削加工过程中，在一定切削速度下会在刀面形成硬度很高的积屑瘤，从而改变刀具的几何形状和加工进给量，使加工表面的表面粗糙度严重恶化。而脆性材料加工后，其表面粗糙度一般易于达到要求。

对于同样的工件材料，金相组织的晶粒越粗大，则切削加工获得的表面粗糙度越差。因此，为减小切削加工表面的表面粗糙度值，常在加工前对工件材料进行调质处理，以获得较均匀的、细密的晶粒组织和较高的硬度。

(3)切削用量。一般来说，切削深度对加工表面的表面粗糙度影响不明显，但过小的切削深度无法维持正常切削，常会引起刀刃与工件相互挤压、摩擦，使加工表面质量恶化。

切削速度、进给量对表面粗糙度影响较大。较小的切削进给量可减少残留面积的高度，减轻切削力和工件材料的塑性变形程度，从而获得较小的表面粗糙度值。但进给量过小，刀刃不能进行切削而仅形成挤压，致使工件的塑性变形程度增大，使表面粗糙度值变大。切削过程中，切削速度越高，则被加工表面的塑性变形程度越小，表面粗糙度越低。

(4)刀具的刃磨。考虑到刀具刃口表面粗糙度在工件表面的复映效应，提高刀具的刃磨质量也能改善加工表面的表面粗糙度。

(5)切削液。切削过程中，切削液可吸收、传递切削区内的热量，减小摩擦、促进切屑分离，减轻力、热的综合作用，抑制积屑瘤和鳞刺的产生，减少切削的塑性变形，利于改善加工表面的表面粗糙度。

2. 磨削加工的表面粗糙度

磨削是较为常见的精加工方法，其表面粗糙度的形成也是由几何因素和物理因素决定的，但磨削过程较切削过程更复杂。

1)磨削加工表面粗糙度的形成

磨削加工是通过砂轮和工件的相对运动，使分布在砂轮表面上的磨粒对工件表面进行磨削。

砂轮的磨粒分布存在很大的不均匀性和不规则性，尖锐且突出的磨粒可产生切削作用，而不足以形成切削的磨粒可产生刻划作用，形成划痕并引起塑性变形，更低而钝的磨粒则在工件表面引起弹性变形，产生滑擦作用。因此，磨削加工的表面是砂轮上大量的磨粒刻划出的无数极细的刻痕形成的。

另外，磨削加工时的速度较高，砂轮磨粒与表面间的相互作用较强，将造成磨削比压大、磨削区的温度较高。如果工件表层温度过高，则表层金属易软化、微熔或产生相变。磨削余量是在磨粒的多次挤压作用下经过充分塑性变形出现疲劳剥落产生的，因而磨削加工的塑性变形一般要比切削加工大。

2）影响磨削加工表面粗糙度的工艺因素

影响磨削表面粗糙度的主要工艺因素有如下几个方面。

(1) 砂轮的选择。砂轮的粒度、硬度、组织、材料等因素都会影响磨削表面的表面粗糙度，在选择时应综合考虑。单纯从几何因素考虑，在相同的磨削条件下，砂轮的粒度细，则单位面积上的磨粒多，加工表面上的刻痕细密均匀，磨削获得的表面粗糙度值小。但磨粒太细时，砂轮容易被磨屑堵塞。通常，磨粒的大小和磨粒之间的距离用粒度表示，一般取 46 号 ~ 60 号。

砂轮的硬度是指磨粒从砂轮上脱落的难易程度。砂轮选择过硬，则磨粒钝化后不易脱落，使得工件表面受到强烈的摩擦和挤压作用，致使塑性变形的程度增加，增大表面粗糙度值。反之，砂轮选择太软，则磨粒易于脱落，产生磨损不均匀，从而磨削作用减弱，难以保证工件表面的表面粗糙度。因此，砂轮硬度选择要适当，通常选用中软砂轮。

砂轮的组织是指磨粒、结合剂和气孔的比例关系。紧密组织的砂轮能获得高精度和较小的表面粗糙度值；疏松组织的砂轮不易阻塞，适合加工软金属、非金属软材料和热敏性材料。

砂轮的材料，即磨料的选择要综合考虑加工质量和成本。高硬磨料的砂轮可获得较小的表面粗糙度值，但加工成本很高。

(2) 磨削用量。磨削用量主要指砂轮速度、工件速度、进给量和磨削深度等，即磨削加工的条件。提高砂轮速度，则通过被磨削表面单位面积上的磨粒数和划痕增加。与此同时，每个磨粒的负荷小，热影响区浅，工件来不及产生塑性变形，使得表面层金属的塑性变形现象减轻，表面粗糙度值将明显减小。

工件速度对表面粗糙度值的影响与砂轮速度的影响相反，增大工件速度时，单位时间内通过被磨表面的磨粒数减少，工件表面粗糙度值将增大。

砂轮纵向进给量减少，工件表面被砂轮重复磨削的次数将增加，表面粗糙度值会减小；而径向进给量减少时，单位时间内加工的长度短，表面粗糙度值也会减小。

磨削深度对表面粗糙度的影响很大。减小磨削深度，工件材料的塑性变形减弱，被磨表面的表面粗糙度值会减小，但也会降低生产率。

(3) 砂轮的修整。修整砂轮是改善磨削表面粗糙度的重要措施，因为砂轮表面的不平整在磨削时将被复映到被加工表面。修整砂轮的目的是使砂轮具有正确的几何形状和获得具有磨削性能的锐利微刃。

修整砂轮一般采用单颗金刚石笔。砂轮的修整与修整工具、修整砂轮纵向进给量等有密切关系。纵向进给量越小，修出的砂轮表面越光滑，磨粒微刃的等高性越好，磨出的工件表面粗糙度值越小。

此外，工件材料的性质、磨削液等对磨削表面粗糙度的影响也很明显。

机械加工过程中，工件表层在力、热的综合作用下，表面层的物理力学性能会发生变化，使其与金属基体材料性能有所不同。最主要的变化是表层金属显微硬度的改变、金相组织的变化、在表层金属中产生残余应力，以及表面强化现象。

不同的工件材料，不同的加工条件会产生不同的表面层特性。在磨削加工时所产生的塑性变形和切削热比切削加工时更严重，因而磨削加工表面层的上述 3 项物理力学性能的变化会很大。

1. 加工表面的冷作硬化

磨削和切削加工中，若加工工件表面层产生的塑性变形使表面层材料沿晶面产生剪切滑移，使晶格扭曲、畸变，产生晶粒拉长、破碎和纤维化，将引起材料的强化，使工件表面层的强度和硬度增加，这种现象称为冷作硬化。

评定表面层冷作硬化的指标主要为硬化层深度 h_y、表面层金属的显微硬度 HV 和硬化程度 N。

一般，硬化程度 N 越大，硬化深度 h_y 也越大。

硬化程度 N 的表达式如下

$$N = \frac{HV - HV_0}{HV_0}\%$$

式中：HV——加工后表面层显微硬度，GPa；

HV_0——基体材料的显微硬度，GPa。

表面层冷作硬化的程度取决于产生塑性变形的力、变形速度和变形时的温度。产生塑性变形的力越大，则塑性变形越大，硬化程度越大。变形速度越大，则塑性变形越不充分，硬化程度反而减小。变形时的温度会影响塑性变形的程度和变形后金相组织恢复的能力，冷作硬化的表面层金属在某些条件下（如温度变化在某范围内），金属结构会从不稳定向稳定转化，从而部分地消除冷作硬化，即弱化。

实际上，冷作硬化的程度和深度还与金属基体的性质、机械加工的方法和条件有关。

2. 加工表面的金相组织变化与磨削烧伤

1）表面层金相组织的变化及磨削烧伤的发生

机械加工过程中，加工时所消耗的能量绝大部分转化为热能，从而使工件表面的加工区域及其附近区域的温度升高。当温升超过工件材料金相组织变化的临界点时，就会发生金相组织的变化。

一般的切削加工不一定使加工表面层金相组织产生变化，原因是单位面积内的切削截面所消耗的功率不是很大，温度升高一般不会达到相变的温度。

磨削加工时，磨削比压和磨削速度较高，切除单位截面金属所消耗的功率大于其他加工方法。这些热量部分由磨屑带走，很小一部分传给砂轮。假若冷却效果不好，则这些热量中的大部分（80% 左右）将传给被加工工件表面，使工件表层金属强度和硬度降低，并伴有残余应力的产生，甚至出现微观裂纹，这种现象称为磨削烧伤。所以，磨削加工是一种典型的、易使加工表面层产生金相组织变化的加工方法。

影响加工时表面层金相组织变化的因素主要有工件材料、磨削温度、温度梯度及冷却速度等，然而各种材料的金相组织及其转变特性是不同的。例如：轴承钢、高速钢及镍铬钢等高合金钢材料，磨削时若冷却不充分则容易使工件表面层形成瞬时高温，产生磨削烧伤。

磨削淬火钢(淬火钢是指金属经过淬火后，组织为马氏体，硬度大于50 HRC 的钢；其特点为难切削、淬性大、硬度高、切削力大、切削温度高)时，根据温度的不同一般分为以下3种烧伤。

(1)回火烧伤。如果磨削区的温度超过马氏体的转变温度(中碳钢为350 ℃)，但未超过钢的相变临界温度(碳钢的相变温度约为720 ℃)时，则工件表面层金属的马氏组织会产生回火现象，转变成硬度较低的回火组织(索氏体或托氏体)。这种烧伤称为回火烧伤。

(2)淬火烧伤。如果磨削区温度超过了相变温度，且在磨削液的急冷作用下，表面会出现二次淬火马氏体组织，硬度比原来的回火马氏体高，但其厚度很薄。在它的下层，因冷却较慢会出现硬度比原来回火马氏体低的回火索氏体或托氏体。这种烧伤称为淬火烧伤。

(3)退火烧伤。如果磨削区温度超过相变温度，但磨削过程没有磨削液，这时工件表层金属将被退火，表面硬度急剧下降。这种烧伤称为退火烧伤，一般干磨时很容易产生这种情况。

2)防止磨削烧伤的工艺措施

如果在磨削加工中出现磨削烧伤现象，零件的使用性能将会受到严重影响。

磨削热是磨削烧伤的根源，故而改善磨削烧伤的途径主要有两个：一是减少磨削热的产生；二是改善冷却条件。实际中，通常采用以下工艺途径改善磨削烧伤的程度。

(1)合理选择砂轮。砂轮的硬度、粒度、结合剂和组织等对磨削烧伤有很大影响。磨削导热性差的材料(如耐热钢、轴承钢及不锈钢等)，或干磨、磨削空心薄壁零件更易产生烧伤现象。为避免产生烧伤，应选择较软的砂轮，具有一定弹性的结合剂(如橡胶结合剂、树脂结合剂)，或组织疏松的砂轮，利于减轻烧伤。此外，在砂轮的孔隙内浸入石蜡之类的润滑物质，对降低磨削区的温度、防止工件烧伤也有一定效果。

(2)控制磨削量。一般情况下，提高工件回转速度具有减小烧伤层深度的作用，同时相应提高砂轮速度可避免烧伤，并能兼顾工件的表面粗糙度。减小磨削深度和加大纵向进给量，也能够降低表面层温度，从而改善烧伤，但会导致表面粗糙度值增大。一般采用提高砂轮转速或使用较宽砂轮来弥补。

(3)改善冷却条件。改善冷却条件可将磨削产生的热量迅速带走，从而降低磨削区的温度，有效地防止烧伤现象的产生。磨削液能降低温度、减少烧伤、冲去脱落的砂粒和磨屑，既能改善烧伤又能减小表面粗糙度值。选取比热容大的磨削液，加大磨削液的压力和流量，能够提高热传递效率，利于避免烧伤。

(4)回火工序处理。对某些塑性低、导热系数小的材料，如淬火高碳钢、渗碳钢、耐热合金、球墨铸铁等，磨削前在适当的温度下安排回火工序处理，可减少裂纹的产生。

 ## 5.2 机械加工中的振动

机械加工过程中常产生振动，振动对于加工质量和生产率都有很大影响。新型的、难加工材料的加工过程中，工艺系统更易产生振动。所以，研究振动产生的诱因及机理，进而避免、抑制或消除振动是非常有意义的。

5.2.1 振动对机械加工过程的影响

(1)振动使工艺系统的正常切削过程受到干扰和破坏，工件及切削工具等的正常相对运动会叠加振动，使零件加工表面产生振痕，恶化零件的加工精度和表面质量。

(2)振动会使刀具极易磨损，振动严重时甚至使刀具出现崩刃、打刀现象，影响机械加工的正常进行。磨削加工时的振动虽不如切削剧烈，但可能出现振动烧伤，严重影响表面质量。

(3)机床连接特性受到振动可能遭到破坏，进而产生部分松动，影响轴承的工作性能，缩短刀具的耐用度和机床的使用寿命。

(4)振动限制了切削用量的进一步提高，致使机床、刀具的工作性能偏离最佳工作区，制约了生产率的提高。

(5)振动所发出的刺耳噪声也会污染环境，影响人的身心健康，不符合绿色环保的要求。

5.2.2 机械振动的基本类型

根据工艺系统振动产生的原因，大致可分为自由振动、受迫振动和自激振动3类。

1)自由振动

系统在外界干扰力作用下会产生振动，振动频率是系统的固有频率，而外力消除后由于系统中存在阻尼的能量耗散作用，振动会逐渐衰减。这种振动称为自由振动。

2)受迫振动

机械加工过程中，工艺系统由外界周期性干扰力的作用而被迫产生的振动称为受迫振动。

3)自激振动

机械加工过程中，在未受到外界周期性干扰力作用下工艺系统产生持续振动，维持振动的交变力是振动系统在自身运动中激发产生的。这种由系统内部激发反馈而引起的持续性、周期性振动称为自激振动，亦称颤振。

由于实际的工艺系统存在阻尼作用，自由振动会在外界干扰力去除后迅速衰减，因而对加工过程影响较小。机械加工过程中产生的振动主要是受迫振动和自激振动。据统计，受迫振动约占65%，自激振动约占30%，自由振动所占比例则很小。

5.2.3 机械加工中的受迫振动

机械加工的受迫振动需要从机床、刀具和工件3个方面入手分析，找出振源后，可采取适当措施加以控制。

1. 受迫振动产生的振源

机械加工过程中产生受迫振动的振源主要有两种：来自机床内部的机内振源；来自机床外部的机外振源。机外振源较多，它们都是通过地基传递给机床的，通过一定的隔振措施可以消除，如加设隔振地基或采用隔振设备等。

机内振源主要有以下5种。

(1)高速旋转零件的不平衡。各种旋转零件，如砂轮、齿轮、电动机转子、联轴器或离合器等，因其形状不对称、材质不均匀、加工误差或装配误差等原因，旋转质量分布不均，旋转运动不平衡产生离心力，引起受迫振动。

（2）传动机构的缺陷。齿轮啮合的冲击、带传动中的带厚不均或轴承尺寸形状误差，都会引起受迫振动。

（3）过程的间歇性。某些加工方法，如铣削、拉削、车削带有沟槽的工件表面及滚齿等，由于切削的不连续，导致切削力产生周期性变化，引起受迫振动。

（4）往复运动部件的惯性力。

（5）液压及气压动力系统的动态扰动。

液压及气压的传动及控制中，存在压力脉动、冲击现象及管路的动态特性，容易引起振动。

2. 受迫振动的特性

受迫振动主要有如下特点：

（1）受迫振动在外界周期性干扰力作用下产生，其振动本身并不能引起干扰力的变化；

（2）受迫振动的振动频率与干扰力的频率相同，与工艺系统的固有频率无关；

（3）受迫振动的幅值与干扰力幅值有关，还与工艺系统的动态特性有关。

一般来说，在干扰力频率不变的情况下，干扰力的幅值越大，受迫振动的幅值越大。如果干扰力的频率与工艺系统各阶模态的固有频率相差甚远，则受迫振动响应将处于动态响应的衰减区，振动幅值很小。若干扰力频率接近工艺系统某一固有频率时，受迫振动的幅值将明显增大，一旦干扰力频率和工艺系统某一固有频率相同，系统将产生共振。

如果工艺系统阻尼较小，则共振幅值可作为诊断机械加工中所产生的振动是否为受迫振动的主要依据，并可利用此频率特征去分析、查找受迫振动的振源。根据受迫振动的响应特征，可通过改变干扰力的频率或者改变工艺系统的结构，使得干扰力的频率远离工艺系统的固有频率，可在一定程度上减小受迫振动的强度。

▶▶▶ 5.2.4 机械加工中的自激振动 ▶▶▶ ▶

自激振动是当工艺系统在外界或系统本身某些偶然的瞬时干扰力作用下而触发自由振动后，由振动过程本身的某些原因使得切削力产生周期性变化，并由这个周期性变化的动态力反过来加强和维持振动，使振动系统补充了由阻尼消耗的能量。

机械加工系统是一个由振动系统（工艺系统）和调节系统（切削过程）两个环节组成的闭环系统，如图5-2所示。

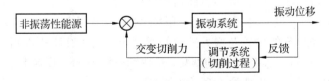

图5-2 切削加工振动系统

图5-2以切削加工为例，振动系统的运动控制着调节系统的振动，而调节系统所产生的交变切削力反过来又控制着振动系统的运动。二者相互作用，相互制约，形成了闭环的自激振动系统。维持振动的能量来源于系统工作的能源。

自激振动与自由振动和受迫振动不同，它具有以下特征。

（1）自激振动是没有周期性外力干扰下所产生的振动，这与受迫振动有本质区别。

（2）自激振动的频率等于或接近系统的低阶固有频率，即由系统本身固有的参数所决定。这与受迫振动完全不同，受迫振动的频率取决于外界干扰力的频率。

（3）自激振动是一种不衰减的运动，振动过程本身能引起周期性变化的力，能量来源于非交变特性的能源，以维持这个振动；而自由振动会因存在阻尼作用而衰减。

（4）自激振动的振幅大小取决于每个振动周期内振动系统所获得和消耗能量的情况。如果吸收能量大于消耗能量，则振幅会不断加强；反之，如果吸收能量小于消耗能量，则将不断衰减。

 ## 5.3　控制机械加工表面质量的措施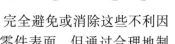

实际上，机械加工过程中影响表面质量的因素十分复杂，完全避免或消除这些不利因素是不可能的，因此经过机械加工后不可能获得完全理想的零件表面，但通过合理地制订、控制机械加工工艺过程，以及采取一定的改善措施，保证所要求的加工表面质量是能够实现的。

控制机械加工表面质量的措施大致可分为3类：

（1）减小加工表面粗糙度值；

（2）改善工件表面层的物理力学性能；

（3）消减工艺系统的振动。

▶▶▶ 5.3.1　减小加工表面粗糙度值 ▶▶▶

1. 减小切削加工表面粗糙度值的工艺措施

（1）根据工件材料、加工要求，合理选择刀具材料，选用与工件亲和力小的刀具材料，有利于减小表面粗糙度值。

（2）对工件材料进行适当的热处理，以细化晶粒、均匀晶粒组织，减小表面粗糙度值。

（3）在工艺系统刚度足够时，适当地采用较大的刀尖圆弧半径、较小的副偏角，或采用较大前角的刀具加工塑性大的材料，提高刀具的刃磨质量，减小刀具前、后刀面的粗糙度数值，均能减小表面粗糙度值。

（4）选择高效切削液，减小切削过程中的界面摩擦，降低切削区温度，可减小切削变形，抑制鳞刺和积屑瘤的产生，减小表面粗糙度值。

（5）根据工件材料、磨料等选择适宜的砂轮硬度，选择与工件材料亲和力小的磨料，或采用适宜的弹性结合剂的砂轮及增大砂轮的宽度等，均可减小表面粗糙度值。

（6）修整砂轮，去除外层已钝化的磨粒（或被磨屑堵塞的一层胶粒），从而保证砂轮具有足够的等高微刃。另外，也要注意砂轮的平衡。

（7）正确选择磨削用量，避免磨削区温度过高，防止工件表面烧伤，可减小工件表面粗糙度值。

2. 减小表面粗糙度值的加工方法

对于表面质量要求极高的零件，在经过普通切削、磨削等方法加工后，还需要采用适当的特殊加工方法来提高其表面质量：

（1）采用超精密切削和小表面粗糙度值的磨削加工。

（2）采用超精密加工、珩磨、研磨等方法作为最终加工工序。

5.3.2 改善加工表面层物理力学性能

表面强化工艺可使材料表面层的硬度、组织和残余应力得到改善，从而减小表层粗值，提高表面层的物理力学性能。常用的方法主要有表面机械强化、化学热处理及加镀金属等。机械强化工艺是一种简便、有明显效果的加工方法，因而应用十分广泛。

表面机械强化是通过冷压加工方法使表面层金属发生冷态塑性变形，以提高硬度，减小表面粗糙度值，并在表面层消除残余拉应力并产生残余压应力的强化工艺。

1. 喷丸强化

喷丸强化是采用特定设备，将大量的一定当量直径（一般为 0.2～4 mm）的珠丸进行加速后，向被加工工件的表面喷射，从而使工件表面层产生很大的塑性变形，引起表层净化，并产生残余压应力的一种表面强化工艺。

压缩空气压力为 0.2～0.6 Mpa，喷流与表面角度为 30°～90°。喷嘴系用 T7 或 T8 工具钢制成，并淬火至硬度 50～55 HRC，每个喷嘴使用期限为 15～20 天。喷丸用来清除厚度不小于 2 mm 的或不要求保持准确尺寸及轮廓的中型、大型金属制品，以及铸锻件上的氧化皮、铁锈、型砂及旧漆膜，是表面涂（镀）覆前的一种清理方法，广泛用于大型造船厂、重型机械厂、汽车厂等。用喷丸进行表面处理，打击力大，清理效果明显。喷丸强化可显著提高零件的疲劳强度和使用寿命。

喷丸强化主要用于强化形状复杂或不宜用其他方法强化的工件，如板弹簧、旋簧、连杆、齿轮、曲轴、焊缝等。在磨削、电镀等工序后进行喷丸强化可以有效地消除这些工序残留的、有害的残余拉应力。当表面粗糙度值要求较小时，也可在喷丸强化后再进行小余量磨削，但要注意磨削加工的温度，以免影响喷丸的强化效果。

2. 滚压加工

滚压加工是利用经过硬化和精细研磨过的滚轮或滚珠，在常温状态下对金属表面进行挤压，将工件表层的原有凸起的部分向下压，凹下部分往上挤，使其产生塑性变形，逐渐将前面工序留下的波峰压平，从而修正工件表面的微观几何形状；同时使工件表面金属组织细化，形成残余压应力。

滚压加工是一种无切屑加工，通过一定形式的滚压工具向工件表面施加一定压力。在常温下利用金属的塑性变形，使工件表面的微观不平度辗平从而达到改变表层结构、机械特性、形状和尺寸的目的。

典型滚压加工如图 5-3 所示。

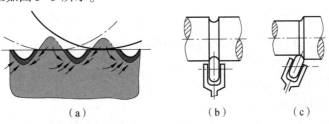

（a） （b） （c）

图 5-3　滚压加工原理及典型滚压加工

滚压加工可减小表面粗糙度值，提高表面硬度，使零件的承载能力和疲劳强度得到一程度上的改善，对于有应力集中的零件(如有键槽或横向孔的轴)，效果尤为显著。滚压加工可加工外圆、内孔、平面及成型表面，通常在普通车床、转塔车床或自动车床上进行。

滚压加工操作方便，工具结构简单，对设备要求不高，生产率高、成本低，所以应用广泛。

3. 冷处理和深冷处理

冷处理和深冷处理是材料科学中改善金属工件性能的一类工艺，统称为冷处理，它有大幅提高工件稳定性，降低淬火应力、提高强度的作用。

冷处理工艺是工件淬火热处理冷却至室温后，立即被放置入低于室温的环境下停留一定时间，然后取出放回室温环境的材料处理方法。通常，冷处理温度低于-130 ℃则称为深冷处理，深冷处理可达-190 ℃低温，甚至更低。

冷处理和深冷处理可看成是淬火热处理的继续，亦即将淬火后已冷却到室温的工件继续深度冷却至很低温度，使淬火后留下来的残余奥氏体持续向马氏体转变，减少或消除残余奥氏体，提高强度并消除内应力。在超低温时由于组织体积收缩，铁晶格缩小而加强碳原子析出的驱动力，于是马氏体的基体析出大量超微细碳化物，这些超微细结晶体会使物料的强度提高，同时增加耐磨性。

冷处理和深冷处理的作用如下：

(1)提升工件的硬度及强度；

(2)保证工件的尺寸精度；

(3)提高工件的耐磨性；

(4)提高工件的冲击韧性；

(5)改善工件的内应力分布；

(6)提高工件的疲劳强度；

(7)提高工件的耐腐蚀性能。

▶▶▶ 5.3.3　消减工艺系统的振动 ▶▶▶

根据机械加工过程中振动产生的原因、机理和条件，可采取相应的手段对工艺系统的振动进行避免、抑制或消除。

通常，控制振动的途径有3个：消除或减弱产生工艺系统振动的条件；改善工艺系统的动态特性，增强工艺系统的稳定性；采取减振和隔振装置。

1. 消除或减弱产生工艺系统振动的条件

不同类型振动的激振机理和条件不同，因此在消减工艺系统振动时必须首先进行诊断，判定振动类型、查找振源后再进行振动控制。对于受迫振动而言，振动的频率为干扰力的频率或其整数倍，振源诊断相对容易。

通常采用以下途径抑制和控制振动。

1)减少或消除振源的激振力

振动的振幅和激振力的大小成正比，故而减小振源的激振力可直接减小振动，即在根本上减少或消除振源的影响。

对于高速旋转的零件必须进行静/动平衡，尽量消除旋转不平衡产生的干扰力；设法提高传动机构的稳定性，改善齿轮传动、带传动、轴承等传动装置的传动缺陷；对于高精度机床，尽量少用或不用可能成为振源的传动元件；为消除往复运动部件的惯性力，可采用较平稳的、质量较小的换向结构。

2）调节振源频率

工艺系统发生共振时危害最大，因而应尽可能使旋转件的频率或受迫振动的频率远离机床加工系统中较弱模态的固有频率，从而避开共振区，使工艺系统各部件在准静态区或惯性区工作。幅频特性曲线如图5-4所示。

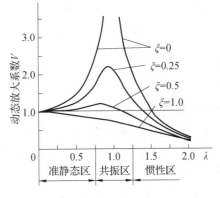

图 5-4　幅频特性曲线

3）隔振

在振动的传递路线中，安放具有弹性的隔振装置，以吸收振源能量，达到减小振源危害的目的。

隔振有两种方式：一种是阻止机床振源通过地基外传的主动隔振；另一种是阻止外干扰力通过地基传给机床的被动隔振。常用的隔振材料有橡皮垫片、金属弹簧、空气弹簧、泡沫、乳胶、软木、矿渣棉、木屑等。

2. 改善工艺系统的动态特性，增强工艺系统的稳定性

1）提高工艺系统刚度

提高工艺系统的刚度，可有效地改善工艺系统的抗振能力和稳定性。增加机床刚度对提高抗振能力非常重要，特别是增加机床主轴部件、刀架部件、尾座部件和床身的刚度。需要注意的是，增强刚度的同时应尽量减小部件的质量，这是结构设计一个重要的优化原则。

2）增加工艺系统阻尼

在共振区及其附近区域，阻尼对振动的影响十分显著。工艺系统的阻尼主要来自零（部）件材料的内阻尼、结合面上的摩擦阻尼，以及其他附加阻尼。增大工艺系统的阻尼，可选用内阻尼比较大的材料制造加工设备或零件，如铸铁的内阻尼比大，所以多用于机床的床身、立柱等大型支承件。此外，还可把高阻尼的材料附加到零件上提高抗振性。

机床阻尼大多来自零（部）件结合面间的摩擦阻尼，有时可占总阻尼的80%。所以对于机床的活动结合面，要注意间隙调整，必要时施加预紧力以增大摩擦；而对于固定结合面，可选用合理的加工方法、表面粗糙度值、结合面上的比压和固定等方式来增加摩擦阻尼。

3. 采取减振装置

减振装置一定程度上可以缓解振动带来的影响。采用减振装置是提高工艺系统抗振能力的一个重要途径。

减振装置的类型按工作原理不同分为被动式和主动式两大类。被动式减振器，也称作阻尼器，它是用阻尼来吸收、耗散振动的能量。主动式减振器，也简称为减振器，它是向振动系统输入能量进行强制性补偿。

实际中，有些减振装置是主、被动的复合形式。常用的减振装置主要有以下3种类型。

1）摩擦式减振器

摩擦式减振器利用固体或液体的摩擦阻尼来消耗振动的能量。

2）动力式减振器

动力式减振器的工作原理是利用附加质量的动力作用，使其作用在主振系统上的力或力矩与激振力的力矩相抵消。一般，镗床上采用动力式阻尼器消除镗杆的振动。

3）冲击式减振器

冲击式减振器由一个与振动系统刚性连接的壳体和一个在壳体内自由冲击的质量块所组成。当系统振动时，自由质量块反复冲击壳体，以消耗振动能量，达到减振的目的。冲击式减振器虽具有因碰撞产生噪声的缺点，但其结构简单、质量轻、体积小，在较大的频率范围内都适用，所以应用较广。

采用以上所述的各种工艺措施和方法能够有效地控制工件的加工表面质量，但零件的使用性能与加工表面质量和加工精度两者密切相关，所以在实际应用中应综合考虑，合理安排工艺和工序。

 本章知识小结

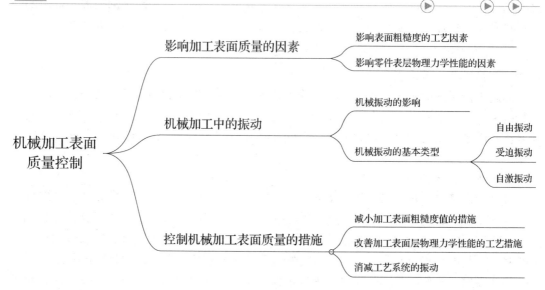

 习题

5-1 简述各类加工方式的特点及影响加工表面粗糙度的工艺因素。

5-2 影响零件表层物理力学性能的因素有哪些？

5-3 振动对机械加工过程的影响有哪些？

5-4 简述机械振动的基本类型及其产生原因。

5-5 简述机械受迫振动的特点。

5-6 简述减小加工表面粗糙度的措施。

5-7 简述改善加工表面层物理力学性能的工艺措施。

第6章
机器装配工艺设计

6.1 机器装配与装配精度

机器装配是机械制造中较难实现自动化的生产过程。目前，在多数工厂中，装配的主要工作是手工完成的，所以选择合适的装配方法、设计合理的装配工艺规程不仅是保证机器装配质量的手段，也是提高生产率、降低制造成本的有力措施。

▶▶▶ 6.1.1 装配的技术准备工作 ▶▶ ▶

研究和熟悉机械设备及各部件总成装配图和有关技术文件与技术资料；了解机械设备及零(部)件的结构特点、各零(部)件的作用，各零(部)件的相互连接关系及其连接方式，对于那些有配合要求、运动精度较高或有其他特殊技术条件的零(部)件，尤应引起特别的重视。

根据零(部)件的结构特点和技术要求，确定合适的装配工艺、方法和程序。准备好必备的工具、量具、夹具和材料。

按清单清理检测各备装零件的尺寸精度与制造或修复质量，核查技术要求，凡有不合格的一律不得装配。对于螺栓、键及销等标准件，只要稍有损伤，就应予以更换，不得勉强留用。

零件装配前必须进行清洗。对于经过钻孔、铰削、镗削等机械加工的零件，要将金属屑末清除干净；润滑油道要用高压空气或高压油吹洗干净；有相对运动的配合表面要保持洁净，以免因脏物或尘粒等混入其间而加速配合件表面的磨损。

▶▶▶ 6.1.2 装配的一般工艺原则 ▶▶ ▶

装配时的顺序应与拆卸顺序相反。根据零(部)件的结构特点采用合适的工具或设备，严格按顺序装配，注意零(部)件之间的方位和配合精度要求。

对于过渡配合和过盈配合零件的装配，如滚动轴承的内、外圈等，必须采用相应的铜棒、铜套等专门工具和工艺措施进行手工装配，或按技术条件借助设备进行加温加压装

配。遇有装配困难的情况，应先分析原因，排除故障，提出有效的改进方法，再继续装配，千万不可乱敲乱打。

对油封件必须使用心棒压入；对配合表面要经过仔细检查和擦净，若有毛刺应经修整后方可装配；螺栓连接按规定的扭矩值分次均匀紧固；螺母紧固后，螺柱露出的螺牙不少于两个且应等高。

凡是摩擦表面，装配前均应涂上适量的润滑油，如轴颈、轴承、轴套、活塞、活塞销和缸壁等。各部件的密封垫(纸板、石棉、钢皮、软木垫等)应统一按规格制作。自行制作时，应细心加工，切勿让密封垫覆盖润滑油、水和空气的通道。机械设备中的各种密封管道和部件，装配后不得有渗漏现象。

过盈配合件装配时，应先涂润滑油脂，以利于装配和减少配合表面的初期磨损。另外，装配时应根据零件拆卸下来时所做的各种安装记号进行装配，以防装配出错而影响装配进度。

某些有装配技术要求的零(部)件，如装配间隙、过盈量、灵活度、啮合印痕等，应边安装边检查，并随时进行调整，以避免装配后返工。

在装配前，要对有平衡要求的旋转零件按要求进行静平衡或动平衡试验，合格后才能装配。每一个部件装配完毕后，必须严格、仔细地检查和清理，防止有遗漏或错装的零件。严防将工具、多余零件及杂物留存在箱体之中。确信无疑之后，再进行手动或低速试运行，以防机械设备运转时引起意外事故。

▶▶ 6.1.3 机器装配的概念 ▶▶ ▶

任何机器都是由许多零件装配而成的，零件是机器的最小制造单元。机器装配是按照机器的技术要求，将零件进行配合和连接，使之成为机器的工艺过程。机器装配是整个机器制造过程中的最后阶段，包括装配、调整、检验和试验等工作。为了有效地组织装配工作，一般将机器划分为若干可以独立开展装配工作的部分，称之为装配单元。

机器装配单元主要有合件、组件、部件和机器等。

合件是由若干零件固定连接(铆、焊、热压等)而成，或组合后再经合并加工而成(这样合件的零件不具有互换性)的。例如：分离式箱体是合件，它的轴承孔往往是箱盖与箱体合装成一体后镗削的。合件也称为结合件、套件。

组件是指一个或几个合件与零件的组合，它没有显著完整的作用。例如：主轴箱中轴与其上的齿轮、套、垫片、链和轴承的组合体。

部件是若干组件、合件及零件的组合体，在机器中具有完整的功能与用途。例如：汽车的发动机、变速箱，车床主轴箱和溜板箱等。

工程上，合件、组件、部件统称为总成，总成是零件的集合体。

机器是由零件、合件、组件和部件等组成的。机器装配的一般过程是零件预先装成合件、组件和部件，然后进一步装配成机器。

合件装配是在一个基准零件上，装上一个或若干个零件形成一个最小装配单元的装配过程。

组件装配是在一个基准零件上装上若干个合件及零件构成组件装配单元的装配过程，简称为组装。

部件装配是在一个基准零件上装上若干个组件、合件和零件构成部件装配单元的装配过程。

总装配是在一个基准件上安装若干个部件、组件、合件和零件，最终组成一台机器的装配过程。总装配简称总装。

装配单元层次关系如图6-1所示。

图6-1 装配单元层次关系

▶▶▶ 6.1.4 装配单元系统图与装配工艺系统图 ▶▶▶

常用装配单元系统图来清晰地表示装配顺序，如图6-2所示。

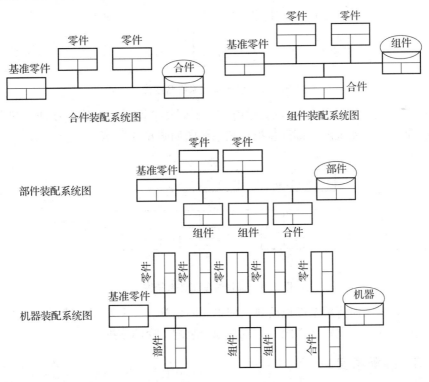

图6-2 装配单元系统图

装配单元系统图的绘制方法如下。

用一个长方格表示零件或装配单元，可代表参加装配的零件、合件、组件、部件和机器。在该方格内，上方注明零件或装配单元名称，左下方填写零件或装配单元的编号，右下方填写零件或装配单元的件数。

装配单元系统图的控制步骤如下。

（1）画一条较粗的横线，横线右端指向装配单元的长方格，横线左端为基准件的长方格。

（2）按装配先后顺序，从左向右依次将装入基准件的零件、合件、组件和部件引入。表示零件的长方格画在横线上方，表示合件、组件和部件的长方格画在横线下方。装配单元系统合成图如图6-3所示。

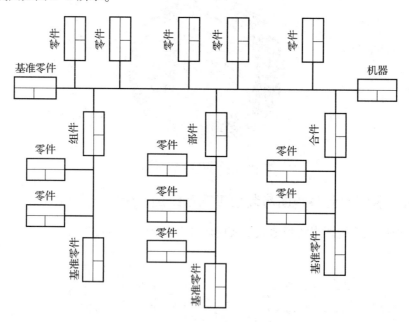

图6-3　装配单元系统合成图

在装配单元系统图上加注工艺说明内容，如焊接、配钻、配刮、冷压、热压和检验等，就形成装配工艺系统图。部件装配工艺系统图如图6-4所示。

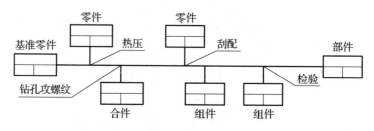

图6-4　部件装配工艺系统图

装配工艺系统图能清楚全面地反映装配单元的划分、装配顺序和装配工艺方法。它是装配工艺规程设计中的重要文件之一，也是划分装配工序的依据。

▶▶▶ 6.1.5　装配精度 ▶▶▶

1. 基本概念

装配精度是机器质量的重要指标之一，它是保证机器具有正常工作性能的必要条件。装配完成的机器必须满足规定的装配精度。装配精度既是设计装配工艺规程的主要依据，也是确定零件加工精度的依据。

机器的装配精度主要内容包括：相互尺寸精度、相互位置精度、相对运动精度、相互配合精度。

相互尺寸精度是指机器中相关零(部)件间的相互尺寸关系的精度，如机床主轴锥孔中心距床身导轨的距离，尾架顶尖套中心距导轨的距离，主轴锥孔中心距尾架顶尖套中心及距导轨的距离等。

相互位置精度是指机器中相关零(部)件间的相互位置关系的精度，如机床主轴箱中相关轴间中心距尺寸精度和同轴度、平行度、垂直度等。

相对运动精度是指机器中做相对运动的零(部)件之间在运动方向和相对运动速度上的精度，如运动方向与基准间的平行度和垂直度，相对运动部件间的传动精度等。

相互配合精度包括配合表面间的配合质量和接触质量。配合质量是指机器中零件配合表面之间达到规定的配合间隙或过盈的程度。接触质量是指机器中两配合或连接表面间达到规定的接触面积的大小和接触点分布的情况。

2. 影响机器装配精度的因素

一般情况下，装配精度是由有关组成零件的加工精度来保证的，这些零件的加工误差的累积将影响装配精度。在加工条件允许时，可以合理地规定有关零(部)件的制造精度，使它们的累积误差仍不超出装配精度所规定的范围，从而简化装配过程，这对于大批量、大量生产过程是十分必要的。

对于某些装配精度要求高的装配单元，特别是包含零件较多的装配单元，如果装配精度完全由有关零件的加工精度来直接保证，则对各零件的加工精度要求很高，这样会造成加工困难，甚至无法加工。遇到这种情况，常按经济加工精度来确定大部分零件的精度要求，使之易于加工，而在装配阶段采用一定的装配工艺措施(如修配、调整、选配等)来保证装配精度。如果机器的装配精度是由一个零件的精度来控制与保证，则称这种情况为"单件自保"。

 ## 6.2 装配的组织形式及生产纲领

▶▶▶ 6.2.1 装配的组织形式 ▶▶▶

装配的组织形式的选择主要取决于机器的结构特点(包括质量、尺寸和复杂程度)，生产纲领和现有生产条件。

按机器产品在装配过程中移动与否，装配的组织形式分为固定式和移动式两种。

1) 固定式装配

固定式装配是在一个固定的地点进行全部装配工作，机器在装配过程中不移动，多用于单件、小批量生产或重型产品的批量生产。

固定式装配也可以按照组织工人专业分工和按照装配顺序轮流到各产品点进行装配，这种装配组织形式称为固定流水装配，多用于批量生产结构比较复杂、工序数多的大型、重型机器，如机床、汽轮机的装配。

2) 移动式装配

移动式装配是将零(部)件用输送带或小车按装配顺序从一个装配地点移动到下一个装

配地点，各装配地点分别完成一部分装配工作，全部装配工作分散到各个装配地点分别进行，全部装配地点完成机器的全部装配工作。

移动式装配按移动的形式可分为连续移动和间歇移动两种。连续移动式装配即装配线连续按节拍移动。在每一个装配地点，工人一边装配机器，一边跟随装配线走动，工序装配工作完毕立即回到原位继续重复装配；间歇移动式装配是每一个装配地点装配时产品不动，工人在规定时间（节拍）内完成装配规定工作后机器再被生产线输送到下一工作地点。

移动式装配按移动时节拍变化与否又可分为强制节拍和变节拍两种。变节拍式移动比较灵活，具有柔性，适合多品种装配。

移动式装配常用于大批量、大量生产组成流水作业线或自动线，如汽车、拖拉机、仪器仪表等产品的装配。

▶▶▶ 6.2.2 生产纲领及其工艺特点 ▶▶▶

生产纲领决定了产品的生产类型。不同的生产类型致使机器装配的组织形式、装配方法、工艺过程的划分、设备及工艺装备专业化或通用化水平、手工操作工作量的比例、对工人技术水平的要求和工艺文件格式等均有不同。

各种生产类型的装配工艺特征如表6-1所示。

表6-1　各种生产类型的装配工艺特征

项目	生产类型		
	大批量、大量生产	中批量生产	单件、小批量生产
工作特点	机器不变，生产活动长期重复，生产周期一般较短	产品在系列化范围内波动，分批交替投产或多品种同时投产，生产活动在一定时期内重复	产品经常交换，不定期重复生产，生产周期一般较长
组织形式	多采用流水装配，有连续移动、间歇移动及变节拍移动等方式，还可采用自动装配机或自动装配线	笨重、批量不大的产品多采用固定流水装配；批量较大时采用移动流水装配；多品种平行投产时采用多品种变节拍流水装配	多采用固定装配或固定流水装配
工艺方法	主要采用互换装配法，允许有少量简单的调整，精密偶件成对供应或分组供应装配，无任何修配工作	主要采用互换装配法，但灵活运用其他保证装配精度的方法，如调整装配法、修配装配法、合并加工装配法，以节约加工费用	以修配装配法及调整装配法为主，互换件比例较小
工艺过程	工艺过程划分很细，力求达到高度的均衡性	工艺过程的划分必须匹配批量的大小，尽量使生产均衡	一般不设计详细的工艺文件，工序可适当调整，工艺也可灵活掌握

续表

项目	生产类型		
	大批量、大量生产	中批量生产	单件、小批量生产
工艺装备	专业化程度高，宜采用专用高效工艺装备，易于实现机械化、自动化	通用设备较多，但也另用一定数量的专用工具、夹具和量具等，以保证装配质量和提高工效	一般为通用设备及通用工具、夹具和量具等
手工操作	手工操作比例小，熟练程度容易提高	手工操作比例较大，技术水平要求较高	手工操作比例大，要求工人有较高的技术水平和多方面的工艺知识

6.3 装配尺寸链

▶▶▶ 6.3.1 装配尺寸链的概念 ▶▶▶

在机器装配关系中，由相关零件的尺寸或相互位置关系所组成的尺寸链，称为装配尺寸链。装配尺寸链的封闭环是装配过程所要保证的机器装配精度或技术要求。封闭环(装配精度)是通过装配过程最终形成或保证的尺寸和位置关系。

装配尺寸链也是一种尺寸链，具有尺寸链的共性，即封闭性和关联性。

装配尺寸链也分直线尺寸链、平面尺寸链、空间尺寸链和角度尺寸链，其中直线尺寸链最多见。

▶▶▶ 6.3.2 装配尺寸链的建立 ▶▶▶

结合实例说明建立装配尺寸链的步骤。

图 6-5 为一链轮装配结构图，装配精度要求控制轴向装配间隙 A_0，与轴向装配间隙 A_0 直接相关的零件尺寸有 A_1、A_2、A_3、A_4 和 A_5。

1)确定封闭环

装配尺寸链的封闭环是有关零(部)件装配后形成的，具有装配精度要求或装配技术要求的尺寸，一般为某一个配合间隙量或配合过盈量。图 6-5 中，封闭环为 A_0。

2)查找组成环

装配尺寸链的组成环是对装配精度发生直接影响的那些零(部)件的尺寸。在查找时，应遵循最短路线原则。最短路线原则要求每个装配相关的零(部)件只应有一个尺寸作为组成环列入装配尺寸链，即将连接两个装配基准面间的位置尺寸直接标注在零件图上。这样，组成环的数目就等于有关零(部)件的数目，即"一件

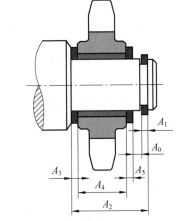

图 6-5 链轮装配结构图

一环"，此时装配尺寸链环数最少。图 6-5 中，组成环为 A_1、A_2、A_3、A_4 和 A_5。

3）画装配尺寸链图并确定组成环的性质

根据封闭环和找到的组成环画出装配尺寸链图，如图 6-6 所示。并根据尺寸链理论可以确定增、减环。

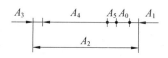

由图 6-6 分析可知，A_2 是增环，A_1、A_3、A_4 和 A_5 是减环。

图 6-6　链轮装配尺寸链图

▶▶▶| 6.3.3　装配尺寸链的计算 ▶▶▶ ▶

装配尺寸链的计算可分为正计算和反计算。

已知与装配精度有关的各零(部)件的基本尺寸及其偏差，求解装配精度要求的基本尺寸及偏差的计算过程为正计算。装配尺寸链的正计算主要用于校核验算。

已知装配精度要求(即已知装配尺寸链封闭环的基本尺寸及其偏差)，求解与该项装配精度有关的各零(部)件基本尺寸及其偏差的计算过程称为反计算。装配尺寸链的反计算主要用于产品的结构设计。

装配尺寸链的环数可能较多，公差带与基本尺寸的关系多样，为了简便起见，装配尺寸链计算常用对称公差法。

对称公差法是将所有组成环的尺寸变为对称公差，注意变换过程中组成环的基本尺寸也会发生改变，然后，利用变换后的基本尺寸和对称公差进行尺寸链计算。根据需要，将计算结果重新改写为极限偏差形式。

假设装配尺寸链由 n 个组成环和 1 个协调环(装配环、封闭环)组成。极限偏差表示与对称公差表示的关系如图 6-7 所示。

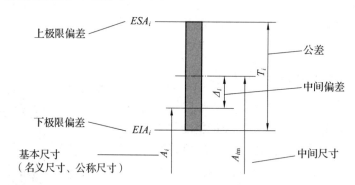

图 6-7　极限偏差表示与对称公差表示的关系

对称公差与极限偏差的转换计算公式如下。

第 i 个环的公差

$$T_i = ESA_i - EIA_i, \quad i = 0,1,2,\cdots,n$$

第 i 个环的中间偏差

$$\Delta_i = \frac{ESA_i + EIA_i}{2}, \quad i = 0,1,2,\cdots,n$$

上极限偏差

$$ESA_i = \Delta_i + \frac{T_i}{2}, \quad i = 0,1,2,\cdots,n$$

下极限偏差

$$EIA_i = \Delta_i - \frac{T_i}{2}, \quad i = 0, 1, 2, \cdots, n$$

第 i 个环的中间尺寸

$$A_{im} = \frac{A_{i,\max} + A_{i,\min}}{2}, \quad i = 0, 1, 2, \cdots, n$$

或

$$A_{im} = A_i + \Delta_i, \quad i = 0, 1, 2, \cdots, n$$

第 i 个环的最大极限尺寸

$$A_{i,\max} = A_i + ESA_i, \quad i = 0, 1, 2, \cdots, n$$

第 i 个环的最小极限尺寸：

$$A_{i,\min} = A_i + EIA_i, \quad i = 0, 1, 2, \cdots, n$$

装配尺寸链的 m 个增环记为 $A_i(i=1, 2, \cdots, m)$，$(n-m)$ 个减环记为 $A_i(i=m+1, m+2, \cdots, n)$。

以此类推，$\Delta i(i=1, 2, \cdots, m)$ 是增环的中间偏差，$\Delta i(i=m+1, m+2, \cdots, n)$ 是减环的中间偏差。

封闭环的中间尺寸为

$$A_{0m} = \sum_{i=1}^{m} A_{im} - \sum_{i=m+1}^{n} A_{im}$$

若加工尺寸的统计分布是对称的，如正态分布、均匀分布、三角分布的情形（其他非对称分布略），中间偏差为

$$\Delta_{0m} = \sum_{i=1}^{m} \Delta_{im} - \sum_{i=m+1}^{n} \Delta_{im}$$

装配尺寸链的计算根据不同的需要，选择方法有：极值法或概率法。

1. 极值法

极值法的优点是计算简单，极值法设计的零件具有完全的互换性。

装配尺寸链极值法的计算公式和第1章工艺尺寸链的计算公式相同。由于装配尺寸链的环数往往较多，装配尺寸链极值法计算常采用对称公差法。

极值法的公式是根据极大或极小的极端情况推导出来的，故在既定封闭环的情况下，计算出的组成环公差往往过于严格。特别是在封闭环精度要求高、组成环数目多时，计算出的组成环公差过小，甚至无法机械加工。

1）正计算

装配尺寸链的组成环已知，计算封闭环公差。

在利用极值法对直线尺寸链进行正计算时，封闭环极值公差为

$$T_{0L} = \sum_{i=1}^{n} T_i$$

式中：T_{0L}——封闭环极值公差；

T_i——第 i 个组成环公差；

n——组成环环数。

为保证装配精度要求，封闭环极值公差 T_{0L} 必须小于或等于封闭环公差要求值 T_0，即 $T_{0L} \leqslant T_0$。

2）反计算

装配尺寸链的封闭环已知，求解或分配各个组成环公差。

在利用极值法对直线尺寸链进行反计算时，可按等公差原则计算各组成环的平均极值公差为

$$T_{avL} = \frac{T_0}{n}$$

装配尺寸链组成环按等公差分配各个组成环的公差未必达到合理设计。原因是组成环尺寸大小不一，加工难度也不同。

因此，可进一步根据等精度原则和等加工难度原则对各个组成环平均极值公差进行适当的调整。

装配尺寸链组成环尺寸公差调整可参照以下原则。

（1）当组成环为标准件尺寸时（如轴承环或弹性垫圈的厚度等），其公差大小和极限偏差在相应标准中已有规定，是已知值。

（2）对于同时为几个不同装配尺寸链的组成环（称为公共环），其公差及分布位置应根据对其有严格公差要求的那个装配尺寸链的计算来确定。在其余尺寸链计算中，该环的尺寸公差及偏差已经成为已知值。

（3）尺寸相近、加工方法相同的组成环，可取相等的公差值。

（4）难加工或难测量的组成环，可取较大的公差值。

（5）在确定各组成环的极限偏差时，按入体原则确定各尺寸偏差。

显然，如果待定的各组成环公差都按上述办法确定，往往不能满足装配后封闭环的要求。为此，需要从组成环中选择一个环，其公差大小和分布位置不用上述方法确定，而是用它来协调各组成环与封闭环的关系，以满足封闭环的要求。这个预定在尺寸链中起协调作用的组成环称为协调环（也称补偿环）。

一般选用便于制造及便于测量的零件尺寸作为协调环，取较小的制造公差，这样可放宽难加工零件的尺寸公差。协调环不能选择标准件或多个尺寸链的公共环。

2. 概率法

根据数理统计规律，每个组成环尺寸都处于极限情况的机会是相对较少的。

特别是在大批量生产中，若组成环数目较多，装配过程中各零件的组合均趋于极限情况的概率很小，因此采用概率法计算装配尺寸链更为合理。

采用概率法计算装配尺寸链，可以扩大各零件的制造公差，降低制造成本。

装配尺寸链的各组成环是有关零件的加工尺寸或相对位置精度，是彼此独立的随机变量。因此，作为组成环合成量的封闭环也是一个随机变量。

当尺寸链分析计算时考虑尺寸加工的统计分布情况，则称该尺寸链计算方法为概率法。

6.4　保证装配精度的装配方法

机械产品的精度要求最终要靠装配来达到。在生产中，常用的保证产品装配精度的方法有：互换装配法、分组装配法、修配装配法与调整装配法等4类。

6.4.1　互换装配法

互换装配法是从制造合格的同规格零件中任取一个用来装配均能达到装配精度要求的装配方法。这种方法装配产品的装配精度是靠控制零件的加工精度来保证的，因此需要零件的制造要满足互换性。按互换程度的不同，互换装配法分为完全互换装配法与大数互换装配法。

1）完全互换装配法

在产品装配时各组成环零件不需挑选或改变其大小或位置，全部产品装配后即能达到封闭环的公差要求，这种装配方法称为完全互换装配法。

完全互换装配法的思路与措施是采用极值法设计各个组成环公差。

完全互换装配法的特点是机器装配时能保证各个组成环具备完全互换性。

完全互换装配法的应用范围：它是装配尺寸链设计的基本方法，在不引起加工困难和大幅度增加成本等条件下，广泛采用完全互换装配法。

2）大数互换装配法

大数互换装配法是指在产品装配时，对各组成环零件不需挑选或改变其大小或位置，绝大多数装配后即能达到封闭环的公差要求。

大数互换装配法的思路与措施是采用统计法设计各个组成环公差。

大数互换装配法的特点是机器装配时不能保证各个组成环具备完全互换性，只是大部分具有互换性。在大批量加工时，大量加工尺寸分布在平均值附近是常见现象，这是大数互换装配法的使用条件。在同等装配性能要求情况下，大数互换装配法可以大幅度放宽零件设计精度。

大数互换装配法的应用范围：大批量、大量生产。剩余少量不能完全互换的可以修配处理。

6.4.2　分组装配法

当采用互换装配法设计零件尺寸公差，零件加工精度过高难以满足加工要求，或者经济性很差时，如果零件数目很少（如只有几件），则可以考虑采用分组装配法。

分组装配法是先将组成环的公差相对于完全互换装配法所求之公差数值增大若干倍，使组成环零件加工较为经济，然后将各组成环零件按实际尺寸进行分组，对各组零件进行装配，从而达到封闭环公差要求的装配方法。分组装配法又称分组互换法。

分组装配法的设计思路与措施是采用极值法设计装配尺寸链的组成环。为了便于生产，将组成环的公差数值放大若干倍用于生产。生产零件按照放大倍数进行分组，产品按照对应组进行装配。

分组装配法的特点是在保证装配精度条件下，可降低装配精度对组成环的加工精度要

求。但是，分组装配法增加了测量、分组和配套工作。当组成环数较多时，上述工作就会变得非常复杂。

分组装配法适用于批量、大量生产中封闭环公差要求很严、尺寸链组成环很少的装配尺寸链中，如精密偶件的装配、精密机床中精密件的装配和滚动轴承的装配等。

正确采用分组装配法的关键是保证分组后各对应组的配合性质和配合公差满足设计要求，并使对应组内相配零件的数量匹配。

▶▶ 6.4.3 修配装配法 ▶▶▶

在批量生产中，若装配尺寸链的封闭环公差要求较严，组成环又较多时，用互换装配法势必要求组成环的公差很小，提高了装配精度，造成零件加工困难，并影响机器制造的经济性。若用分组装配法，又会因装配尺寸链环数多，使测量、分组和配套工作变得非常困难和复杂，甚至造成生产上的混乱。

在单件、小批量生产时，当封闭环公差要求较严时，即使组成环数很少，也会因零件数量少而不能采用分组装配法。

当装配尺寸链的封闭环公差要求严格时，常采用修配装配法达到封闭环公差要求。

1）概念

修配装配法是将装配尺寸链中各组成环的公差相对于互换装配法所求之值增大，使其能按现有生产条件下较经济的加工精度制造，装配时通过去除补偿环（或称修配环，是预先选定的某一组成环）部分材料，改变其实际尺寸，使封闭环达到精度要求的装配方法。修配装配法简称修配法。补偿环用来补偿其他各组成环由于公差放大后所产生的累积误差。

因修配装配法是逐个修配机器，所以机器中采用修配法装配的不同机器的同类同型零件不能互换。

通常，修配装配法采用极值法计算。

2）设计思路与措施

采用修配装配法的关键是正确选择补偿环，并确定其尺寸及极限偏差。

修配法的设计思路与措施大体如下。

（1）选择补偿环。一般地，补偿环应便于装拆，易于修配。因此，补偿环应选形状比较简单、修配面较小的零件。补偿环应选只与一项装配精度有关的环，而不应选择公共组成环。

（2）按经济加工精度确定除了补偿环之外的组成环的公差及偏差。按照入体原则，确定上述各组成环的尺寸。

（3）确定补偿环的尺寸及极限偏差。确定补偿环尺寸及极限偏差的出发点是要保证修配时的修配环有足够的修配量，且修配量不能太大。为此，首先要了解补偿环被修配时，对封闭环的影响是渐渐增大还是渐渐变小。

图6-8表示铣床矩形导轨的装配结构，其中压板是修配件。装配精度要求是控制装配间隙。

由图6-8分析可知：修磨 A 面可以使装配间隙减小，这是"越修越小"的情况；修磨 B 面可以使装配间隙增大，这是"越修越大"的情况。

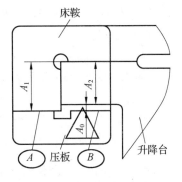

3）特点

采用修配法可以降低对组成环的加工要求，利用修配补偿环的方法可获得较高的装配精度，尤其是尺寸链中环数较多时，修配法优点更为明显。

修配工作往往需要技术熟练的工人，因为修配操作大多是手工操作，需要逐个机器进行修配，所以修配法生产率低，不容易保证一定生产节拍，不适合组织流水线装配，修配法装配的机器中的零件没有互换性。

图6-8　铣床矩形导轨的装配结构

4）应用范围

大批量、大量生产中很少采用修配法装配；单件、小批量生产中广泛采用修配法，特别是精度要求高时，更需要采用修配法降低加工成本；中批量生产中，当装配精度要求高时，也可以采用修配法。

▶▶▍6.4.4　调整装配法 ▶▶▶ ▶

封闭环公差要求较严而组成环又较多的装配尺寸链，也可以用调整装配法达到要求。

1）基本概念

调整装配法，简称调整法，是将尺寸链中各组成环的公差相对于互换装配法所求之值增大，使其能按该生产条件下较经济的公差制造，装配时用调整的方法改变补偿环（预先选定的某一组成环）的实际尺寸或位置，使封闭环达到其公差与极限偏差要求。

2）基本方法

一般以螺栓、斜面、挡环、垫片或孔轴连接中的间隙等作为补偿环（或称调整环），它用来补偿其他各组成环由于公差放大后所产生的累积误差。

根据调整方法的不同，调整法分为固定调整法、可动调整法和误差抵消调整法3种。

6.5　装配工艺规程设计

装配工艺规程是指导装配生产的主要技术文件，设计装配工艺规程是一项重要的工作。装配工艺规程对保证装配质量、提高装配生产率、缩短装配周期、减轻装配工人的劳动强度、缩小装配占地面积和降低成本等都有重要的影响。

▶▶▍6.5.1　装配工艺规程设计所需原始资料 ▶▶▶ ▶

1）产品的装配图及验收技术条件

产品的装配图应包括总装配图和部件装配图，并能清楚地表示出零（部）件的相互连接情况及其联系尺寸，装配精度和其他技术要求，以及零件的明细表等。为了在装配时对某些零件进行补充机械加工和核算装配尺寸链，有时还需要某些零件图作为原始资料。

验收技术条件应包括验收的内容和方法。

2）产品的生产纲领

生产纲领决定了装配的组织形式、装配方法、工艺过程的划分设备及工艺装备专业化

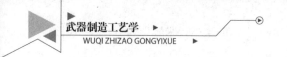

或通用化水平、手工操作量的比例、对工人技术水平的要求和工艺文件格式等。

3)现有生产条件

为了针对现有企业生产条件，设计合理的装配工艺规程，需要掌握企业现有装配设备、工艺装备、装配车间面积、工人技术水平、机械加工条件及各种工艺资料等。

4)相关标准资料

设计装配工艺规程需要掌握相关标准。机器性能往往需要符合相关标准，机器装配操作也要符合相关标准。

▶▶ 6.5.2　装配工艺规程设计原则 ▶▶▶ ▶

1)保证产品的质量

这是一项最基本的要求，因为产品的质量最终是由装配保证的。有了合格的零件才能装出合格的产品，如果装配不当，即使零件质量很高，却不一定能装出高质量的机器。从装配过程中可以反映产品设计及零件加工中所存在的问题，以便进一步保证和改进产品质量。

2)满足装配周期的要求

装配周期是根据生产纲领的要求计算出来的，是必须保证的。批量生产和大量生产采用移动式生产组织形式；组织流水生产，需要保证生产节拍；单件、小批量生产则往往是规定月产数量，努力避免装配周期不均衡的现象。

装配周期均衡与否和整个零件的机械加工进程有关，需要统筹安排。

3)要尽量减少手工劳动量

装配工艺规程应该使装配工作少用手工操作，特别是钳工修配操作。

▶▶ 6.5.3　装配工艺规程设计的步骤和内容 ▶▶▶ ▶

装配工艺规程设计的步骤和内容如下：

(1)装配工艺性审查；

(2)确定装配方法；

(3)确定装配的组织形式；

(4)划分装配单元，确定装配顺序；

(5)装配工序的划分与设计；

(6)填写装配工艺文件；

(7)设计标准作业程序文件；

(8)设计产品检验与试验规范。

▶▶ 6.5.4　装配工艺过程 ▶▶▶ ▶

装配工作的一般步骤如下。

(1)准备工作：研究产品图样及技术要求，熟悉产品的工作原理、结构、零件作用及相互连接关系；确定装配方法、顺序；准备所用的工具；对进行装配的所有零件进行集中、清洗、去毛刺，并根据要求进行涂润滑油等工作。

(2)装配工作：按组件装配→部件装配→总装配的次序进行组装。同时，在组装中按技术要求逐项进行检测、试验、调整、试车，使产品达到规定的技术要求。

(3)喷漆、涂油、钉铭牌、装箱。

以过盈连接为例，其装配方法的选择如表 6-2 所示。

表 6-2 过盈连接装配方法的选择

装配方法		设备或工具	工艺特点	适用范围
压装法	冲击压装	锤子或重物	简便，导向性差，易歪斜	适用于配合要求低、长的零件，多用于单件生产
	工具压装	螺旋式、杠杆式、气动式压装工具	导向性较冲击压装好，生产率高	适用于小尺寸连接件的装配，多用于中、小批量生产
	压力机压装	螺旋式、杠杆式、气动式压力机或液压机	压力范围为 $10^2 \sim 10^5$ MPa，配合夹具使用，导向性较高	适用于采用轻型过盈配合的连接件。批量生产中广泛采用
热装法	火焰加热	喷灯、氧乙炔、丙烷加热器、炭炉	加热温度小于 350 ℃，使用加热器，热量集中，易于控制，操作方便	适用于局部加热的中型或大型连接件
	介质加热	沸水槽、蒸汽加热槽、热油槽	沸水槽温度为 80~100 ℃，蒸汽槽温度为 120 ℃，热油槽温度为 90 ~ 320 ℃，去污，热胀均匀	适用于过盈量较小的连接件
	电阻和辐射加热	电阻炉、红外线辐射加热箱	加热温度达 400 ℃ 以上，加热时间短，温度调节方便，热效率高	适用于采用特重型和重型过盈配合的中、大型连接件
	感应加热	感应加热器	加热温度可达 400 ℃ 以上，热胀均匀，表面洁净，易于自控	适用于中、小型连接件批量生产
冷装法	干冰冷缩	干冰冷箱装置（或以酒精、丙酮、汽油为介质）	可冷至 -78 ℃，操作简便	适用于过盈量小的小型连接件的薄壁衬套等
	低温箱冷缩	各种类型低温箱	可冷至 -140 ~ -40 ℃，冷缩均匀，表面洁净，冷缩温度易于自控，生产率高	适用于配合面精度较高的连接件，在热套下工作的薄壁套筒件
	液氮冷缩	移动式或固定式液氮槽	可冷至 -195 ℃，冷缩时间短，生产率高	适用于过盈较大的连接件

▶▶▶ 6.5.5 典型零(部)件的装配 ▶▶▶

1. 螺纹连接装配

用螺纹连接零(部)件是一种常用的可拆式连接方法，属于螺纹连接的常用零件是螺钉、螺栓，应注意以下几点。

（1）螺纹配合应做到能用手自动旋入，过松、过紧都不行。

（2）双头螺柱拧入零件后，其轴线应与零件端面垂直；不能有任何松动，而且松紧程度适当。

（3）螺母端面应与螺栓轴线垂直，以使受力均匀。

（4）用螺栓、螺钉与螺母连接零件时，其贴合面应平整光洁，否则螺纹易松动。可采用加垫圈的方法提高贴合质量。

（5）装配成组螺纹连接件时，为保证零件贴合面受力均匀，应按图6-9所示的顺序来拧紧。拧紧时，要逐步进行：第一次按图示的顺序将它们拧紧到1/3程度，第二次拧紧到2/3程度，第三次完全拧紧。

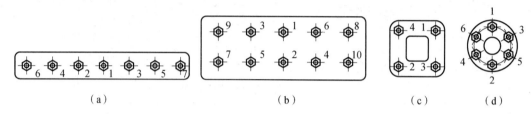

图6-9　螺母的拧紧顺序

（a）条形零件；（b）长方形零件；（c）方形零件；（d）圆形零件

2. 键、销连接装配

齿轮等传动件常用键连接来传递运动及转矩，如图6-10（a）所示。选取的键长应与轴上键槽相配，键底面与键槽底部接触，而键两侧则应有一定的过盈量。装配轮毂时，键顶面与轮毂间应有一定间隙，但与键两侧配合不允许松动。销连接主要用于零件装配时定位，有时用于连接零件，如图6-10（b）所示。

图6-10　键、销连接装配

（a）键连接装配；（b）销连接装配

3. 滚动轴承装配

滚动轴承的装配包括轴承内圈与轴颈、轴承外圈与轴承座孔两个组装过程。常用压入法和加热法装配。压入法是用压力将轴承压套到轴颈上或压进轴承座孔中。装配时，为了使轴承圈所受的压力均匀，常加垫套后再使用锤子或压力机压装。压入法装配滚动轴承如图6-11所示。

加热法是将轴承放在温度为80~90 ℃的全损耗系统用油中加热，然后趁热装入。当轴承内圈与轴为过盈量较大的过盈配合时，常采用此法装配。装配后，要检查滚动体是否被咬住，是否有合理的间隙（其作用是补偿轴承工作时的热变形）。

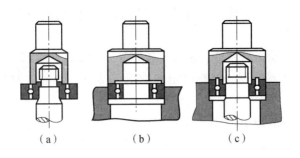

图6-11 压入法装配滚动轴承

(a)将轴承压到轴颈上；(b)将轴承压到轴承座孔中；(c)将轴承同时压到轴颈上和轴承座孔中

4.齿轮传动机构的装配

齿轮传动是最常用的传动方式之一，它依靠轮齿间的啮合传递运动和动力。其特点是：能保证准确的传动比，传递功率和速度范围大，传动效率高，结构紧凑，使用寿命长，但齿轮传动对制造和装配要求较高。

齿轮传动的类型较多，有直齿、斜齿、人字齿轮传动；有圆柱齿轮、锥齿轮及齿轮齿条传动等。

1）齿轮传动机构的装配技术要求

为保证装配质量，齿轮装配时应注意以下几点技术要求。

(1)保证齿轮与轴的同轴度，严格控制齿轮的径向圆跳动和轴向圆跳动。

(2)齿侧间隙要正确。间隙过小，齿轮转动不灵活，甚至卡死，加剧齿轮的磨损；间隙过大，换向空行程大，产生冲击和噪声。

(3)相互啮合的两齿轮要有足够的接触面积和正确的接触部位。

(4)对转速高的大齿轮，装配前要进行平衡检查。

(5)封闭箱体式齿轮传动机构应密封严密，不得有漏油现象，箱体接合面的间隙不得大于0.1 mm，或涂以密封胶密封。

(6)齿轮传动机构组装完毕后，通常要进行磨合试车。

2）齿轮传动机构的装配方法

(1)齿轮与轴的装配根据齿轮的工作性质，齿轮在轴上有空转、滑移和固定连接3种形式。

安装前，应检查齿轮孔与轴配合表面的表面粗糙度、尺寸精度及几何误差。

在轴上空转或滑移的齿轮，与轴的配合为小间隙配合，其装配精度主要取决于零件本身的制造精度，这类齿轮装配方便。齿轮在轴上不应有咬住和阻滞现象，滑移齿轮轴向定位要准确，轴向错位量不得超过规定值。

在轴上固定的齿轮，与轴的配合通常为过渡配合，装配时需要有一定的压力。过盈量较小时，可用铜棒或锤子轻轻敲击装入；过盈量较大时，应在压力机上压装。压装前，应保证零件轴、孔清洁，必要时涂上润滑油，压装时要尽量避免齿轮偏斜和端面不到位等装配误差。也可以将齿轮加热后，进行热套或热压。

(2)齿轮轴部件和箱件的装配齿轮部件在箱体中的位置，是影响齿轮啮合质量的关键。箱体主要部件的尺寸精度、形状和位置精度均必须得到保证，主要有孔与孔之间的平行

度、同轴度及中心距。装入箱体的所有零(部)件必须清洗干净。装配的方式,应根据轴在箱体中的结构特点而定。

如果箱体组装轴部位是开式的,装配比较容易,只要打开上部,齿轮轴部件即可放入下部箱体,如一般减速器装配。但有时组装轴承部位是一体的,轴上的零件(包括齿轮、轴承等)是在装入箱体过程中同时进行的,在这种情况下,轴上配合件的过盈量通常不会太大,装配时可用铜棒或锤子将其敲入。

采用滚动轴承结构的,其两轴的平行度和中心距基本上是不可调的。采用滑动轴承结构的,可结合齿面接触情况做微量调整。

齿轮传动机构中,若支承轴两端的支承座与箱体分开,则其同轴度、平行度、中心距均可通过调整支承座的位置及在其底部增加或减少垫片的办法进行调整,也可通过实测轴线与支承座的实际尺寸偏差,将其返修加工的方法解决。

对于大型开式齿轮,一般在现场进行安装施工。安装时应特别注意孔轴的对中要求。通常采用紧键连接,装配前配合面应加润滑油(脂)。轮齿的啮合间隙应考虑摩擦发热的影响。

3)锥齿轮传动机构的装配

锥齿轮传动机构的装配与圆柱齿轮传动机构的装配基本类似,不同之处是其两轴线在锥顶相交,且有规定的角度。锥齿轮轴线的几何位置,一般由箱体加工精度决定,轴线的轴向定位,以锥齿轮的背锥作为基准,装配时使背锥面平齐,以保证两齿轮的正确位置,应根据接触斑点偏向齿顶或齿根,沿轴线调节和移动齿轮的位置。轴向定位一般由轴承座与箱体间的垫片来调整。

锥齿轮因为做垂直两轴间的传动,因此箱体两垂直轴承座孔的加工必须符合规定的技术要求。

▶▶▶ 6.5.6　典型零(部)件的装配示例 ▶▶ ▶

锥齿轮轴组件的装配步骤如下。

(1)根据装配图将零件编号,并且零件对号计件。

(2)清洗,去除油污、灰尘和切屑。

(3)修整,修锉锐角、毛刺。

(4)制订锥齿轮组件的装配单元系统图。分析锥齿轮轴组件装配图和装配顺序(装配顺序与拆卸顺序相反),并确定装配基准零件。绘一横线,如图6-12所示。在横线左端画出代表基准零件的长方格,在横线右端画出代表产品的长方格。按装配顺序,自左至右在横线上列出零件、组件的名称、代号、件数。至横线右端装毕,标上组件的名称、代号与件数于线的右端。

(5)分组件组装,如B-1轴承外圈与03轴承套装配成轴承套分组件。

(6)组件组装。以01锥齿轮为基准零件,将其他零件和分组件按一定的技术要求和顺序装配成锥齿轮轴组件。

(7)检验。按装配单元系统图检查各装配组件和零件的装配是否正确。按装配图的技术要求,检验装配质量,如轴的转动灵活性、平稳性等。

（8）入库。

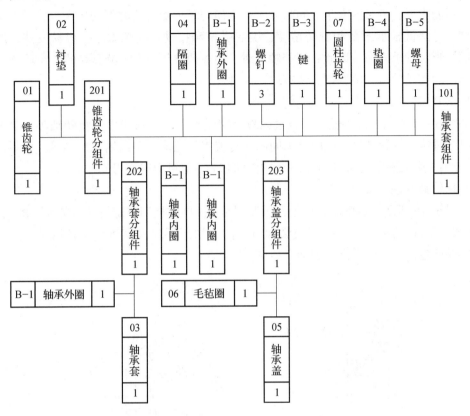

图 6-12　锥齿轮轴组件装配单元系统图

6.6　机械零(部)件装配后的调试

机械零(部)件装配后的调试是机械设备修理的最后程序，也是最为关键的程序。有些机械设备，尤其是其中的关键零(部)件，不经过严格仔细的调试，往往达不到预定的技术性能，甚至不能正常运行。

下面以锥齿轮轴组件为例说明调试的内容和方法。

▶▶▶ 6.6.1　滚动轴承装配后的调试 ▶▶▶

滚动轴承的间隙分为轴向间隙 c 和径向间隙 e，如图 6-13 所示。

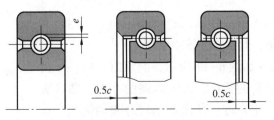

图 6-13　滚动轴承的间隙

滚动轴承的间隙具有保证滚动体正常运转、润滑及热膨胀补偿的作用。但是滚动轴承的间隙不能太大，也不能太小。间隙太大，会使同时承受负荷的滚动体减少，单个滚动体负荷增大，降低轴承寿命和旋转精度，引起噪声和振动；间隙太小，容易发热，磨损加剧，同样影响轴承寿命。因此，安装轴承时，间隙调整是一个十分重要的工作环节。

常用的滚动轴承间隙调整方法有以下两种。

1）垫片调整法

如图 6-14 所示，先将轴承端盖紧固螺钉缓慢拧紧，同时用手慢慢转动轴。当感觉到转动阻滞时停止拧紧螺钉，此时已无间隙，将端盖与壳体间距离用塞尺测量；则得到间隙为 δ，垫片的厚度应等于 δ 再加上一个轴向间隙 c（c 值可由表查得）。

2）螺钉调整法

如图 6-15 所示，调整时，先松开锁紧螺母 2，再调整调整螺钉 3，推动压盖 1，调整轴承间隙至合适的值，最后拧紧锁紧螺母。齿轮轴部件装入箱体后，必须检验其装配质量，以保证各齿轮之间有良好的啮合精度。

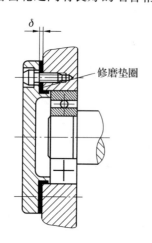

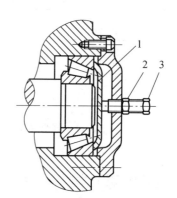

1—压盖；2—锁紧螺母；3—调整螺钉。

图 6-14　垫片调整法　　　　　图 6-15　螺钉调整法

装配质量的检验包括侧隙的检验和接触精度的检验。

1）侧隙的检验

装配时主要保证齿侧间隙，而齿顶的间隙有时只作参考，一般图样和技术文件都明确规定了侧隙的范围值（其值可由表查得）。侧隙的检验方法有以下两种。

（1）压铅软金属丝检查法。如图 6-16 所示，在齿面沿齿宽两端平行放置两条铅软金属丝，宽齿轮应放 3 ~ 4 条，其直径不宜超过最小侧隙的 4 倍。转动齿轮将其压扁后，测得其最薄处的厚度就是侧隙，此法在实践中常用。

图 6-16　压铅软金属丝
检查法

（2）百分表检查法。如图 6-17 所示，测量时，将一个齿轮固定，在另一齿轮上装夹紧杆，由于侧隙的存在，装有夹紧杆的齿轮便可摆动一定角度，从而推动百分表的测头，得到表针摆动的读数 C，则齿轮啮合的侧隙 C_n 为

$$C_n = C \frac{R}{L}$$

式中：R——装夹紧杆齿轮的分度圆半径，mm；

　　　L——测量点到轴心的距离，mm。

对于模数比较大的齿轮，也可用百分表或杠杆百分表直接抵在可动齿轮的齿面上，将接触百分表测头的齿轮从一侧啮合转到另一侧啮合，百分表上的读数差值就是侧隙数值。

圆柱齿轮的侧隙是由齿轮的公法线长度偏差及中心距来保证的，对于中心距可以调整的齿轮传动装置，可通过调整中心距来改变啮合时的齿轮侧隙。

2）接触精度的检验

接触精度的主要技术指标是齿轮副的接触斑点，检验时将红丹粉涂于大齿轮齿面上，使两啮合齿轮进行空运转，然后检查其接触斑点情况。转动齿轮时，从动齿轮应轻微制动。双向工作的齿轮，正反两个方向都应检查。

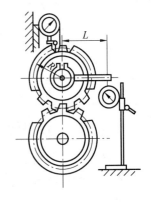

图 6-17 百分表检查法

一对齿轮正常啮合时，两齿轮的工作表面接触斑点，按精度不同，其面积大小及分布位置也不同，根据接触斑点面积、位置情况，还可以判断装配时产生误差的原因。

当发生接触斑点不正确的情况时，可通过调整轴承座的位置解决，或采用修刮的方法达到接触精度要求。直齿圆柱齿轮啮合接触斑点调整方法如表6-3所示。

表6-3 直齿圆柱齿轮啮合接触斑点调整方法

接触斑点	原因分析	调整方法
正常接触	正确啮合	—
中心距太大	可在中心距允许范围内刮削轴瓦或调整轴承座
中心距太小	
同向偏接触	两齿轮轴线不平行	
异向偏接触	两齿轮轴线歪斜	
单面偏接触	两齿轮轴线不平行，同时歪斜	

续表

接触斑点	原因分析	调整方法
游离接触在整个齿圈上，接触区由一边逐渐移至另一边	齿轮端面与回转轴线不垂直	检查并校正齿轮端面与轴线的垂直度
不规则接触	齿面有毛刺或有碰伤隆起	去除毛刺，修准

6.6.2 锥齿轮装配质量的检验和调整

图 6-18(a) 所示为检验垂直度的方法。将百分表装在心轴 1 上，再固定心轴 1 的轴向位置，旋转心轴 1，百分表在心轴 2 上 L 长度内的两点读数差，即为两孔在充长度内的垂直误差。

图 6-18(b) 所示为两孔的对称度检查。心轴 1 的测量端做成叉形槽，心轴 2 的测量端按对称度公差做成两个阶梯形，即通端和止端。检验时，若通端能通过叉形槽而止端不能通过，则对称度合格，否则为超差。

锥齿轮装配后侧隙的检验方法与圆柱齿轮基本相同，锥齿轮传动的侧隙要求可查表。

锥齿轮通常也是用涂色法检查齿轮的啮合情况，在无载荷的情况下轮齿的接触部位应靠近轮齿的小端。涂色后，齿轮表面的接触面积在齿高和齿宽方向均应不少于 40%，如图 6-19 所示。

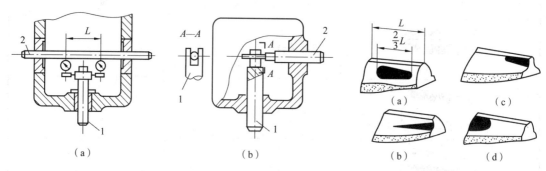

1，2—心轴。

图 6-18　两孔位置精度检查

(a)垂直度；(b)对称度

图 6-19　直齿锥齿轮的接触斑点

(a)正常啮合；(b)侧隙不足

(c)夹角过大；(d)夹角过小

6.7　机器的拆卸与清洗

6.7.1　机器拆卸

机械设备拆卸的目的是便于检查和修理机械零(部)件。拆卸工作约占整个修理工作量的 20%。任何机械设备都是由许多零(部)件组合成的。需要修理的机械设备，必须经过拆卸才能对失效了的零(部)件进行修复或更换。如果拆卸不当，往往造成零(部)件损坏，设备精度降低，有时甚至无法修复。因此，为保证修理质量，在动手解体机械设备前，必须周密计划，对可能遇到的问题有所估计，有步骤地进行拆卸。

1. 拆卸的一般规则和要求

1)拆卸前的准备工作

(1)拆卸场地的选择与清理。拆卸前应选择好工作地点，不要选在有风沙、尘土的地方。工作场地应避免无关人员频繁出入，以防止造成意外的混乱。不要使泥土、油污等弄脏工作场地的地面。机械设备进入拆卸地点之前应进行外部清洗，以保证机械设备的拆卸不影响其精度。

(2)保护措施。在清洗机械设备外部之前，应预先拆下或保护好电气设备，以免受潮损坏。对于易氧化、锈蚀的零件，要及时采取相应的保护、保养措施。

(3)拆前放油。尽可能在拆卸前将机械设备中的润滑油趁热放出，以利于拆卸工作的顺利进行。

(4)了解机械设备的结构、性能和工作原理。为避免拆卸工作中的盲目性，确保修理工作的正常进行，在拆卸前，应详细了解机械设备各方面的状况，熟悉机械设备各个部分的结构特点、传动系统，以及零(部)件的结构特点和相互间的配合关系，明确其用途和相互间的作用，以便合理安排拆卸步骤和选用适宜的拆卸工具或设施。

2)拆卸的一般原则

(1)根据机械设备的结构特点，选择合理的拆卸步骤。机械设备的拆卸顺序，一般是由整体拆成总成，由总成拆成部件，由部件拆成零件，或由附件到主机，由外部到内部。在拆卸比较复杂的部件时，必须熟读装配图，并详细分析部件的结构及零件在部件中所起的作用，特别应注意那些装配精度要求高的零(部)件。这样，可以避免混乱，使拆卸有序，达到有利于清洗、检查和鉴定的目的，为修理工作打下良好的基础。

(2)合理拆卸。在机械设备的修理拆卸中，应坚持能不拆的就不拆，该拆的必须拆的原则。若零(部)件可不必经拆卸就符合要求，就不必拆开，这样不但可减少拆卸工作量，而且能延长零(部)件的使用寿命。例如：对于过盈配合的零(部)件，拆装次数过多会使过盈量消失而致使装配不紧固；对于较精密的间隙配合件，拆后再装，很难恢复已磨合的配合关系，从而加速零件的磨损。但是，对于不拆开难以判断其技术状态，而又可能产生故障的，或无法进行必要保养的零(部)件，则一定要拆开。

(3)正确使用拆卸工具和设备。在弄清楚了拆卸机械设备零(部)件的步骤后，合理选择和正确使用相应的拆卸工具是很重要的。拆卸时，应尽量采用专用的或合适的工具和设备，避免乱敲乱打，以防零件损伤或变形。例如：拆卸轴套、滚动轴承、齿轮、带轮等，应该使用顶拔器或压力机；拆卸螺柱或螺母时，应尽量采用尺寸相符的扳手。

3)拆卸时的注意事项

在机械设备修理中，拆卸时还应考虑到修理后的装配工作，为此应注意以下事项。

(1)对拆卸零件要做好核对工作或做好记号。机械设备中有许多配合的组件和零件，因为经过选配或质量平衡等原因，装配的位置和方向均不允许改变。例如：汽车发动机中各缸的挺杆、推杆和摇臂，在运行中各配合副表面得到较好的磨合，不宜变更原有的匹配关系；又如多缸内燃机的活塞连杆组件，是按质量成组选配的，不能在拆装时互换。因此，在拆卸时，有原记号的要核对，如果原记号已错乱或有不清晰的，则应按原样重新标记，以便安装时对号入位，避免发生错乱。

（2）分类存放零件。对拆卸下来的零件进行存放应遵循以下原则：同一总成或同一部件的零件应尽量放在一起；根据零件的大小与精密度分别存放，不应互换的零件要分组存放，怕脏、怕碰的精密零（部）件应单独拆卸与存放，怕油的橡胶件不应与带油的零件一起存放，易丢失的零件（如垫圈、螺母）要用铁丝串在一起或放在专门的容器里，各种螺栓应装上螺母存放。

（3）保护拆卸零件的加工表面。在拆卸的过程中，不能损伤拆卸下来的零件的加工表面，否则将给修复工作带来麻烦，并会因此而引起漏气、漏油、漏水等故障，也会导致机械设备的技术性能降低。

2. 拆卸方法

1）击卸

用锤击的力量使配合零件移动的拆卸方法，称为击卸。这是最方便、最简单的一种拆卸方法，适用于结构比较简单、坚实或不重要的部位。锤击时如方法不当则可能损坏零件。击卸前，为减小摩擦，在连接处应当用润滑油浸润。击卸的常用工具有铜锤、木锤、大锤、冲子，以及铜、铝、木质垫块等。

击卸滚动轴承（见图6-20）时，其操作要领如下：

（1）打击时的力量应施加于轴承内圈，以免损坏轴承；

（2）打击的力量不应太大，且应左右对称交换地打击，以使内圈受力均匀，避免打击过程中卡死或损坏座圈。

2）压卸和拉卸

压卸和拉卸与击卸相比有很多优点：施力均匀，力的大小和方向容易控制，零件偏斜和损坏的可能性比较小。压卸和拉卸适用于拆卸尺寸较大或过盈较大的零件。

压卸和拉卸的常用工具有压床和拉模。实际应用如用齿条式压床拆卸滚动轴承、用拉模拆卸轴上零件等。

3）热拆卸和冷拆卸

利用金属热胀冷缩的特性，用加热的办法使孔的直径增大，用冷却的办法使轴的直径缩小，从而使过盈量减小，甚至配合面间出现间隙，以达到拆卸的目的。该方法不会像击卸或压卸那样产生卡住或损伤零件的现象，适用于过盈量大于0.1 mm、尺寸大、无法压卸的场合。但应

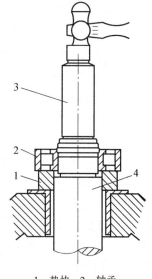

1—垫块；2—轴承；
3—铜棒；4—轴。
图6-20　击卸滚动轴承

注意，在实际应用中，零件的加热温度不宜超过120 ℃，否则零件容易变形，会丢失它原有的精度。

3. 常用零（部）件的拆卸方法

常用零（部）件的拆卸应遵循拆卸的一般原则，结合各自的特点，采用相应的拆卸方法

来达到拆卸的目的。

1）销连接的拆卸

拆卸销钉时可用冲子冲出（锥销冲小头）。冲子直径比销钉直径小一些，打冲要猛而有力。若销钉弯曲打不出，可用钻头钻掉。钻头直径应小于销钉直径，以免钻伤孔壁。

若是圆柱形定位销，在拆去被定位的零件之后，常常留在主体上，如果没有必要拆下，可不拆卸；必须拆下时，可用尖嘴钳拔出。

2）键连接的拆卸

（1）平键连接的拆卸。轴与轮的配合一般采用过渡配合或间隙配合。拆去轮子后，如果键的工作面良好，不需要更换拆除时，不应将键拆下；如果键已损坏，可用油槽铲铲入键的一端，然后把键剔出来；当键松动时，可用尖嘴钳拔出来；若为滑键，可利用其上的螺纹孔旋入螺钉，顶住槽底轴面，把键顶出；当键在槽中配合很紧，又需保存完好，而且必须拆出时，可在键上钻孔、攻螺纹，然后用螺钉将它顶出。

（2）斜键连接的拆卸。拆卸斜键时，应注意拆卸方向。拆卸时，应用冲子从键的较薄端向外冲出；如果带有钩头，可用钩子拉出；如果没有钩头，就只能在键的一端面上攻螺纹，拧上螺钉将它拉出。

3）螺纹连接的拆卸

普通螺纹连接的拆卸比较容易，只要使用各种扳手拆卸即可。这里主要介绍日久失修、生锈腐蚀及螺钉头已断掉的螺纹连接的拆卸方法。

当螺钉头、螺母、旋具槽口仍然完好时，可采用下列措施拧松：

（1）用煤油浸润，即把连接件放到煤油中，或用布头浸上煤油包在螺钉或螺母上，使煤油渗入连接处；

（2）用锤子敲击螺钉或螺母，使连接处受到振动而自动松开少许；

（3）试着把螺钉扣拧松一下。

当上面几种措施依次使用仍不能拆下时，就只能用力旋转，准备损坏螺钉和螺母。当螺钉头已折断时，可采用下列方法。

（1）如果螺钉仍然有一部分在孔外面，可以在顶面上锯出一个槽口，用螺钉旋具旋动，或者把两侧锉平，用扳手转动。

（2）断在孔中的螺钉，可以在螺钉上钻孔，在孔中插入取钉器旋出。

（3）实在无法拆出的螺钉，可以选用直径比螺纹小径小 0.5～1 mm 的钻头，把螺钉钻除，再用丝锥旋去，或在螺钉上钻孔，打入多角淬火钢杆，将螺钉拧出，如图 6-21 所示。

（4）拆卸过盈配合连接螺栓时，可将带内螺纹的零件加热，使其直径增大，然后再旋出。

（5）六角螺钉用于固定连接的场合较多，当内六角磨圆后会产生打滑现象而不容易拆卸，这时用一个孔径比螺钉头外径稍小一点的六方螺母，放在内六角螺钉头上，如图 6-22 所示。然后将螺母与螺钉焊接成一体，待冷却后用扳手拧六方螺母，即可将螺钉迅速拧出。

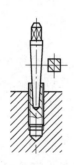
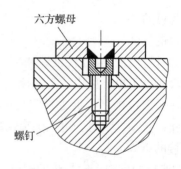

图 6-21　用多角淬火钢杆拆卸断头螺钉　　**图 6-22　拆卸打滑的六角螺钉**

4）齿轮副的拆卸

为了提高传动链精度，对传动比为 1 的齿轮副采用误差相消法装配，即将一外齿轮的最大径向圆跳动处的齿间与另一个齿轮的最小径向圆跳动处的齿间相啮合。为避免拆卸后再装配时误差不能相消，拆卸时在两齿轮的相互啮合处做上记号，以便装配时恢复原精度。

5）轴上定位零件的拆卸

在拆卸齿轮箱中的轴类零件时，必须先了解轴的阶梯方向，进而确定拆卸轴时的移动方向，然后拆去两端轴盖和轴上的轴向定位，如紧固螺钉、圆螺母、弹簧垫圈、保险弹簧等。先要松开装在轴上的齿轮、套等不能通过轴盖孔的零件的轴向紧固关系，并注意轴上的键能否随轴通过各孔，才能用木锤打击轴端而拆下轴；否则不仅拆不下轴，还会造成对轴的损伤。

6）主轴部件的拆卸

如图 6-23 所示，高精度磨床主轴部件在装配时，其左右两组轴承及其垫圈、轴承外壳、主轴等零件的相对位置是以误差相消法来保证的。为了避免拆卸不当而降低装配精度，在拆卸时，轴承、垫圈、磨具壳体及主轴在圆周方向的相对位置上都应做上记号，拆卸下来的轴承及内外垫圈各成一组分别放置，不能错乱。拆卸处的工作台及周围场地必须保持清洁，拆卸下来的零件按原记号方向装入。

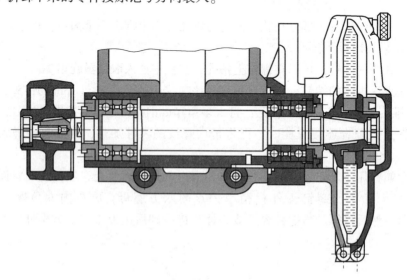

图 6-23　磨床主轴部件

4. 典型零(部)件的拆卸方法示例

现以图6-24和图6-25所示某锥齿轮轴组件为例,说明拆卸工作的一般方法。图示主轴的阶梯状为向上直径逐渐减小,拆卸主轴的方向应向下。其拆卸的具体步骤如下。

(1)先将螺母B-5、垫圈B-4、圆柱齿轮7从主轴拆卸,取出平键B-3。

(2)松开螺钉B-2后,拆卸轴承盖5、取出毛毡圈6。

(3)用大木锤或铜棒敲击锥齿轮1端部,取出主轴8和轴承套3。

(4)当主轴向上移动而完全没有零件障碍时,在主轴的尾部(上端)垫铜或铝等较软金属圆棒后,用大木锤敲击主轴。边向下移动主轴,边向上移动相关零件,当全部轴上零件松脱时,从主轴箱下端抽出主轴8和衬垫2。

(5)在松开其固定螺钉后,可垫铜棒向上敲出轴承套。

(6)主轴上的前轴承垫以铜套后,向左敲击取下内圈,向右敲击取出外圈。

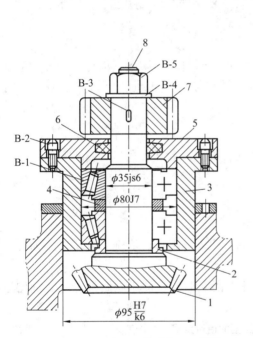

1—锥齿轮;2—衬垫;3—轴承套;4—隔圈;
5—轴承盖;6—毛毡圈;7—圆柱齿轮;8—主轴;
B-1—轴承;B-2—螺钉;B-3—平键;
B-4—垫圈;B-5—螺母。

图6-24 锥齿轮轴组件(装配图)

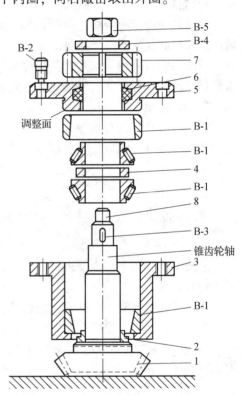

图6-25 锥齿轮轴组件的拆卸(装配)顺序

(图注同6-24)

▶▶▶ 6.7.2 机器清洗 ▶▶▶▶

机器清洗是清除和洗净设备中各零(部)件加工表面上的油脂、污垢和其他杂物的过程。

1. 清洗前的准备

(1)熟悉设备图样和说明书，弄清设备性能和所需润滑油的种类、数量及加油位置。

(2)设备清洗的场地必须清洁，不要在多尘土地区或露天进行。清洗前，场地应做适当清理和布置。

(3)准备好所需的清洗材料、用具，放置机件用的木箱、木架及所需的压缩空气、水、电、照明等设施。

(4)仔细检查设备外部是否完整，有无碰伤，对于设备内部的损伤，也要做出记录，并及时进行处理。

(5)准备好防火用具，时刻注意安全。

2. 清洗材料和用具

1)清洗液

常见的清洗液有煤油、溶剂汽油、轻柴油、全损耗系统用油、汽轮机油、变压器油、碱性清洗液和化学水清洗液等。

清洗漆膜可采用下列溶剂：松香水(白醇)、松节油、苯、甲苯、二甲苯、丙酮、香蕉水、过氯乙烯漆稀释剂、四氯化碳、脱漆剂等。

2)清洗用具

常见的清洗用具有棉纱、布头、砂布、苫布、塑料布、席子、油枪、油壶、油盘、油桶、毛刷、刮具、铜棒、软金属锤、皮老虎、防尘罩、空压机、压缩空气喷头和清洗喷头等。

3. 清洗方法

清洗机械设备的方法很多，常见的有擦洗、喷洗、电解清洗和超声波清洗等。

4. 清洗过程

清洗工作应按下列步骤进行。

1)初步清洗

初步清洗包括刮去机件表面的铁锈及旧油、漆皮等工作。清洗时，用专用油桶把刮下的旧干油保存起来，以备它用。

(1)去旧油。用竹片或轻质金属片自机件上刮下旧油或使用脱脂剂。脱脂剂的适用范围如表6-4所示。

表6-4 脱脂剂的使用范围

脱脂剂名称	适用范围	附注
二氯乙烷	金属制件	剧毒、易燃、易爆、对钢铁材料有腐蚀性
三氯乙烷	金属制件	有毒、对金属无腐蚀性
四氯化碳	金属和非金属制件	有毒、对非铁金属材料有腐蚀性
95%乙醇	脱脂要求高的设备和管路	易燃、易爆、脱脂性能较差
98%浓硝酸	浓硝酸装置的部分管件和瓷环等	有腐蚀性
碱性清洗液	脱脂要求不高的附件和管路	清洗液应加热至60~90 ℃

（2）脱脂。①小零件可浸没在脱脂剂内 1～5 min。②较大的金属表面可用清洁的棉布或棉纱浸蘸脱脂剂擦洗。③一般容器或管子的内表面可用灌洗法脱脂，每处灌洗接触时间不应少于 15 min。④大容器内表面可用喷头喷淋脱脂剂冲洗。⑤非金属衬垫应用对密封面无腐蚀性的溶剂浸泡 20 min 以上。石棉衬垫可在 300 ℃ 左右的温度下灼烧（不允许有烟雾）2～3 min。⑥纯铜片退火后，可不再脱脂。⑦用二氯乙烷或四氯化碳脱脂的金属制件，在脱脂前不应沾有水分，以防腐蚀。

脱脂后应用下列方法检查。

对脱脂要求不高或易擦拭的部位，可用白滤纸（或白布）擦拭脱脂表面，以白滤纸（或白布）上看不出油渍为合格。

将使用后的脱脂剂取样分析，以油脂含量少于 0.05%（质量分数）为合格。

用蒸汽吹洗脱脂件，取其冷凝液，放入一些直径为 1 mm 左右的纯樟脑，以樟脑不停地旋转为合格。

（3）除锈。不同质量表面的除锈方法如表 6-5 所示。

表 6-5　不同质量表面的除锈方法

表面粗糙度 Ra 值/μm	除锈方法
>6.3	用砂轮、钢丝刷、刮具、砂布、喷砂或酸洗除锈
5.0～6.3	用非金属刮具、磨石或粒度为 F150 号的砂布蘸全损耗系统用油擦除或进行酸洗除锈
1.6～3.2	用细磨石、粒度为 F150 号或 F180 号的砂布蘸全损耗系统用油擦除或进行酸洗除锈
0.2～0.8	先用粒度为 F180 号或 F240 号的砂布蘸全损耗系统用油进行擦拭，然后用干净的棉布（或布轮）蘸全损耗系统用油和研磨膏的混合剂进行磨光
<0.1	先用粒度为 F280 号的砂布蘸全损耗系统用油进行擦拭，然后用干净的绒布蘸全损耗系统用油和细研膏的混合剂进行磨光

（4）去油漆。一般粗加工面可采用铲刮的方法。精细加工面可采用布头蘸汽油或香蕉水用力摩擦的方法来去除油漆。加工面高低不平时，可采用钢丝刷或钢丝绳头刷。

2）用清洗剂或热油冲洗

机件经过除锈、去漆之后，应用清洗剂将加工表面上的渣子冲洗干净。原有干油的机件，经初步清洗后，如仍有大量干油存在，可用热油烫洗，但油温不得超过 120 ℃。

3）洗净

机件表面的旧油、锈层、漆皮洗去之后，先用压缩空气吹，再用煤油或汽油彻底冲洗干净。

5. 清洗注意事项

（1）安装设备前，首先应进行表面清洗。

（2）滑动面未清洗前，不得移动它上面的任何部件。

（3）设备加工面的防锈油层，只准用干净的棉纱、棉布、木刮刀或牛角刮具清除，不准使用砂布或金属刮具；如为干油，可用煤油清洗；如为防锈漆，可用香蕉水、酒精、松节油或丙酮清洗。

（4）加工表面如有锈蚀，用油无法除去时，可用棉布蘸醋酸擦掉，但除锈后要用石灰水擦拭使其中和，并用清洁棉纱或布擦干。

（5）使用汽油或其他挥发性高的油类清洗时，勿将油液滴在机身的油漆面上。

（6）凡需组合装配的部件，必须先将接合面清洗干净，涂上润滑油后才能进行装配。

（7）设备清洗后，凡无油漆部分均需用清洁棉纱擦净，涂以全损耗系统用油防锈，并用防尘苦布罩盖好。

（8）清洁设备所用的油及用过的油布等，不得落于设备基础上。

6.8　装配过程自动化

各种零（部）件（包括自制的、外购的、外协的）需经过正确的装配，才能形成最终产品。但由于加工技术超前于装配技术许多年，装配工艺已成为现代化生产的薄弱环节。据有关资料统计，一些典型产品的装配时间占总生产时间的 53% 左右，而目前产品装配的平均自动化水平仅为 10%～15%。因此，装配自动化是制造工业中需要解决的关键技术。

▶▶ 6.8.1　装配自动化的现状与发展 ▶▶ ▶

装配自动化的目的主要在于：提高生产率，降低成本，保证机械产品的装配质量和稳定性，并力求避免装配过程中受到人为因素的影响而造成质量缺陷，减轻或取代特殊条件下的人工装配劳动，降低劳动强度，保证操作安全。

目前，世界上工业发达国家的机械制造自动化过程中，一些产品、部件的装配过程逐渐摆脱了人工操作，并及早地将注意力转向装配自动化系统研究，取得了卓越的成果，已出现了柔性装配系统（Flexible Assembly System，FAS）。1980 年，英国机器人系统公司用 8 年时间对 FAS 进行了可行性研究，研究出一种 FAS，能对质量小于 15 kg、体积小于 0.03 m³ 的电器、电子、机械产品进行柔性装配，年产量可达 20 万～30 万套，更换产品的时间仅为 1～2 h。

我国对装配自动化技术的研究起步较晚，但近年来，我国装配自动化取得了长足发展，在石化、冶金、发电装备、轻工业等行业都有了突破性的进展。我国装配自动化仍存在诸多问题：①自主创新能力较低，自主知识产权匮乏，具体表现在国产高端自动化产品奇缺，市场竞争力不强。②产品性能存在差距，进入重大工程困难，我国大部分控制系统由于在高可靠性、高稳定性、高环境适应性及数字化、智能化、集成化等方面与国外先进产品存在较大差距，进入我国重大工程的关键装备、核心装备、主体装备十分困难。③控制系统"中间强、两头弱"的现象十分严重，国产装配自动化系统中的主控系统，其产品质量较高，但是作为控制系统的两端——变送器和执行器，产品质量难以满足使用要求。

▶▶ 6.8.2　自动装配条件下的结构工艺性 ▶▶ ▶

自动装配工艺性好的产品结构能使自动装配过程简化，易于实现自动定向和自我检测，简化自动装配设备，保证装配质量，降低生产成本。

在自动装配条件下，零件的结构工艺性应符合以下 3 项原则：

（1）便于自动给料；

（2）有利于零件自动传送；

（3）有利于自动装配作业。

表6-6列出了一些改进零(部)件装配工艺性的示例。

表6-6 改进零(部)件装配工艺性的示例

序号	改进结构目的、内容	零件结构改进前后对比	
		改进前	改进后
1	有利于自动给料，零件原来不对称部分改为对称	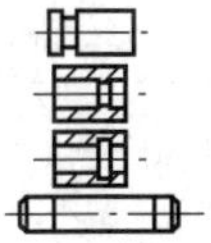	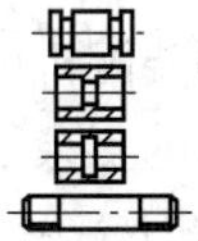
2	有利于自动给料，为避免镶嵌，带有通槽的零件宜将槽的位置错开，或使槽的宽度小于工件的壁厚	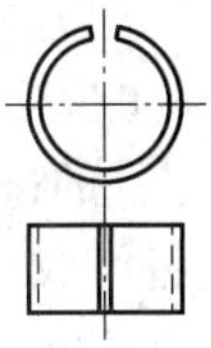	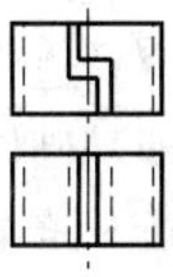
3	有利于自动给料，为防止发生镶嵌，带有内外锥度的零件，使内外锥度不等，以免发生卡死	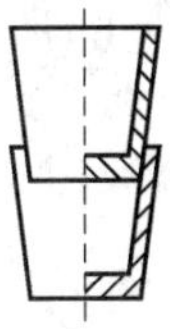	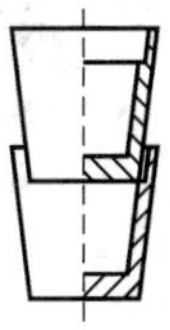
4	有利于自动传送，将零件的端面改为球面，使其在传动中易于定向	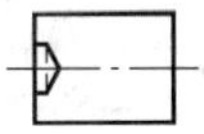	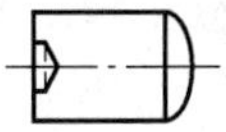
5	有利于自动传送，将圆柱形零件一端加工出装夹面		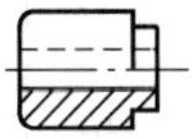
6	有利于自动装配作业中识别，在小孔径端切槽	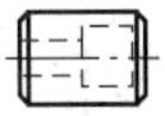	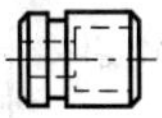
7	有利于自动装配作业，将轴的一端定位平面改为环形槽，以简化装配	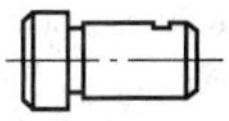	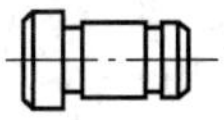
8	有利于自动装配作业，简化装配，将轴的一端滚花，做成过盈配合，比光轴装入再用紧固螺钉好	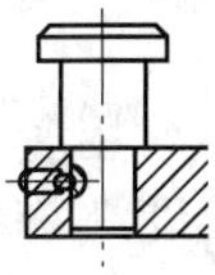	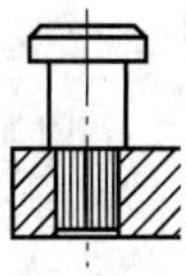

续表

序号	改进结构目的、内容	零件结构改进前后对比	
		改进前	改进后
9	减少工件翻转，尽量统一装配方向		

▶▶▶ 6.8.3 自动装配机 ▶▶▶

自动装配机可分为单工位装配机、多工位装配机和非同步装配线(机)三大类，可根据装配产品的复杂程度和生产率的要求而定。

1. 单工位装配机

单工位装配机是指所有装配操作都可以在一个位置上完成，适用于2~3个零(部)件的装配，也容易适应零件产量的变化。单工位装配机比较适用于在基础件的上方定位并进行装配操作，即基础件布置好后，另一个零件的进料和装配也在同一台设备上完成。图6-26为单工位装配机布置简图，它由通用设备组成，包括振动料斗、螺钉自动拧入装置等。单工位装配机要与随行夹具配合使用。单工位装配机的设计布置和操作顺序如图6-27所示，图6-27(a)所示为装配位置，图6-27(b)所示为已完成装配零件的顶出。

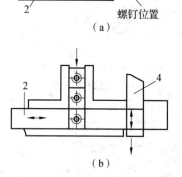

（a）

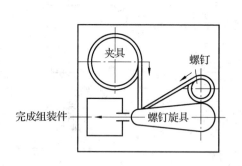

图6-26 单工位装配机布置简图

1—出料轨道；2—滑板；3—挡块；4—起出器。
图6-27 单工位装配机的设计布置和操作顺序
（a）装配位置；（b）零件的顶出

2. 多工位装配机

对有3个以上零(部)件的产品通常用多工位装配机进行装配，设备上的许多装配操作必须由各个工位分别承担，这就需要设置工件传送系统。按传送系统形式要求，可选用回转型、直进型或环行型布置形式。

1）回转型自动装配机

回转型自动装配机适用于很多轻、小型零件的装配。为适应供料和装配机构的不同，有几种结构形式。它们都只需在上料工位将工件进行一次定位夹紧，结构紧凑、节拍短、定位精度高，但供料和装配机构的布置受地点和空间的限制，可安排的工位数目也较少，如图6-28所示。

2）直进型自动装配机

直进型自动装配机是一种装配基础件或随行夹具在推杆步伐式或链式传送装置上进行直线或环行传送的装配机，装配工位沿直线排列。图6-29和图6-30所示分别为垂直型夹具升降返回和水平型夹具水平返回的直进型自动装配机。

3）环行型自动装配机

环行型自动装配机的装配对象沿水平环行传送，各工位环行配列，无大量空夹具返回。图6-31所示为矩形平面环行型自动装配机。

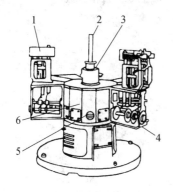
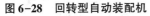

1—支座；2—中心提升轴；3—传动器分度台；
4—凸轮传动机构；5—中心传送机构；6—法兰面。

图6-28　回转型自动装配机

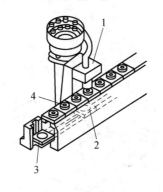

1—工作头；2—返回空夹具；
3—夹具返回起始位置；4—装配基础件。

图6-29　垂直型夹具升降返回的
直进型自动装配机

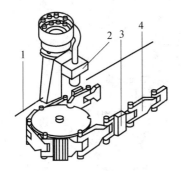

1—工作头安装台面；2—工作头；
3—夹具安装板；4—链板。

图6-30　水平型夹具水平返回的
直进型自动装配机

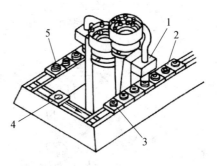

1—工作头；2—随行夹具；3—装配基础件；
4—空夹具返回；5—装配成品。

图6-31　矩形平面环行型自动装配机

除此之外，还有很多其他形式可以满足不同装配对象的需要。具有代表性的自动装配机形式有回转工作台式、中央立柱式、立轴式(转台式)等。

3. 非同步装配线(机)

非同步装配线(机)由连续运转的传送链来传送浮动连接的随行夹具，以实现装配工位间的柔性连接。常用的有直进型上下轨道的非同步装配线、直进型水平轨道的非同步装配机和环形轨道的双链非同步传送装配线。

直进型上下轨道的非同步装配线如图6-32所示。

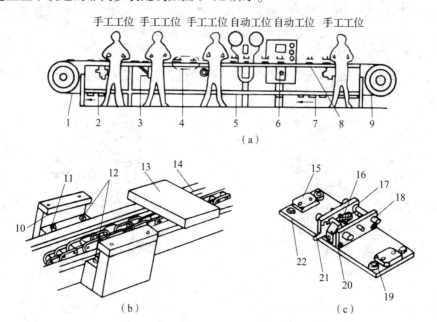

1—张紧道；2，7—空随行夹具；3—手动停止；4—浮动夹具；5—下轨道；6—自动停止；8—上轨道；
9—浮动端；10—定位基础；11—顶杆；12—定位销；13—夹具；14—导轨面；15—定位基础；
16—离合器钢带；17—滚轮；18—制动杆；19—定位孔；20—侧板；21—凸板；22—支座。

图6-32　直进型上下轨道的非同步装配线

(a)装配线的布置；(b)工位上的定位；(c)随行夹具结构

直进型水平轨道的非同步装配机如图6-33所示。

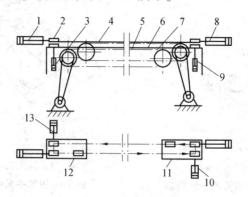

1，3，8，9，10，13—气缸；2—随行夹具；4—上导轨；5—传送链；6—下导轨；
7—回送链；11—降台；12—升台。

图6-33　直进型水平轨道的非同步装配机

环形轨道的双链非同步传送装配机如图 6-34 所示。

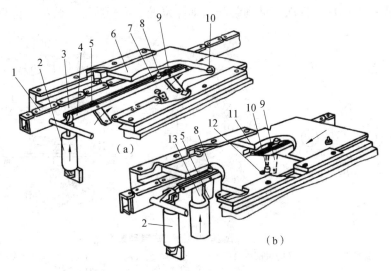

（a）

（b）

1—传送链；2—制动液压缸；3—槽钢；4—联动杆；5，9—摇臂；6，11—随行夹具；
7，12—行程开关；8，10—销子；13—菱形销。

图 6-34　环行轨道的双链非同步传送装配机

（a）I 型；（b）II 型

▶▶▶| 6.8.4　自动装配线 ▶▶ ▶

1. 自动装配线的基本形式及特点

如果产品或部件比较复杂，在一台装配机上不能完成全部装配工作，或由于生产原因（如装配节拍、装配件分类等），需要在几台装配机上完成时，就需将装配机组合形成自动装配线。自动装配线的基本特征是：在装配工位上，将各种装配件装配到装配基础件上去，完成一个部件或一台产品的装配。按形式和装配基础件的移动情况可分为以下两类。

（1）装配基础件移动式自动装配线，如图 6-35 所示。图中装配基础件依次移动到各个装配工位，与此相适应，装配件的给料装置出口即在装配工位上，这样，装配件依次在相应的装配工位上装配到装配基础件上去。

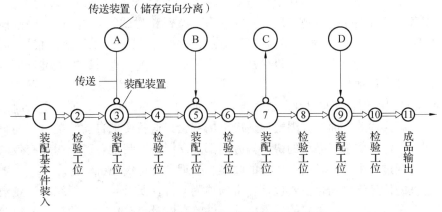

图 6-35　装配基础件移动式自动装配线

（2）装配基础件固定式自动装配线，如图6-36所示。装配基础件固定，各个装配件移动，并按照装配顺序，依次移动到装配基础件位置上进行装配，装配工位只有一个。

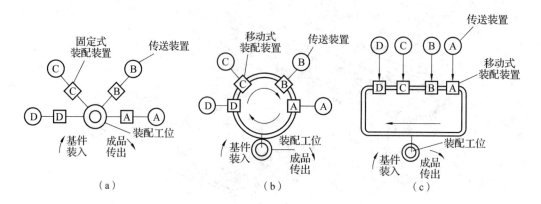

图6-36 装配基础件固定式自动装配线
（a）装配件位置固定；（b）装配件沿环行传送装置移动；（c）装配件沿框形传送装置移动

这两种自动装配线的形式有所不同，两者相比较，前一种形式应用较为广泛。

2. 自动装配系统

1）组成

自动装配系统包括装配过程的物流自动化、装配作业自动化和信息流自动化等子系统。

（1）装配过程的物流自动化。在装配工艺过程中，运储系统要实现自动化。在运储系统带动下，物料通过一系列的工作区朝着一个方向高速运动。物流系统作用一般包括产品及装配零（部）件出入库、运输和储存，主要设备是自动化立体仓库、堆垛起重机、自动导向小车和搬运机器人等。

（2）装配作业自动化。在拟订自动装配工艺时，既应保证装配作业实现自动化，又应保证装配过程的可靠性。任何装配工作本质上都是简单的拾-放运动，即把一个零件抓起来，装到另一个零件上。但在这个简单运动中，却会有数个明显不同的动作，即定位、抓取、拾取、移动、放置、配合和反馈。

自动装配工序的概念是在确定的工位上完成装配对象的连接动作，每个工位上的动作都有独自的特点，工序之间由传送机构连接起来。自动装配工序包括：装配工序（又可分为安装工序和固定工序）；检测工序（包括检验、检查和测试等）；调整工序；辅助工序（清洗、去毛刺、打标记、上油、分选、压入密封件等）；机械加工工序。根据具体情况，在自动装配设备上对特定零件进行机械加工，而后进行装配，也可以在安装和固定后，对一个或几个零件进行加工。

（3）装配过程的信息流自动化。装配是生产过程的最后阶段，必须在交货时间、批量大小、产品更新换代等方面最大限度地适应市场变化，这就要求自动装配过程与自动化仓库存取与调度零件的数量、品种的协调等方面都建立严格的装配生产组织和有效的技术管理措施，使装配过程中的各种信息数据的收集、处理和传送实现自动化。

装配过程的信息流自动化主要包括：市场预测、订货要求与生产组织间信息数据的汇集、处理和传送自动化；加工好的零件、外购件的存取及自动化仓库的配套发放等管理信息自动化；自动装配机（线）与自动运输、装卸机器人及自动仓库工作协调的信息流自动化；装配过程中的监测、统计、检查和计划调度的信息流自动化。

上述各种装配信息流的自动化，可以采用多级计算机和自动监测装置、建立数据库和自动的信息系统等手段来实现，简单的自动装配系统也可以采用人机对话形式实现。

2）分类

按主机的适用性，自动装配系统可分为两大类：一类是根据特定产品制造的专用自动装配系统或专用自动装配线；另一类是具有一定柔性范围的程序控制的自动装配系统。

专用自动装配系统通常由一个或多个工位组成，各工位设计以装配机整体性能为依据，结合产品的结构复杂程度，确定其内容和数量。

（1）多工位自动装配系统。其有两种结构形式。

a. 固定顺序作业式自动装配系统。它适应传统式的单一品种、大批量生产。

b. 利用装配机器人进行顺序作业的自动装配系统。装配机器人实际上是具有可编程序功能的装配工具，在作业线上只起到与普通单一功能装配工具的相同作用。它没有更换零件的供给装置，不能适应多品种的变换。可通过操作位置编程来发挥装配机器人的作用，实现对同种零件不同位置的安装，如拧紧螺钉；还可通过编程控制，实现将平面托盘上不同位置的零件安装到同一位置的基础件上。

（2）单工位自动装配系统。传统的单工位装配机能进行3个以下零件的产品装配，但利用装配机器人可在一处装配具有许多零件的产品。

a. 独立型自动装配系统。这种系统配备一台装配机器人，在一处完成全部装配作业，可装配直接供给机器的许多零件。

b. 装配中心。装配中心配置多台固定式装配机器人或具有快速更换装配工具系统，采用具有料斗作用的零件托盘，成套地向机器提供大量的多种零件。

c. 具有坐标型装配机器人的自动装配系统。这是一种较灵活的系统，配备 X-Y 坐标型机器人，进行简单对话式程序设计，关键零件靠托盘供应，定位精度可达 0.01 mm。它既可作为一个独立的系统使用，也可作为柔性装配系统中一个或几个独立的装配设备使用，广泛用于批量生产中结构不同的产品装配。

以上自动装配系统适应一种产品的装配，许多设施是刚性的，不适于产品的更换。

▶▶▶ 6.8.5　柔性装配系统 ▶▶▶

制造系统主要发展方向是多品种、小批量生产的自动化生产。因此，面向多品种、小批量的装配自动化系统就成为制造自动化的主要研究方向之一。面向多品种、小批量生产的装配自动化系统应能够适应产品的频繁更换，由于批量小，不适合采用流水作业的装配工艺，因此这种系统应具有足够大的柔性，常称为柔性装配系统。这种系统的主要特点是装备有由计算机控制的、可以方便修改装配动作的装配机器人。

装配机器人事实上是用计算机控制的机械手臂，可以灵活地在空间做各种运动。机械手应动作灵活、具有一定活动空间，且具有一定的承载能力和有较高的定位精度。为了提高定位精度，有的装配机器人还配置有检测装置，具有反馈控制功能。图 6-37 所示为其装配机器人的工作情况。这个装配机器人有两个机械手，可以完成轴孔类零件的装配工作。为了保证轴孔装配的顺利进行，主机械手配有触觉传感器。

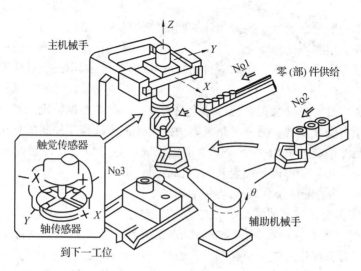

图 6-37　某装配机器人的工作情况

柔性自动装配系统一般是由装配机器人构成的自动化系统。除装配机器人外，它还包括总控部分、工具库、夹具及辅具、自动供料系统和成品输送系统等。图 6-38 所示为某柔性自动装配系统的组成。

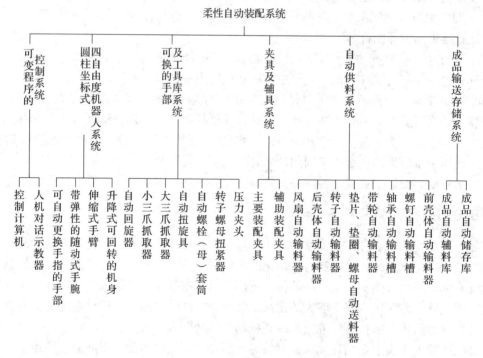

图 6-38　某柔性自动装配系统的组成

由于采用了装配机器人，可以通过改变控制程序方便地变更机械手的动作，因此系统具有很强的适应性，可以满足多品种、小批量自动装配的要求。

柔性自动装配系统的发展方向是研制智能型装配系统，这种系统具有自学功能，可以采用示教的方式方便地更改机械手的动作顺序和动作范围。这种系统具有视觉和触觉功能，根据视觉和触觉功能，再加上判断和决策能力，机械手的动作可以跟视觉系统协调起来，由视觉指挥动作。

 本章知识小结

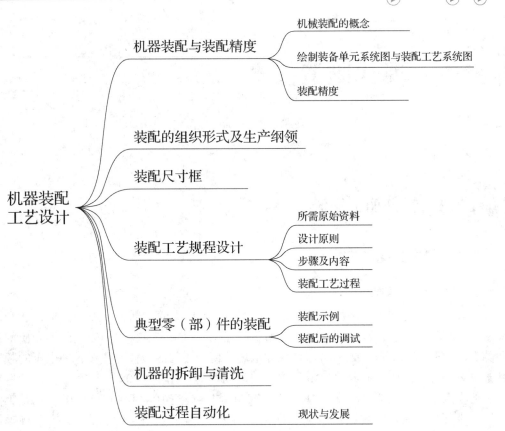

 习题

6-1　简述机械装配的技术准备工作及一般工艺原则。

6-2　简述机械装配的概念，并给出绘制装配单元系统图与工艺系统图的步骤及方法。

6-3　简述装配精度的基本概念及影响因素。

6-4　装配的组织形式、生产纲领及工艺特点有哪些？

6-5　列举出保证装配精度的装配方法。

6-6　简述装配工艺规程的设计原则及工艺过程的一般步骤。

6-7　简述机器拆卸的一般规则和要求，以及常用零(部)件的拆卸方法。

第7章
现代制造技术

 7.1 特种加工方法

▶▶|**7.1.1 电火花加工** ▶▶▶ ▶

1. 电火花加工的原理

电火花加工是利用脉冲放电对导电材料的腐蚀作用去除材料，以满足一定形状和尺寸要求的一种加工方法，其原理如图7-1所示。在工具电极和工件之间充满液体介质的很小间隙上（一般为0.01～0.02 mm）施加脉冲电压，使两极间的液体介质按脉冲电压的频率不断被电离击穿，产生脉冲放电。由于放电的时间极短（一般为10^{-8}～10^{-6} s），且发生在放电区的小点上，所以能量高度集中，使放电区的温度高达10 000～12 000 ℃，于是工件上的这一小部分金属材料被迅速熔化和汽化。由于熔化和汽化的速度很高，故带有爆炸性质。在爆炸力的作用下，将熔化了的金属迅速抛出，被液体介质冷却、凝固并从间隙中冲走。每次放电后，在工件表面上形成一个小圆坑，放电过程多次重复进行。随着工具电极不断进给，材料逐渐被蚀除，工具电极的轮廓形状即可精确地复印在工件上，达到加工的目的。

电火花加工必须采用脉冲电源，以便在每次脉冲间隔内让电极冷却，工作液恢复绝缘状态，使下一次放电能在两极间另一凸点处进行。

在电火花加工过程中，不仅工件电极被蚀除，工具电极也同样遭到蚀除。但两极的蚀除量不一样。因此，在加工过程中要根据具体条件合理选择极性，将工件接在蚀除量大的一极，工具接在蚀除量小的一极。在一般情况下，当直流脉冲电源为高频时，工件接正极；电源为低频时，工件接负极；当用钢材作工具电极时，工件一般接负极。

电火花加工在专用的电火花加工机床上进行。常用的工作液有煤油、去离子水、乳化液等。

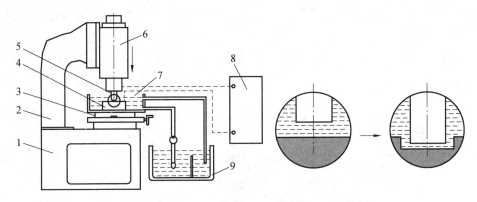

1—床身；2—立柱；3—工作台；4—工件电极；5—工具电极；
6—进给机构及间隙调节器；7—工作液；8—脉冲电源；9—工作液箱。

图 7-1 电火花加工原理示意图

2. 电火花加工的特点和应用

电火花加工具有以下特点。

(1)可以加工任何硬、脆、韧、软、高熔点的导电材料。此外，在一定条件下，还可以加工半导体材料及非导电材料。

(2)加工时无切削力，有利于小孔、薄壁、空槽及各种复杂截面的型孔、曲线孔、型腔等零件的加工，也适用于精密细微加工。

(3)当脉冲宽度不大时，对整个工件而言，几乎不受热的影响。因此，可以减小热影响层，提高加工后的表面质量，也适用于加工热敏感很强的材料。

(4)脉冲参数可以任意调节，可以在同一台机床上连续进行粗加工、半精加工、精加工。精加工时精度为 0.005 mm，表面粗糙度为 Ra 0.8；精微加工时精度可达 0.002 ~ 0.001 mm，表面粗糙度为 Ra 0.05 ~ Ra 0.1。

(5)直接使用电能加工，便于实现自动化。

电火花加工主要应用在以下场景。

(1)穿孔加工，可以进行型孔(圆孔、方孔、条边孔、异形孔)、曲线孔(弯孔、螺纹孔)、小孔、微孔等的加工，如落料模、复合模、级进模、喷丝孔等。

(2)型腔加工，可以进行锻模、压铸模、挤压模、胶木模及整体式叶轮、叶片等曲面零件的加工。

(3)线电极切割(简称线切割)，可以进行切断、切割各类复杂型孔，如冲裁模、样板、各种形状复杂的板状细小零件、窄缝和工具等加工。

▶▶▶ 7.1.2 电解加工 ▶▶▶

1. 电解加工的原理

电解加工，是利用金属在电解液中产生阳极溶解的电化学原理，对工件进行成型加工的一种方法，其原理如图 7-2 所示。工件接直流电源正极，工具接负极，两极之间保持狭小间隙(0.1 ~ 0.8 mm)，具有一定压力(0.5 ~ 2.5 MPa)的电解液从两极间隙中高速(5 ~ 60 m/s)流过。当工具电极向工件不断进给时，在工件表面上，金属材料按工具电极型面的形状不断溶解，电解产物被高速电解液带走，于是工具的形状就相应地"复印"在工件上，从而达到成型加工的目的。

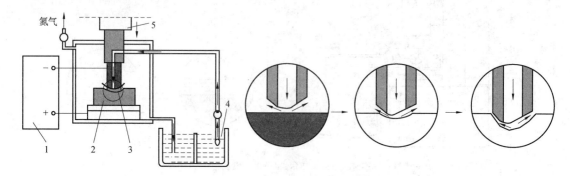

1—直流电源；2—工件；3—工具电极；4—电解液；5—进给机构。

图 7-2 电解加工原理示意图

2. 电解加工的特点和应用

电解加工具有以下特点：

（1）采用低的工作电压（6~24 V），大电流（500~20 000 A）；

（2）能以简单的进给运动一次加工出形状复杂的型面或型腔（如锻模、叶片等）；

（3）可加工高硬度、高强度和高韧性等难切削的金属材料（如淬火钢、高温合金、钛合金等）；

（4）生产率较高，为电火花加工的 5~10 倍甚至以上，在某些情况下比切削加工的生产率还高；

（5）加工中无机械切削力或切削热，因此适用于易变形或薄壁零件的加工；

（6）加工精度不太高，平均精度为±0.1 mm；

（7）附属设备较多、造价昂贵、占地面积大，电解液腐蚀机床，且容易污染环境。

电解加工主要用于加工型孔、型腔、复杂型面、深小孔、套料、膛线等。

▶▶▶ **7.1.3 激光加工** ▶▶▶ ▶

1. 激光加工的原理

激光是一种亮度高、方向性好、单色好的相干光。由于激光发散角小和单色性好，在理论上可聚焦到尺寸与光的波长相近的小斑点上，加之亮度高，因此其焦点处的功率密度可达 $10^7 \sim 10^{11}$ W/cm²，温度可高至 10^4℃左右。在此高温下，任何坚硬的材料都将瞬时急剧熔化和蒸发，并产生强烈的冲击波使熔化物质被爆炸式地喷射去除。激光加工就是利用这种原理进行打孔、切割的。

图 7-3 是固体激光器加工原理示意图。当激光工作物质受到光泵（即激励脉冲氙灯）的激发后，吸收特定波长的光，在一定条件下可形成工作物质中亚稳态粒子数大于低能级粒子数的状态，这种现象称为粒子数反转。此时，一旦有少量激发粒子产生受激辐射跃迁，就会产生光放大，并通过谐振腔中的全反射镜和部分反射镜的反馈作用产生振荡，由谐振腔一端输出激光。通过透镜将激光束聚焦到工件的加工表面上，即可对工件进行加工。常用的固体激光工作物质有红宝石、钕玻璃和掺钕钇铝石榴石等。

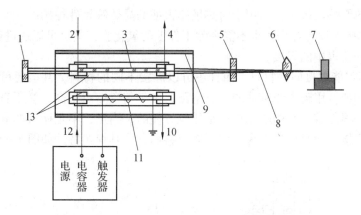

1—全反射镜；2，4，10，12—冷却水；3—工作物质；5—部分反射镜；
6—透镜；7—工件；8—激光束；9—聚光器；11—光泵；13—玻璃管。

图 7-3 固体激光器加工原理示意图

2. 激光加工的特点和应用

激光加工具有以下特点。

(1)几乎所有的金属材料和非金属材料都可以用激光来打孔。特别是对坚硬材料可进行微小孔加工(如 $\phi 0.01 \sim \phi 1$ mm)，孔的深径比可达 $50 \sim 100$。也可加工异形孔。

采用激光可对许多材料进行高效的切割加工。切割速度一般超过机械切割。对金属材料的切割厚度可达 10 mm 以上，对非金属材料的切割厚度可达几十毫米。切缝宽度一般为 $0.1 \sim 0.5$ mm。

(2)打孔速度极高，打一个孔只需 0.001 s，易于实现自动化生产和流水作业，同时热变形很小。

(3)可通过空气、惰性气体或光学透明介质进行加工。

激光加工可用于金刚石拉丝模，钟表宝石轴承，陶瓷、玻璃等非金属材料，硬质合金、不锈钢等金属材料的小孔加工和多种金属材料的切割或成型切割加工。

▶▶▶| 7.1.4 激光焊接 ▶▶▶▶

1. 激光焊接的原理

激光焊接与激光打孔的原理略有不同，焊接时不需要那么高的能量密度使工件材料汽化蚀除，而只要将工件的加工区烧熔使其黏合在一起。因此，激光焊接所需要的能量密度较低，通常可通过减少激光输出功率来实现。如果加工区域不需要限制在微米级的小范围内，也可通过调节焦点位置来减小工件被加工点的能量密度。

脉冲输出的红宝石激光器和钕玻璃激光器适用于点焊，而连续输出的二氧化碳激光器和 YAG 激光器适用于缝焊。此外，氩离子激光器用于集成电路的引线焊接效果也相当好。因为它的波长是 488 nm 的蓝色可见光，便于观察调节。

2. 激光焊接的特点和应用

激光焊接具有以下特点。

(1)激光照射时间短，焊接过程极为迅速。它不仅有利于提高生产率，而且被焊接材料不易氧化，热影响区极小，适用于对热敏感很强的晶体管元件焊接。

（2）激光焊接既没有焊渣，也不需去除工件上的氧化膜，甚至可以透过玻璃进行焊接，适用于微型精密仪表中的焊接。

（3）激光不仅能焊接同种材料，而且还可以焊接不同的材料，甚至还可以焊接金属与非金属材料。例如：用陶瓷作基体的集成电路，由于陶瓷熔点很高，又不宜施加压力，采用其他焊接方法很困难，而用激光焊接是比较方便的。当然，不是所有的异种材料都能很好地进行激光焊接，而是有难有易。就金属材料而言，其焊接特性如图7-4所示。

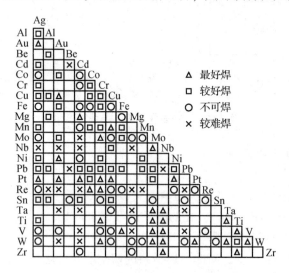

图7-4　金属材料的焊接特性

激光焊接这一新兴的加工技术，凭着自身的优点，改变了过去的生产方式，使生产效率大幅提高。

▶▶▶ 7.1.5　激光热处理 ▶▶▶

1. 激光热处理的原理

激光热处理的过程是用激光束扫射零件表面，其红外光能量被零件表面吸收而迅速形成极高的温度，使金属产生相变甚至熔融。随着激光束离开零件表面，零件表面的热量迅速向内部传递而形成极高的冷却速度。作为表面相变硬化，只需加热到金属的临界点以上，而激光合金化则要求表面有熔融状态层。所以，激光热处理实际上只是一种表面处理技术。

2. 激光热处理的特点和应用

激光热处理与火焰淬火、感应淬火等成熟工艺相比具有以下优点。

（1）加热快。0.5 s 内可以将工件表面从室温加热到临界点以上，因而热影响区小，工件变形小，热处理后不需要修磨，只需要精磨。

（2）由于激光束传递方便，便于控制，因此可以对形状复杂的零件或局部进行处理，如盲孔底部、深孔内壁、小槽等。

（3）加热点小，散热快，形成自淬火，不需要冷却介质。不仅节约能源，而且工作环境清洁。

但是激光热处理也有其缺点，例如：硬化层较浅，一般小于 1 mm；它还只是一种表面处理方法；在目前的情况下，设备投资和维护费用较高。因此，采用激光热处理必须选准待处理的零件。

根据激光的功率密度和作用时间的不同，目前已研究的激光热处理技术有表面相变硬化、表面合金化、表面非晶态化、激光"上亮"和表面冲击硬化等。

▶▶▶ 7.1.6　超声波加工 ▶▶▶ ▶

1. 超声波加工的原理

超声波加工是利用超声频振动(16~30 kHz)的工具冲击磨料对工件进行加工的一种方法，其加工原理如图7-5所示。加工时，工具以一定的静压力 P 压在工件上，加工区域送入磨粒悬浮液。超声波发生器产生超声频电振荡，通过超声换能器将其转变为超声频机械振动，借助于振幅扩大棒把振动位移放大，驱动工具振动。材料的碎除主要靠工具端部的振动，直接锤击处在被加工材料表面上的磨料，通过磨料的作用把加工区域的材料表面粉碎成很细的微粒，从材料上碎除下来。由于磨料悬浮液的循环流动，磨料不断更新，并带走被粉碎下来的材料微粒，工具逐渐伸入材料中，工具形状便复现在工件上。工具材料常用不淬火的45钢，磨料常用碳化硼或碳化硅、氧化铝、金刚砂粉等。

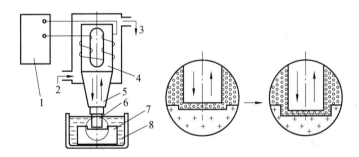

1—超声波发生器；2，3—冷却水；4—振幅扩大棒；5—换能器；6—工具；7—工件；8—磨料悬浮液。

图7-5　超声波加工原理示意图

2. 超声波加工的特点和应用

超声波加工适用于加工各种硬脆材料，尤其是电火花加工和电解加工无法加工的不导电材料和半导体材料，如玻璃、陶瓷、半导体、宝石、金刚石等；对硬质的金属材料，如淬硬钢、硬质合金等虽可进行加工，但效率低。

超声波能获得较好的加工质量，一般尺寸精度可达 0.05~0.01 mm，表面粗糙度为 $Ra\,0.1 \sim Ra\,0.4$ mm。它适宜加工各种型孔、型腔，也可以进行套料、切割和雕刻等。

在加工难切削材料时，常将超声波加工与其他加工方法配合进行复合加工，如超声车削、超声磨削、超声电解、超声线切割等，对提高生产率、减小表面粗糙度值都有较好的效果。

▶▶▶ 7.1.7　其他特种加工 ▶▶▶ ▶

1. 电子束加工

电子束加工原理如图7-6所示。电子枪射出高速运动的电子束，经电磁透镜聚焦后轰击工件表面。在轰击处形成局部高温，使材料瞬时熔化、汽化，喷射去除。电磁透镜实质上只是一个通直流电流的多匝线圈，其作用与光学玻璃透镜相似。当线圈通过电流后形成磁场，利用磁场力作用使电子束聚焦。偏转器也是一个多匝线圈，当通不同的交变电流时，产生不同的磁场，可迫使电子束按照加工的需要作相应的偏转。

利用电子束可加工特硬、难熔的金属与非金属材料，穿孔的孔径可小至几微米。由于电子束加工是在真空中进行的，所以可防止被加工零件受到污染和氧化。但由于需要高真空和高电压的条件，且需要防止 X 射线逸出，设备较复杂，因此多用于微细加工和焊接等方面。

2. 离子束加工

离子束加工被认为是最有前途的超精密加工和微细加工方法。这种加工方法是利用氩（Ar）离子或其他带有 10 keV 数量级动能的惰性气体离子，在电场中加速后，高速轰击工件表面而进行加工。图 7-7 为离子束加工原理示意图。惰性气体由入口注入电离室，灼热的灯丝发射电子，电子在阳极的吸引和电磁线圈的偏转作用下，高速向下螺旋运动。惰性气体在高速电子撞击下被电离为离子。阳极与阴极各有数百个直径为 0.3 mm 的小孔，上下位置对齐，形成数百条离子束，均匀分布在直径为 50 mm 的圆上。调整加速电压，可以得到不同速度的离子束，实施不同的加工。

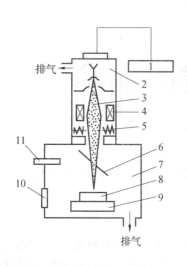

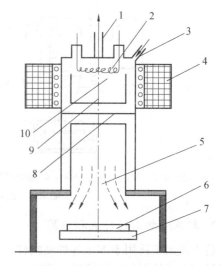

1—加速高压源；2—电子枪；3—电子束；4—电磁透镜；
5—偏转器；6—反射镜；7—加工室；8—工件；
9—工作台及驱动系统；10—窗口；11—观察系统。

图 7-6　电子束加工原理示意图

1—真空抽气口；2—灯丝；3—惰性气体注入口；
4—电磁线圈；5—离子束流；6—工件；7，8—阴极；
9—阳极；10—电离室。

图 7-7　离子束加工原理示意图

根据用途不同，离子束加工可以分为离子束溅射去除加工、离子束溅射镀膜加工及离子束溅射注入加工。

离子束加工是一种很有价值的超精密加工方法，它不会像电子束加工那样产生热并引起加工表面的变形，并可以达到 0.01 μm 的机械分辨率。目前，离子束加工尚处于不断发展中，在高能离子发生器，以及离子束的均匀性、稳定性和微细度等方面都有待于进一步研究。

7.2 CAD/CAM 集成

7.2.1 CAD/CAM 集成的概念

1. 典型的产品设计与制造过程

为了搞清 CAD/CAM 集成的内容，让我们先来看一个产品在常规设计与制造环境中，从设计开始一直到产品最后出厂的每个环节，图7-8 表示了这个过程。

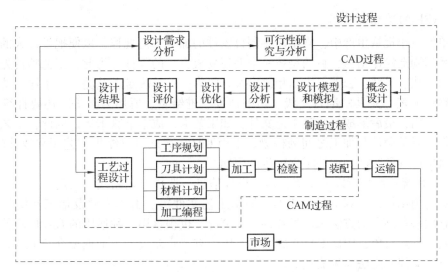

图7-8 典型的产品设计与制造过程

从图7-8 可知，整个过程可分为设计与制造两大部分。设计过程中，除了需求分析及可行性研究与分析这两个环节很难用计算机实现外，其余从概念设计到设计结果都可用计算机实现，从而构成了 CAD 过程。制造过程是指从工艺过程设计开始，经产品装配直到进入市场为止。在这个过程中，工艺过程设计是基础，因为它决定了工序规划、刀具计划、材料计划，以及采用数控机床时的加工编程等，然后进行加工、检验及装配。从工艺过程设计到装配的一系列环节同样也可以用计算机实现，由此构成了广义的 CAM 过程。在 CAM 过程中主要包括两类软件，一类叫计算机辅助工艺规程设计（Computer-Aided Process Planning，CAPP），另一类叫数控编程（Numerical Control Programming，NCP）。此外，还有用于检验的软件，以及用于装配的机器人编程及仿真软件等。

上述两个过程的计算机化，促进了设计与制造自动化的程度。自动化程度的进一步提高，则有赖于这两个过程的进一步集成，并由此奠定了现代计算机集成制造系统（Computer Integrated Manufacturing System，CIMS）的基础。

2. CAD/CAM 集成的内容和概念

1）CAD/CAM 集成的内容

通常所说的 CAD/CAM 集成，就信息而言，实际上是指设计与制造过程中 3 个主要环节的软件集成，即 CAD、CAPP 和 NCP。

2）CAD/CAM 集成的概念

从信息角度看，所谓集成是指在 CAD、CAPP 和 NCP 各模块间信息的提取、交换、共享和处理的集成，即信息流的整体集成。实现这种集成需具备两个基本要素。

（1）CAD 系统能提供完备的、统一的、符合某种标准的产品信息模型，使 CAPP 及 NCP 环节能从该模型中获取所需信息，并最终将 CAD 模型转换成制造模型。

（2）CAD/CAM 各模块间应能通畅地进行数据的传递与交换，交换方式可以是专用的数据接口，或符合某种规范的格式文件或数据库。

▶▶▶ 7.2.2 CAD/CAPP 集成 ▶▶▶ ▶

1. CAPP 的功能与作用

在单件、小批量生产中，常常需要制订零件的加工工艺规程，以便把设计成的零件图变成一系列制造操作指令，目的是将一个毛坯变成真正的零件。为此，工艺师首先要了解该零件的形状、尺寸、公差、表面粗糙度及材料等，然后决定工艺路线、工序，选择加工机床，确定毛坯、夹具、走刀路线、切削速度、进给量、所用刀具等。还要计算工时定额、加工费用，最后形成一系列工艺文件，如工艺卡、成本估算卡等。因此，工艺规程设计可看作是联系设计与加工之间的桥梁。采用 CAPP 无疑可以缩短工艺规程设计的时间，从而缩短生产准备时间，加快零件的生产周期。

CAPP 系统一般具有以下功能：输入设计信息，选择工艺路线，决定工序、机床、刀具，决定切削用量，估算工时与成本，输出工艺文件等。由于零件及加工环境的千差万别，很难用一种固定的方法来对付各种加工情况，也很难用一种通用的 CAPP 软件来满足各不相同的制造对象，因此 CAPP 软件的实用化有一定难度。下面简要介绍 CAPP 中常用的两种方法，即派生法与生成法。

2. 派生式 CAPP

派生法（Variant Approach，亦称样件法）是建立在成组技术基础上，首先把尺寸、形状、工艺相近似的零件组成一个零件族，对每个零件族设计一个主样件，主样件的形状应能覆盖族中零件的所有特征，因而也最为复杂。然后对每个零件族的主样件制订一个最优的工艺规程，并以文件形式存放在计算机中。当要制订某一零件的工艺规程时，输入此零件编码及有关几何和工艺参数，经分类识别找到此零件所属的族，调出该族的主样件工艺文件，进行交互编辑修改，形成新的工艺规程，或输出工艺卡供制造部门使用，或将信息存储起来供 NCP 使用。图 7-9 表示了派生式 CAPP 系统的工作过程。

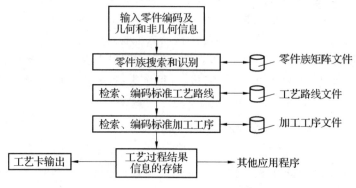

图 7-9　派生式 CAPP 系统的工作过程

3. 生成式 CAPP

生成法(Generative Approach)是一种自动进行工艺设计的方法,一般不需要人的干预,只要用户输入零件的几何信息及有关的工艺加工信息,计算机通过搜索及逻辑决策,就能自动制订出工艺规程。它不需要派生法中的主样件工艺文件,能对随机的零件制订出新的工艺规程。

生成式 CAPP 系统中决定加工工序时采用两种规划方法:一种是正向规划,即从毛坯开始,去除要加工的形体,达到最终的零件状态;另一种是反向规划,即从最终零件状态开始,达到毛坯状态,如这时的钻孔应看成是填孔。这两种方法会对系统结构产生很大影响。正向规划中每一步所得的结果是下一步工作的条件,因此有时开始的条件选择不当,就会影响往后的工作;而反向规划是把零件最终状态作为初始条件,这个条件一般是准确的,不至于影响以后的工作。

生成式 CAPP 系统主要依靠逻辑决策进行工艺设计。常见的 3 种逻辑决策方式为决策树、决策表和专家系统技术,此外还需要一个数据库,库中存放各种加工方法、加工能力、机床、刀具、切削用量等有关数据。当向系统输入零件信息后,首先分析组成零件的各种几何特征,然后从数据库中找出与这些特征相对应的加工方法、加工顺序及加工参数等,通过逻辑决策模仿工艺师的决策过程,自动生成这个零件的工艺路线及工序,并输出工艺文件。图 7-10 表示了生成式 CAPP 系统的工作过程。

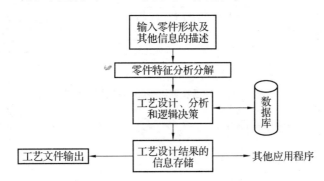

图 7-10 生成式 CAPP 系统的工作过程

4. CAD/CAPP 集成的方法

CAD/CAPP 集成的关键问题,是现有 CAD 系统输出的零件信息从几何角度来看是一些点、线、面的信息,有的有拓扑关系,有的没有,显然这些几何信息必须重新组织成 CAPP 系统感兴趣的、具有加工意义的加工特征及加工表面。此外,CAPP 系统还需要材料、表面粗糙度、尺寸公差、几何公差等非几何信息,但目前大多数 CAD 系统不能给出这些信息,时常在 CAPP 系统中用交互方式补充输入。以上原因造成了 CAD/CAPP 集成较差的局面。

对 CAD/CAPP 集成,概括起来有以下一些解决办法。

1)开发新一代特征造型系统

由于这种系统建立了完整的产品信息模型,因此不仅能输出高层次的几何特征信息,而且能输出所有非几何方面的信息,从而在根本上解决了 CAD/CAPP 集成的问题。但目前这样的系统还不成熟,相信不远的将来,当新系统实际使用时,CAD/CAPP 定将实现高水平的集成。

2）以现有实体造型系统为基础，采用不同方式实现集成

（1）在几何模型上人工定义特征。采用交互方式，由操作者拾取相应图素形成特征，并生成对应的拓扑关系，同时加入相应的工艺信息。该法形成的特征完全取决于工艺师的经验，指导规则较少，所以不同工艺师可能得出不同的结果。因此，对操作者要求较高，既要对工艺比较内行，还要能够熟练操作图形系统。由于这种方式易于实现，所以应用较广，但 CAD/CAPP 集成度较低。

（2）由计算机自动识别特征。这种方式是将实体造型后所得的零件几何模型与已定义好的规则及特征结构进行比较，抽取几何及拓扑信息，决定特征类别及特征间的关系，与此同时，加入非几何信息。目前这种方式还只能对简单零件进行特征识别，对复杂零件还需继续进行研究。

（3）在原有实体造型系统支持下的特征建模。图 7-11 表示了这种方式中的一种办法。用户利用原系统的功能，建立自己的特征库并形成特征工艺信息。造型结束后，将零件几何与拓扑信息与特征工艺信息进行信息匹配，形成 CAPP 系统所需的零件信息模型。这种方式本质上属于二次开发，节省了软件投入与开发周期，但也受原系统的限制，如特征库的建立、工艺信息的输入、几何与拓扑信息的获取等均受制于原系统是否开放。目前这种方式有许多不同的实现办法，对 CAD/CAPP 集成起了推动作用。

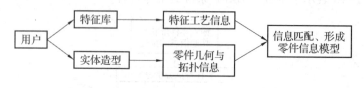

图 7-11　在原有系统支持下的特征建模

▶▶▶ 7.2.3　CAD/NCP 集成 ▶▶▶

1. 数控编程

在数控机床上加工零件时，需要将零件的图形尺寸、加工路线与工艺参数等内容转化成加工代码，再根据代码格式制成代码载体，如穿孔带、磁带等，输入机床控制器中，从而自动控制机床的加工。这种从零件图到制成代码载体的过程称为数控编程。数控编程分为手工编程与自动编程两种。

1）手工编程

所谓手工编程就是由人根据零件图样，首先进行工艺分析，在分析的基础上确定加工路线、切削用量等工艺参数；然后根据零件图样和加工路线进行数值计算；最后在分析和计算的基础上编写程序。

2）自动编程

采用手工编程，即使是一个简单零件，也必须进行一系列数值计算，还要查阅许多表格或资料以确定工艺参数，工作枯燥重复，容易出错。所谓自动编程就是用计算机来完成上面的工作。由于数控编程在历史上与 CAD 技术是两个独立发展的技术，因此在很长一段时期内采用了一种类似于高级语言的数控编程语言，来实现自动编程。后来才有采用计算机辅助图形设计的自动编程方法。再往后才提出从 CAD 系统取出所设计的零件直接进

行自动编程的方法，即 CAD/NCP 集成的编程方式。目前这3种自动编程方式都在使用。

(1)采用数控编程语言的自动编程。最著名的是 APT (Automatically Programmed Tools)语言，它用类似于英语的语句来编写程序。APT 有4类语句：第一类用来定义零件形状；第二类用来控制刀具运动；第三类用来控制机床功能，并将信息传给后处理程序，转换成加工代码；第四类是一些专门的控制指令，如循环、转移及报表输出等。APT 程序的翻译过程如图 7-12 所示。图中的处理器将 APT 程序经编译变成计算机可执行的指令，再经计算单元的数值运算，生成刀位数据(CL DATA)文件，该文件是对刀具加工轨迹的描述。但它是一个中性文件，与机床上具体的控制器类型无关，所以需进一步经后处理器处理成特定机床控制器可以接收的代码，以操纵机床进行真正的加工。

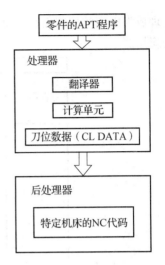

图 7-12　APT 程序的翻译过程

(2)计算机辅助图形设计的自动编程。这种方式不需要 APT 那样的语言来编程，而是采用 CAD 方法，将设计好的零件图形显示在屏幕上，由编程人员指定要加工的表面，并回答软件提出的一些问题，如对刀点、走刀方式、切削用量参数等。然后由系统进行自动编程，形成刀位数据文件或 APT 程序。再经后处理，变成机床所需的 NC 代码。一般过程如下所述。

a. 几何形状定义。采用交互图形技术在屏幕上设计零件，将所得的零件几何形状显示在屏幕上，由编程人员用标记的方法指定要加工的几何要素或表面。

b. 刀具加工轨迹的形成。先定义刀具的初始位置(对刀点)，然后选择某种走刀路线，系统就能自动确定刀具的加工轨迹，并在屏幕上动态显示。若有错误，可随时修改，最后得到刀位数据文件或 APT 程序。

c. 生成 NC 代码。上述刀位文件或 APT 程序经后处理器生成数控机床控制器所需的代码。

现在有不少 CAD/CAM 系统，其中的 CAD 与 NCP 模块可独立运行。NCP 模块与 CAD 模块处在分离状态，不可能接收来自 CAD 的任何信息。因此，往往自己具备一套图形设计与编辑的功能，靠自身的这种功能来定义零件的几何形状，但没有自动进行工艺分析的能力，需借助于人机交互输入工艺信息。

(3)从 CAD 获取信息的自动编程。NCP 所需的零件形状信息直接从 CAD 那里得到，这无疑朝着集成方向前进了一大步。但这样的集成系统在大部分情况下依然缺乏工艺分析能力，不得不靠编程人员输入所需的工艺信息。因此，这种缺乏 CAPP 功能的自动编程仍然不能做到真正的自动，只有 CAD/CAPP/NCP 集成在一起才能实现真正的自动编程。

2. CAD/NCP 集成的状况

图 7-13 表示了3种不同集成度的 CAD/NCP 系统，集成度自右至左不断提高。最右边的系统集成度最低，CAD 信息通过接口模型1送入 NCP-1，自动生成不同的 NC 子程序，接着 NC 前置处理程序对上述子程序进行编辑，产生一个完整的 NC 程序，再经后置

处理成为机床的控制信息。这类系统结构简单，技术上容易实现，目前在国内已得到较多的应用。

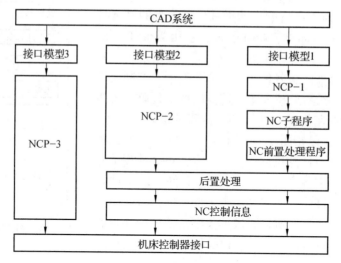

图7-13　3种不同集成度的CAD/NCP系统

图7-13 最左边的系统集成度最高，CAD 信息通过接口模型 3 送入 NCP-3，直接生成 NC 控制信息，且符合 ISO/DIN 6983—1982。该系统有以下主要功能：

(1)选择 CAD 几何元素，确定加工表面；

(2)处理技术要求；

(3)确定加工顺序；

(4)确定加工参数；

(5)生成 NC 代码；

(6)显示加工轨迹。

这个系统具备了 CAPP 的功能，是一个事实上的 CAD/CAPP/NCP 集成系统。

图7-13 中间的系统集成度居中，经 NCP-2 编制成的刀位数据文件，经后置处理得到 NC 控制信息。

▶▶▶ 7.2.4　CAPP/NCP 集成 ▶▶▶

目前 CAPP/NCP 的集成还处于研究之中。CAPP/NCP 之间的集成有两种方式：一种是在 NCP 软件中包含了 CAPP 的功能；另一种是在 CAPP 与 NCP 间设置接口，尤其当 NCP 是一个外购的商用软件，而 CAPP 是一个自行开发的软件时，采用接口方式是目前最为普遍的做法，当然，成功与否将取决于外购的 NCP 系统的开放程度。下面举例说明怎样将一个自主开发的 CAPP 系统与一个外购的 NCP 系统集成起来，如图7-14 所示。

在图7-14 中，中间是美国 CIMLINK 公司的自动编程软件 CIMCAM，它与 CAD 模块在零件几何信息方面有较好的集成，但运行所需的全部工艺信息及参数都依赖于用户的输入。尽管有很好的交互界面，用户不需编程，只要跟着界面提示一步一步往下操作，但因输入参数太多，交互次数太多，降低了自动编程的效率。为此利用这个系统的开放性，植入 3 个二次开发模块(图中标有 1、2、3)，使经过二次开发后的 CIMCAM 与 CAPP 系统连接，将原来的交互输入操作基本上改为自动进行，使编程效率大为提高。

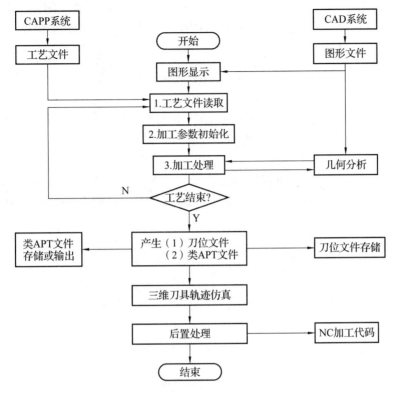

图 7-14 CAPP/NCP 集成示例

工艺文件读取模块、读入 CAPP 产生的工艺文件，包括加工工序及工艺参数等。然后对工艺文件进行分析。根据不同加工内容，进入不同分支去处理，如铣削、钻削等。

加工参数初始化模块对上述分支设定初始化参数，包括转速、进给量、对刀点等。这些初始参数原本已存在于工艺文件中，通过提取即可获得。

加工处理模块是自动编程的核心，刀具加工轨迹就在这里形成，根据不同分支的加工性质有不同的处理方法。该模块是 CIMCAM 本身具有的。几何分析模块分析零件图形，得到一些特殊参数，送给加工处理模块，以便确定加工范围。同时，还可计算一些辅助参数，用以完成刀具的自动移位、自动寻位等。

其他模块都是原来就有的，分别用来产生刀位文件及类似于 APT 语言的历史文件，进行刀具加工轨迹的三维仿真，进行后置处理，最终产生 NC 加工代码。

▶▶▶ 7.2.5 CAD/CAPP/NCP 集成的关键技术 ▶▶▶

由 7.2.2 节及 7.2.4 节的叙述可以看出，当前集成中的薄弱环节：一是 CAD/CAPP 还没有实现高水平的集成；二是 CAPP/NCP 还缺乏集成。换句话说，处在承上启下、中间位置上的 CAPP 还没能与它的头、尾在信息流上有机地连接起来。图 7-15 表示了 CAPP 应该具有的信息连接方式。

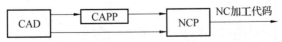

图 7-15 CAPP 应该具有的信息连接方式

目前，计算机集成制造系统（CIMS）正越来越受到人们的重视。因此，必须在这一背景下来考虑集成的需求，也就是说必须考虑 CIMS 环境下的 CAD/CAM 集成。

1. 新一代基于特征的建模技术

采用参数化特征造型作为新一代建立产品信息模型的工具，最重要的一点是，因为这种系统是以 STEP 标准所定义的产品信息模型为蓝本，建立了包括形状特征在内的不仅能满足 CAPP 及 NCP 的需要，而且能满足产品整个生命周期内各环节需要的完整的信息模型。这样，不仅使 CAD/CAPP/NCP 集成有了保障，而且可与生产管理等系统实现更大范围内的集成。

还要指出的是，新的造型系统使形状特征成为拼合的对象，因此在产品信息模型中，除了点、线、面信息外，同时还保留了高层的特征信息，这样使 CAPP 及 NCP 中对加工要素及表面的识别大大简化了。

图 7-16 为零件的信息模型。

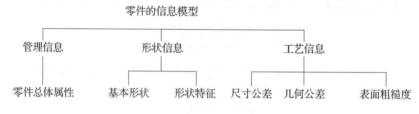

图 7-16　零件的信息模型

2. 数据交换技术

历史上各种 CAD、NCP 软件在最初开发过程中的孤岛现象，导致了它们在计算机内数据表示格式不统一，使不同系统间、不同模块间的数据交换难以进行，影响了软件的集成及其在使用中效益的发挥，不利于提高 CAD/CAM 系统的生产率，因此提出了建立某种共同遵守的数据交换规范的问题。STEP 就是这样的规范。

国际标准化组织于 1988 年公布了产品模型数据交换标准 STEP1.0（草案）。它的主要目的是要解决统一的产品模型定义问题，及解决数据交换的问题。

STEP 有 3 个主要的特点：①它支持广泛的应用领域，但对某个具体领域，如机械、电子等的规定须制订该领域的应用协议，即制订各自统一的规范逻辑子集；②它能完整表示产品数据，提供多种数据交换方式，如 STEP 文件（ASCII 码）、内存工作格式文件、数据库交换方式等；③中性机制，它独立于任何具体的系统，因此采用 STEP 有可能实现如图 7-17 所示的理想的数据交换方式。

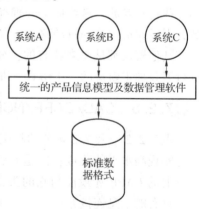

图 7-17　理想的数据交换方式

STEP 标准分四级实施，即文件交换、工作格式交换、数据库交换及知识库交换，以便提供多种数据交换的手段。

目前我国对 STEP 标准的研究与实施，作为一项高科技跟踪课题已经取得了重大进展。许多部门与单位都已采用了 STEP 的数据交换方式，

STEP 正在成为数据交换的主流标准。

3．工程数据管理技术

1）数据集成的管理环境

实现集成的重要条件之一就是必须形成一个数据集中管理的环境。为此，要求各子系统将它们的数据分为专用和共享(公用)两部分，形成如图7-18所示的结构。由于各子系统共享公用数据，消除了分属各子系统时的数据冗余，从而确保了这部分数据的一致性、安全性与保密性。

在 CAD/CAM 子系统单个工作站节点上的数据管理系统的结构，如图7-19所示。该管理系统的上层是统一的用户界面，在该节点上运行 CAD/CAM 的某个功能模块。与运行有关的各文件或数据，或者由文件管理系统处理，或者由局部 DBMS 及分布式 DBMS 处理。用户可以通过网络在分布式 DBMS 下对其他节点进行数据的访问、存储与管理。

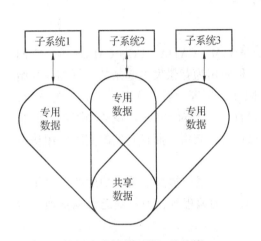

图7-18　数据管理的一种结构

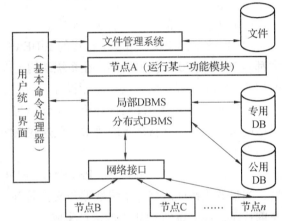

图7-19　单个节点上的数据管理系统的结构

2）CAD/CAM 中的数据

这些数据分两大类。第一类称共享数据，它们是在方案设计、工程分析、工艺设计，直到 NC 代码生成的过程中生成，属动态数据。例如：设计原始条件、方案设计各参数、产品设计的详细结果及图形信息、CAPP 获得的各种结果等。第二类称专用数据，仅供某一功能模块使用，属静态数据。例如：各种标准类数据，材料数据，切削用量，刀具、夹具、量具等数据。以上两类数据分别构成了 CAD/CAM 子系统的动态库(共享库)及静态库。

3）CAD/CAM 系统数据管理环境的开发

为了迅速形成良好的数据管理环境，一般利用已有的成熟技术，如购进一个分布式数据库管理系统(如 ORACLE)，并在现有的操作系统基础上进行以下开发。

(1)进行 CAD/CAM 静态、动态数据库的逻辑设计。为此，应遵照软件工程规范中数据分析规范的方法，分析 CAD、CAPP、NCP 各阶段的数据，确定基本数据资料，进而确定各有关实体类数据及其属性，以及它们间的联系，由此整理出各种二维线性表及其关系作为建库内容。

(2)进行用户界面开发。例如，利用现有数据库管理系统的资源，开发一个共享数据

库的交互式操作界面。在区别用户优先级的基础上，为不同级别的用户提供简单易学的查询、修改和删除等操作，也可为超级用户提供方便的数据库界面。再如，可以为静态数据库(如标准件数据库)开发交互式及在高级语言中进行子程序调用这两种用户界面，以便用户方便地实现对数据的各种操作。

(3)进行工程文档管理软件的开发。利用操作系统及 DBMS 所提供的资源，实现用户的分级管理，即区分超级用户、高级用户或普通用户。还要实现对文档的审批管理，文件只有经认可的人员审批后方能允许入库。此外，还要为用户提供一套简单易学的文档操作手段，如许可权的授予、查询、删除、邮件通信等。

(4)研究与开发按并行工程(Concurrent Engineering)要求的，可供一组人员进行产品设计、工艺设计、加工编程、工程分析等作业的数据管理控制机制。

▶▶ 7.2.6　CAD/CAM 集成的体系结构 ▶▶ ▶

CAD/CAM 系统大致可分为 3 种类型。

(1)传统型，如现在市场上出售的 I-DEAS、CADAM、CATIA、UG、CADDS 等。它们大都是 20 世纪 70 年代中后期，在系统结构上以某种应用为背景发展起来的。例如，开始时主要为解决工程绘图，或是曲面设计，或是有限元分析等，后来逐渐扩大到其他方面，再加以集成。由于当时硬软件环境、设计思想、设计方法及对 CIMS 认识的局限性，已难以适应当今产品设计自动化的要求，但这些系统仍在大量应用，而且它们的实际应用功能相当强大。

(2)改进型，如 CIMPLEX、Pro/ENGINEER 等。这类系统提高了某些功能的自动化程度，如参数化特征造型、系统数据与文件管理、NC 自动编程等，但仍缺乏数据交换、共享的特点，难以做到 CIMST 的信息集成。

(3)数据驱动型。这是正在发展的新一代 CAD/CAM 系统，或者说产品设计自动化系统。其基本出发点着眼于解决产品生命周期内统一的数据模型，从而解决产品数据的交换与共享。这类系统采用 STEP 标准的产品模型，具有统一的信息结构及系统功能，是 STEP 技术与并行工程的结合。由于按统一的数据模型来完成各种功能应用，因此有人称它为数据驱动工程(Data-Driven Engineering)。

作为对新一代 CAD/CAM 系统的设想，图 7-20 描述了这类系统的一种结构，当然还可有其他的方案。

整个系统分 3 个层次来实现。最下面一层为产品数据管理层，它以 STEP 的产品模型定义为基础，提供 3 种数据交换方式，即数据库、工作格式、STEP 文件交换。这 3 种方式的数据存取分别用数据库管理系统、工作格式管理模块及系统转换器来实现。系统运行时，通过数据管理界面按某一选定的数据交换方式进行产品数据的交换。

系统的中间一层为基本功能层。这些功能在应用上具有广泛性，即每一功能都可能被许多不同的应用系统所使用。在这里列举了 4 个方面的功能模块，它们是几何造型、特征造型、图形编辑显示、尺寸公差处理。实际上这一层为 CAD/CAM 应用系统提供了一个开发环境，应用系统可以通过功能界面来调用这些功能。

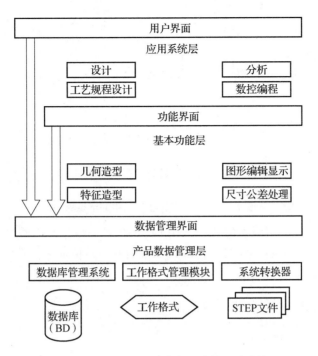

图7-20　CAD/CAM 集成系统的一种结构

系统最上面一层为应用系统层，包括设计、分析、工艺规程设计和数控编程等。它们可以完成从设计、分析到加工的任务。这些功能通过用户界面提供给用户。

由于底层采用了统一的数据管理办法，当产品模型改变时，数据的管理方式不变，所以对系统程序影响不大。系统采用分层结构，并且每一层都有一个标准界面，这样某一层次进行功能扩充时，对其他层的影响很小。另外，各层隔离使得某层次的系统开发人员不必了解其他层的内部细节，只要了解层次界面提供的功能使用即可。

 7.3　成组技术

▶▶▶ 7.3.1　成组技术的基本概念 ▶▶▶ ▶

在多品种、中/小批量生产中，除了在生产中贯彻产品的统一化、标准化来扩大产量外，成组技术的发展为多品种、中/小批量生产创造了大批量生产的条件。

大量的统计分析表明，任何一种机器产品中的组成零件都可分为3类，即：专用件、相似件和标准件。图7-21表示了各类零件在产品中的出现率。由图中可以看出相似件的出现率高达65%～70%，而且即使是专用件，在同类系列化产品中，其在工艺上也有许多相似性。因此，只要充分利用这一特点，就可将那些看似孤立的零件按相似原理划分为具有共性的一体，在加工中以群体为基础集中对待，从而使多品种、中/小批量的生产转化为近似大批量的生产。

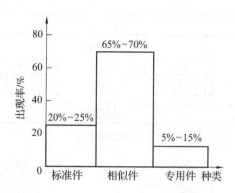

图 7-21   各类零件在产品中的出现率

所谓成组技术，就是用科学的方法，在多品种生产中将相似零件组织在一起(成组)进行生产。以相似产品零件的"叠加批量"取代原来的单一品种批量，采用近似大批量生产中的高效工艺、设备及生产组织形式来进行生产，从而提高其生产率和经济效益。

7.3.2   零件的分类和编码

1. 零件分类和编码的基本原理

把与生产活动有关的事物(如零件、材料、工艺、产品等)，按照一定的规则进行分类成组，是实施成组技术的核心和基础，而分类的理论基础则是相似性原理。相似性可以从两个方面理解，即作用相似和结构特征相似。由于作用相似所含的信息量较少，且不够明确具体，而结构特征相似则比较直观、明确，并可根据零件图的信息直接确定，所含的信息量也较大，所以在成组技术中通常是以后者作为零件分类成组的依据。结构特征相似又可以分为结构相似、材料相似和工艺相似，如图 7-22 所示。

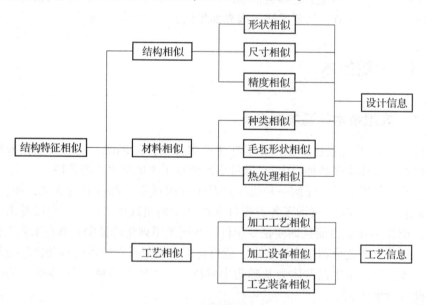

图 7-22   结构特征相似框图

机械零件的传统表达方法是零件图纸，这对零件进行分类、实施成组技术带来了诸多不便。因此，要实施成组技术就必须首先建立相应的零件分类编码系统，即用字符(数字、字母、符号)来标识和描述零件的结构特征，使这些信息代码化，据此对零件进行分类成组，然后按照成组的方式组织生产。

代表零件特征的每个字符称为特征码，所有特征码的有规律组合，就是零件的编码。由于每一个字符代表的是零件的一个特征，而不是一个具体的参数，因此每种零件的编码不一定是唯一的，即相似的零件可以拥有相同或相近的编码。利用零件的编码就可以较方便地划分出结构特征相似的零件组来。

为了对编码的含义有统一的认识，就必须对其所代表的意义做出规定和说明，这就是编码规则，或称为编码系统。据统计，目前世界上已有 77 种编码系统，其中应用较广的是德国研制的 Opitz 编码系统。这套系统对世界各国的分类编码系统产生了极大的影响。

2. Opitz 编码系统简介

Opitz 编码系统由 9 位十进制数字代码组成，前 5 位为主码，用于描述零件的结构形状，又称为形状码；后 4 位为辅码，用于描述零件的尺寸、材料、毛坯形状及加工精度。每一码位有 10 个特征码(0~9)，分别表示 10 种零件特征。图 7-23 为 Opitz 编码系统基本结构示意图。

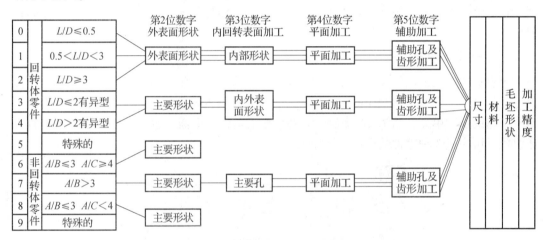

图 7-23 Opitz 编码系统基本结构示意图

各码位所描述的特征内容如下。

第 1 位表示零件的类型。10 个特征码(0~9)分别代表 10 种基本零件类型，特征码 0~5 代表 6 种回转体零件，如套筒、齿轮、轴等；特征码 6~9 代表 4 种非回转体零件，如盖板、箱体等。其中，D 为回转件的最大直径，L 为其轴向长度，A、B、C 分别为非回转体的长度、宽度和厚度，因此，$A>B>C$。

第 2 位表示零件外表面的主要形状及其要素。

第 3 位表示一般回转体的内表面形状及其要素、其他几类零件的回转加工、内外形状要素、主要孔等特征。

第 4 位和第 5 位分别表示平面加工和辅助孔、齿形及成型面加工。

第 6 位表示零件的尺寸。

第 7 位表示零件材料的种类、强度及热处理等状况。

第 8 位表示零件加工前的原始状况。

第 9 位表示零件上有高精度要求的表面所在的码位。

关于 Opitz 系统代码的详细内容,可查阅有关专业资料。

7.3.3 成组生产的组织形式

根据目前成组加工的实际应用情况,其生产组织形式主要有成组加工单机、成组加工单元和成组加工流水线。这 3 种形式是介于机群式和流水线之间的设备布置形式。机群式适用于传统的单件、小批量生产,流水线则适用于传统的大批量生产。

1. 成组加工单机

成组加工单机是成组技术的最初形式,是在机群式布置基础上发展起来的。它由一个工作位置构成,在一个工作地点或一台机床上完成一个相似零件组的加工,如在六角车床上加工回转体零件等。一个零件若要经过数道工序,则可按加工工序的相似性,将零件加工中相似的工序集中到一台机床上进行,其余工序则分散到其他单机上完成。

用这种方式来进行零件加工,零件组中的每个零件(或某一工序)必须具有以下两个特点:第一,零件必须具有相同的装夹方式;第二,零件在空间位置和尺寸方面必须具有相同或相似的加工表面,但并不要求零件的形状相同,而是只考虑加工表面位置和尺寸的相似性。

2. 成组加工单元

成组加工单元是成组技术在加工中应用的最典型形式,是指一组或几组在工艺上相似的零件的全部工艺过程由相应的一组机床来完成,该组机床集中布置,形成一个在管理上自成一体的加工单元。图 7-24 就是一个成组加工单元的平面布置图,这一单元由 4 台机床组成,可完成 3 种零件的全部工序加工。

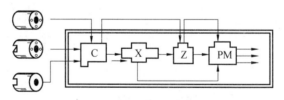

图 7-24 成组加工单元的平面布置图

成组加工单元不是一个工作位置,也不是由一种类型的机床来完成一组零件的加工,而是几种类型的机床组成的一个独立的加工单元。它与流水线有相似之处,但不要求工序间保持一定的节拍,因此零件不必按批转移,具有相当的灵活性,已成为中/小批量生产中实现自动化的有效手段。

3. 成组加工流水线

成组加工流水线是在成组加工单元的基础上,将各工作地(设备)按照零件组的加工顺序固定布置。与传统的生产流水线相比,在成组加工流水线上流动的不是一种零件,而是一组相似零件。这组零件应有相同的加工顺序,以保证流水线作业的工作节拍,但允许某种零件越过某些加工工序。因此,成组加工流水线的适应性较强,能加工多种零件。目前的曲轴加工流水线就是一种典型的成组加工流水线。

计算机技术和数控技术的飞速发展，为多品种、中/小批量生产的自动化提供了强有力的工具。而成组技术则是多品种、中/小批量生产自动化的基础。在成组加工单元的基础上，采用数控设备，通过计算机管理，用计算机编制工艺、安排生产计划就可以形成一个柔性的单元制造系统。若在此基础上，再用计算机控制加工过程和物流，就可以成为自动化的柔性制造单元(Flexible Manufacturing Cell，FMC)和柔性制造系统(Flexible Manufacturing System，FMS)。

 # 7.4 柔性制造系统

▶▶▶ 7.4.1 柔性制造系统的基本概念 ▶▶ ▶

柔性制造系统(Flexible Manufacturing System，FMS)是20世纪60年代末诞生的技术。促成FMS技术产生和发展的原因是：适应现代产品频繁更新换代的要求，满足人们对产品的不同需求，降低成本，缩短制造周期。传统的多品种、中/小批量生产方式，如采用普通机床、数控机床等进行加工，虽然具有较好的生产柔性(适应性)，但生产率低，成本高；而传统的少品种、大批量生产方式，如采用专用设备的流水线进行加工，虽然能提高生产率和降低生产成本，但却缺乏柔性。FMS正是综合了上述两种生产方式的优点，兼顾了生产率和柔性，适用于多品种、中/小批量生产的自动化制造系统。

FMS至今并无确切的定义。通常所说的FMS是指以数控机床、加工中心及辅助设备为基础，将柔性的自动化运输、存储系统有机地结合起来，由计算机对系统的软、硬件资源实施集中管理和控制，而形成的一个物流和信息流密切结合的，没有固定的加工顺序和工作节拍的，主要适用于多品种、中/小批量生产的高效自动化制造系统。

▶▶▶ 7.4.2 FMS应具备的功能 ▶▶ ▶

生产率和柔性是相互制约的，一般来说，要提高生产率就要降低柔性，反之亦然。而FMS则是从系统的整体角度出发，将系统中的物流和信息流有机地结合起来，同时均衡系统的自动化程度和柔性，这就要求FMS应具备如下功能。

(1)自动加工功能。在成组技术的基础上，FMS应能根据不同的生产需要，在不停机的情况下，自动地变更各加工设备上的工作程序，自动更换刀具，自动装卸工件，自动地调整切削液的供给状态及自动处理切屑等，这是制造系统实现自动化的基础。

(2)自动搬运和储料功能。为实现柔性加工，FMS应能按照不同的加工顺序，以不同的运输路线，按不同的生产节拍对不同的产品零件进行同时加工。同时，为提高物料运送的准确性和及时性，系统中还应具有自动化储料仓库、中间仓库、零件仓库、夹具仓库、刀具库等。自动搬运和储料功能是系统提高设备利用率，实现柔性加工的重要条件。

(3)自动监控和诊断功能。FMS应能通过各种传感测量的反馈控制技术，及时地监控和诊断加工过程，并作出相应的处理。这是保证系统正常工作的基础。

(4)信息处理功能。这是将以上三者综合起来的综合软件功能。应包括生产计划和管理程序的制订，自动加工和送料、储料及故障处理程序的制订，生产信息的论证及系统数据库的建立等。

7.4.3　FMS 的基本组成 ▶▶▶ ▶

FMS 主要由加工系统(数控加工设备，一般是加工中心)、物流系统(工件和刀具运输及存储)及信息流系统(计算机控制系统)组成，如图 7-25 所示。

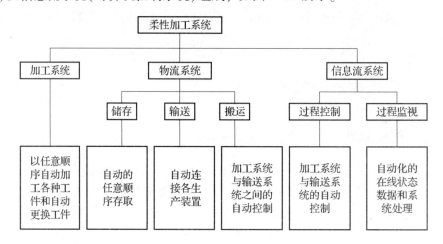

图 7-25　FMS 的组成

1. 加工系统

加工系统通常由加工中心或车削中心组成。待加工的工件类别将决定 FMS 所采用的设备形式。

加工中心(Machining Center，MC)，是由机械设备和数控系统组成的适用于复杂零件加工的高效自动化机床，也是一种本身带有刀库和自动换刀装置的多工序数控机床。加工中心能在一次装夹中完成铣、镗、钻、扩、铰、攻螺纹等多种工序的加工，并且有多种换刀或选刀功能，从而使生产率和自动化程度大大提高。可用于加工各种箱体类、板类复杂零件。各种高精度加工中心可代替精密坐标镗床，也可用它作为基础组成柔性制造单元和柔性制造系统。

车削中心(Turn Center，TC)，由数控车床、配刀库和换刀机械手(自动换刀装置)构成。因此，数控车床所具有的功能车削中心都具备。此外，车削中心还具有广泛的加工工艺性能，可加工圆柱、圆锥和各种螺纹，具有直线插补、圆弧插补及各种补偿功能。

2. 物流系统

物流系统由储存、输送、装卸 3 个子系统组成，用以实现工件及工夹具的自动供给和装卸，以及完成工序间的自动传送、调运和存储工作。该系统包括各种传送带、自动导引小车、工业机器人及专用起吊运送机等。FMS 物流系统主要完成以下两种不同的工作。

(1)工件的输送。工件的输送包括两部分：一是零件毛坯、原材料、工具和配套件等由外界搬运进系统，以及将加工好的成品和换下的工具从系统中撤走；二是零件、工具和配套件等在系统内部的搬运。在一般情况下，前者需要人工干预(工件送入系统和在夹具上装夹工件都是人工操作)，而后者可以在计算机的统一管理和控制下自动完成。FMS 物流系统所用的运输工具为运输小车、辗式运送带、传输带和搬运机器人等。

(2)工件的存储。工件的存储包括物品在仓库中的保管和生产过程中在制品的临时性停放。这就要求在 FMS 的物流系统中设置适当的中央料库和托盘库，以及各种形式的缓冲存储区，以保证系统的柔性。

3. 信息流系统

信息流系统实施对整个 FMS 的控制与监督。这实际上是由中央管理计算机与各设备的控制装置组成的分级控制网络，它们组成了信息流。

该系统用于处理 FMS 的各种信息，输出控制加工系统、物流系统等自动操作所需的信息。计算机控制系统通过主控计算机或分级式计算机系统，来实现制造自动化系统的主要控制功能。根据 FMS 的规模大小，系统的复杂程度将有所不同。通常大多采用 3 级分布式计算机控制系统：第 1 级为设备层控制系统，主要是对机床和工件装卸机器人的控制，包括对各种加工作业的控制和监测；第 2 级是工作站层控制系统，它包括对整个系统运转的管理、零件流动的控制、零件程序的分配及第一级生产数据的收集；第 3 级为单元级控制系统，主要编制日程进度计划，把生产所需的信息，如加工零件的种类和数量、每批生产的期限、刀夹具种类和数量等送到第二级系统。FMS 中的单元级控制系统，即单元控制器是 FMS 控制系统的核心，也是实现 FMS 柔性的主要组成部分。

FMS 的系统软件用以确保 FMS 有效地适应多品种、中/小批量生产过程的管理、控制及优化工作，一般包括设计规划软件、生产过程分析软件、生产计划调度软件与系统管理及监控软件。

FMS 还有刀具监控和管理系统、切屑排除系统，以及零件的自动清洗和自动测量设备。

▶▶▶|7.4.4 FMS 的分类 ▶▶▶

按规模大小，FMS 可分为以下 4 类。

(1) 柔性制造单元(Flexible Manufacturing Cell，PMC)。它由 1~2 台加工中心、工业机器人、数控机床及物料运送存储设备构成，具有适应加工多品种产品的灵活性。FMC 可看成是一个规模最小的 FMS，是 FMS 向廉价化及小型化方向发展的一种产物，其特点是实现单机柔性化及自动化，FMC 已进入普及应用阶段。

(2) 柔性制造模块(Flexible Manufacturing System，FMM)。它通常包括 4 台或更多全自动数控机床(加工中心和车削中心等)，由集中的控制系统及物料搬运系统连接起来，可在不停机的情况下实现多品种、中小批量的加工及管理。

(3) 柔性制造线(Flexible Manufacturing Line，FML)。它是处于单一或少品种、大批量非柔性自动线与中/小批量、多品种 FMS 之间的生产线。其加工设备可以是通用的加工中心、CNC 机床，也可采用专用机床或 CNC 专用机床，对物料搬运系统柔性的要求低于 FMS，但生产率更高。它以离散型生产中的柔性制造系统和连续性生产过程中的分散型控制系统(Distributed Control System，DCS)为代表，其特点是实现生产线柔性化及自动化，其技术已日臻成熟，目前已进入实用化阶段。

(4) 柔性制造工厂(Flexible Manufacturing Factory，FMF)。FMF 是将多条 FMS 连接起来，配以自动化立体仓库，用计算机系统进行联系，采用从订货、设计、加工、装配、检验、运送至发货的完整 FMS。它也包括了 CAD/CAM，并使 CIMS 投入实际使用，实现生产系统柔性化和自动化，进而实现全厂范围的生产管理、产品加工及物料储运过程的自动化。

▶▶▶ 7.4.5 FMS 的相关技术 ▶▶▶ ▶

FMS 的相关技术有以下几种。

（1）CAD 技术。未来 CAD 技术的发展将会引入专家系统，使之更智能化，可处理各种复杂的问题。CAD 在设计、质量、效率和成本方面皆显示出其优越性。

（2）机电一体化（Mechatronics）技术。机电一体化技术的含义是：在现代微电子技术的基础上，将机械和电子技术有机地结合在一起，相互协调配合，以便在技术上获得"总体大于各部分之和"的效能，使设计出的产品更为"灵巧轻便"。

（3）模糊控制技术。模糊数学在工业中的实际应用始于 20 世纪 70 年代初。模糊控制技术在 20 世纪 80 年代曾掀起一股研究热潮，目前正处于稳定发展的阶段。模糊数学的实际应用是模糊控制器。高性能模糊控制器具有自学习功能，可在控制过程中不断获取新的信息并自动地对控制量作调整，使系统性能大为改善，其中尤其以基于人工神经网络的自学习方法引起人们极大的关注。

（4）人工智能、专家系统及智能传感器技术。对未来智能化 FMS 具有重要意义的一个正在急速发展的领域，是智能传感器技术。该项技术是伴随计算机应用技术和人工智能而产生的，它使传感器具有内在的决策功能。

（5）人工神经网络（Artificial Neural Network，ANN）技术。ANN 是模拟智能生物的神经网络对信息进行并行处理的一种方法，因而 ANN 也就是一种人工智能工具。在自动控制领域，神经网络与专家系统和模糊控制系统一道，已成为现代自动化系统中的重要组成部分。

（6）虚拟现实（Virtual Reality，VR）及计算机仿真技术。VR 技术，是利用计算机并借助相应的传感装置（如头盔和数据手套）及传感媒体（各种信息传输通道及其接口），使操作人员在远离现场的工作环境中仍具有身临其境的感觉的技术。借助 VR 技术能使操作人员"如实"地操纵各种设备或进行"现场"培训。计算机仿真技术亦具有与此相类似的功能。随着高新技术的发展，FMS 已渗透、扩散至制造业的各个领域，将对生产方式产生深远的影响。

当今动态多变的市场，要求计算机集成制造（CIM）具有高度柔性。制造系统的柔性是衡量制造系统对变化中的市场、技术及生产条件适应性的重要尺度。制造柔性是由企业的长期战略考虑而产生的生产与经营决策，故制造柔性既是一个技术问题，也涉及企业自身的具体情况和条件。目前，高效益企业的一个显著特征是，在设计和开发适用的软件时，将人的因素充分考虑进去，以驱动现代的 CIMS。

7.5 快速成型技术

▶▶▶ 7.5.1 快速成型技术的产生 ▶▶▶ ▶

科学技术之间的交叉融合产生了科学技术新的聚集，如智能技术、传感技术、信息技术与结构科学的交叉正在产生智能结构科学。激光技术、材料技术与 CAD/CAM 的集成型成了快速成型技术（Rapid Prototyping Technology，RPT）。

RPT 将激光技术、新材料技术、CAD/CAM 集成起来，解决了激光对新材料的作用、CAD 模型（STL 文件）的切片处理，以及满足"离散/堆积"成型工艺要求的数控技术、精密机械和光电子技术在内的一系列"接口"问题，是一项先进制造技术。

面向市场的集成技术工程化要求是多品种、小批量和对市场的快速响应，因此要求系统具有快速开发新产品的能力。而传统的产品开发方法费用高、周期长，企业必须采用新的产品开发手段，才能在激烈的市场竞争中立于不败之地。在这种历史背景下，RPT 也就应运而生。

RPT 于 20 世纪 80 年代后期兴起，起源于美国，很快发展到日本、西欧和中国，是制造技术领域的一次重大突破，属于局部制造理论范围内的研究成果。

▶▶▶ 7.5.2　快速成型技术的原理 ◀◀◀

现代成型理论是研究将材料有序地组织成具有确定外形和一定功能的三维实体的科学。它是站在成型方法论的高度对成型的基本理论、原理和方法进行研究，其研究内容主要包括以下几个方面。

（1）物质的提取与材料的转移。从广义上讲，从自然形态的物质到成型实体所用的材料均属此范围。

（2）序的设计与建立。所谓序，即指组织材料达到三维实体最终结构的顺序和约束。成型顺序、成型件几何设计及 NC 代码的生成等均属此范畴。

（3）性能保证。保证成型件具有预先规定的力学性能、电学性能和表面质量等。过程控制、在线检测和下线后的后处理工艺及检验等均属此范畴。

它不是具体地研究单一的工艺过程，而是建立在所有成型工艺上的一个基本理论。

1. 成型方式分类

根据现代成型学的观点，从物质的组织方式上，可把成型方式分为以下 4 类。

（1）去除成型（Dislodge Forming）。去除成型是运用分离的方法，把一部分材料（裕量材料）有序地从基体上分离出去而成型的方法。传统的车、铣、刨、磨等加工方法均属于去除成型。现代的电火花加工、激光切割、打孔等也是去除成型。去除成型最先实现了数字化控制，是目前主要的成型方式。

（2）堆积成型（Stacking Forming）。堆积成型是运用合并与连接的方法，把材料（气、液、固相）有序地合并堆积起来的成型方法。RP 即属于堆积成型。堆积成型是在计算机控制下完成的，其最大特点是不受成型零件复杂程度的限制。从广义上讲，焊接也属堆积成型范畴。

（3）受迫成型（Forced Forming）。受迫成型是利用材料的可成型性（如塑性等），在特定外围约束（边界约束或外力约束）下成型的方法。传统的锻压、铸造和粉末冶金等均属于受迫成型。目前受迫成型还未完全实现计算机控制，多用于毛坯成型、特种材料成型等。

（4）生长成型（Growth Forming）。生长成型是利用材料的活性进行成型的方法，自然界中生物个体发育均属于生长成型，"克隆"技术是产生在人为系统中的生长成型方式。随着活性材料、仿生学、生物化学、生命科学的发展，这种成型方式将会得到很大发展。

随着科学技术的发展和制造工艺的不断完善，未来零件成型将沿两个方向发展：一方面是各种成型方式与工艺的不断完善，如去除成型也可以解决复杂形状零件制造难题，而堆积成型也可以制造高精度、高性能零件，甚至是批量生产零件；另一方面是多种成型方式，多种成型工艺不断交叉、融合，如堆积过程中将引入切削加工以提高精度和性能。

2. 快速成型技术的工艺过程及优点

笼统地讲，RP 属于堆积成型；严格地讲，RP 应该属于离散/堆积成型。通过离散获得堆积的路径、限制和方式，通过堆积材料叠加起来形成三维实体。RPT 将 CAD、CAM、CNC、精密伺服驱动、光电子和新材料等先进技术集于一体，依据由 CAD 构造的产品三维模型，对其进行分层切片，得到各层截面的轮廓。按照这些轮廓，激光束选择性地切割一层层的纸(或固化一层层的液态树脂，或烧结一层层的粉末材料)，或喷射源选择性地喷射一层层的黏合剂或热熔材料等，形成各截面并逐步叠加成三维产品。它将一个复杂的三维加工简化成一系列二维加工的组合，与传统加工形成鲜明的对照，两者的区别如图7-26 所示。

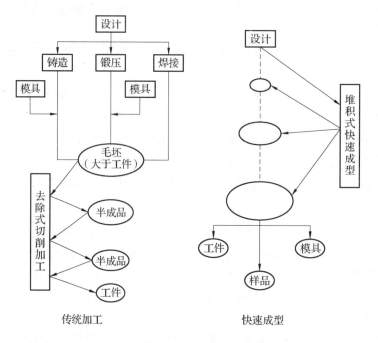

图 7-26　传统加工与快速成型的区别

1) RP 的工艺过程

(1) 三维模型构造。由于 RP 系统只接受计算机构造的产品三维模型(立体图)，然后才能进行切片处理，因此首先应在 PC 或工作站上用 CAD 软件(如 Pro/ENGINEER，I-DEAS，SolidWorks 等)，根据产品要求设计三维模型；或将已有产品的二维三视图转换成三维模型；或在仿制产品时，用扫描机对已有的产品实体进行扫描，得到三维模型，即反求工程(Reverse Engineering，RE)的三维重构。

(2) 三维模型的近似处理。产品上往往有一些不规则的自由曲面，加工前必须对其进行近似处理。最常用的方法是用一系列小三角形平面来逼近自由曲面。每个小三角形用 3个顶点坐标和一个法向量来描述。三角形的大小是可以选择的，从而得到不同的曲面近似程度。经过上述近似处理的三维模型文件称为 STL 格式文件，它由一系列相连的空间三角形组成。典型的 CAD 软件都有转换和输出 STL 格式文件的接口，但有时输出的三角形会有少量错误，需要进行局部的修改。

（3）三维模型的切片处理。由于 RP 工艺是按一层层截面轮廓来进行加工的，因此加工前必须从三维模型上沿成型高度方向，每隔一定的间距进行切片处理，以便提取截面的轮廓。间隔的大小按精度和生产率要求选定。间隔越小，精度越高，但成型时间越长。间隔的范围为 0.05~0.5 mm，常用 0.1 mm，能得到相当光滑的成型曲面。切片间隔选定后，成型时每层叠加的材料厚度应与其相适应。各种成型系统都带有切片处理软件，能自动提取模型的截面轮廓。

（4）截面加工。根据切片处理的截面轮廓，在计算机控制下，RP 系统中的成型头（如激光扫描头或喷头）在 x-y 平面内自动按截面轮廓进行扫描，切割纸（或固化液态树脂，烧结粉末材料，喷射黏合剂和热熔材料），得到一层层截面。

（5）截面叠加。每层截面成型之后，下一层材料被送至已成型的层面上，然后进行后一层截面的成型，并与前一层面相黏结，从而将一层层的截面逐步叠合在一起，最终形成三维产品。

（6）后处理。从成型机中取出成型件，进行打磨、涂挂，或者放进高温炉中烧结，进一步提高其强度（如 3D 打印工艺）。对于选择性激光烧结（Selective Laser Sintering，SLS）工艺，成型件放入高温炉中烧结是为了使黏合剂挥发掉，以便进行渗金属（如渗铜）处理。

RP 的工艺流程如图 7-27 所示。

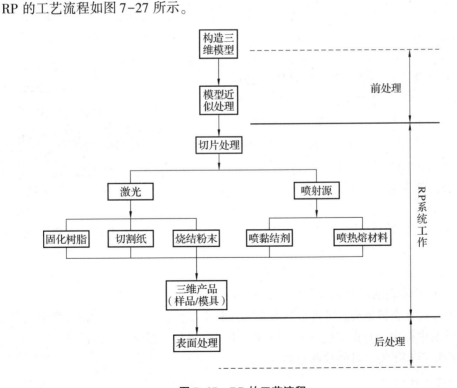

图 7-27　RP 的工艺流程

2）RPT 的优点

（1）RPT 采用离散/堆积成型的原理，自动完成从电子模型（CAD 模型）到物理模型（原型和零件）的转换。它将一个十分复杂的三维制造过程简化为二维过程的叠合，所以可针对任意复杂形状的零件进行加工。

（2）RPT 具有高度的柔性，无需任何专用工具、模具即可完成复杂的制造过程，快速制造工具、模具、原型或零件。

（3）RPT 实现了机械工程学科多年来追求的两大先进目标，即材料提取（气、液、固相）过程与制造过程一体化，和设计（CAD）与制造（CAM）一体化。

（4）通过对一个 CAD 模型的修改或重组，就可获得一个新零件的设计和加工信息。数小时可制造一个零件，具有突出的快速制造的优点。

（5）与反求工程相结合，成为快速开发新产品的有力工具。

▶▶▶ 7.5.3 快速成型的主要工艺方法 ▶▶▶

1. 立体印刷

立体印刷（Stereo Lithography Apparatus，SLA）工艺方法也称液态光敏树脂选择性固化。这是一种最早出现的 RPT，它的原理如图 7-28 所示。液槽中盛满液态光敏树脂，它在紫外激光束的照射下快速固化。成型开始时，可升降工作台使其处于液面下。聚焦后的紫外激光束在计算机的控制下按截面轮廓进行扫描，使扫描区域的液态树脂固化，形成该层面的固化层。然后工作台下降一层的高度，其上覆盖另一层液态树脂，再进行第二层的扫描固化，与此同时新固化的一层牢固地黏结在前一层上，如此重复直到整个产品完成。

SLA 有两大类，一种是从下向上打印的，另一种是从上往下打印的。使用的材料主要有透明光敏树脂和乳白光敏树脂等，制件精度可达 0.2～0.1 mm。SLA 的特点是：成型过程自动化程度高；尺寸精度高；有优良的表面质量；CAD 数字模型直观；错误修复的成本低；可加工结构外形复杂或使用传统手段难以成型的原型和模具。

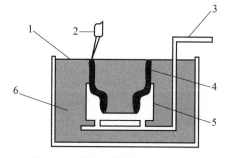

1—液面；2—激光二维扫描头；3—升降台；
4—零件；5—零件支撑结构；6—液态光敏树脂。

图 7-28　SLA 原理

这种方法适合成型小型零件，能直接得到塑料产品，由于紫外激光波长短（如 He-Cd 激光器，$\lambda = 325$ nm），因此可以得到很小的聚焦光斑，从而得到较高的尺寸精度。其缺点是：

（1）需要设计支撑结构，才能确保在成型过程中制件的每一个结构部分都能可靠定位；

（2）成型中有物相变化，翘曲变形较大，也可以通过支撑结构加以改善；

（3）原材料有污染，且使皮肤过敏。

2. 分层实体制造

分层实体制造（Laminated Object Manufacturing，LOM）也称薄形材料选择性切割。它根据三维模型每一个截面的轮廓线，在计算机的控制下，用 CO_2 激光束对薄形材料(如底面涂胶的纸)进行切割，逐步得到各层截面，并黏结在一起，形成三维产品，其原理如图 7-29所示。

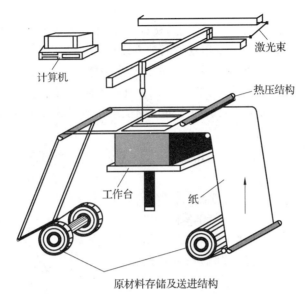

图 7-29 LOM 原理

扫描器件有的采用直线单元，适用于大件的加工。

这种方法适合成型大、中型零件，翘曲变形小，成型时间较短，但尺寸精度不高，材料浪费大，且清除废料困难。

3. 选择性激光烧结

SLS 的原理如图 7-30 所示。SLS 使用 CO_2 激光器烧结粉末材料(如蜡粉、PS 粉、ABS粉、尼龙粉、覆膜陶瓷粉和金属粉等)，成型时先在工作台上铺上一层粉末材料，厚度为 $100\sim200\ \mu m$，激光束在计算机的控制下，按照零件截面轮廓的信息，对制件实心部分的粉末进行烧结。一层完成后，工作台下降一个层厚，再进行后一层的铺粉烧结。如此循环，最终形成三维产品。

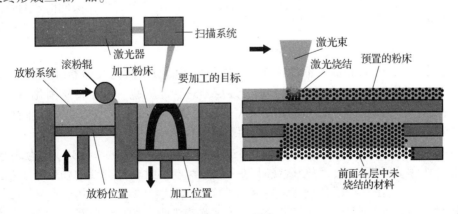

图 7-30 SLS 原理

制件的密度取决于激光峰值功率，而不是激光持续时间，SLS 加工设备通常使用脉冲激光。加工时，先预热粉床内的散装粉末材料，使它更容易被激光提高温度。

SLS 用的不是液态的光敏树脂，而是粉末。激光的能量让粉末产生高温，和相邻的粉末发生烧结黏结在一起。

SLS 适合成型中小型零件，能直接制造蜡模或塑料、陶瓷和金属产品。制件的翘曲变形比 SLA 工艺小，但仍需对容易发生变形的地方设计支撑结构。这种工艺要对实心部分进行填充式扫描烧结，因此成型时间较长。可烧结覆膜陶瓷粉和覆膜金属粉，得到成型件后，将制件置于加热炉中，烧掉其中的黏合剂，并在孔隙中渗入填充物（如铜）。它的最大优点在于适用材料很广，几乎所有的粉末都可以使用，所以其应用范围也最广。

4. 熔化沉积成型

熔化沉积成型（Fused Deposition Modeling，FDM）也称丝状材料选择性熔覆，其原理如图 7-31 所示。

三维喷头在计算机控制下，根据截面轮廓的信息，做三维运动。丝材（如塑料丝）由供丝机构送至三维喷头，并在三维喷头中加热、熔化，然后被选择性地涂覆在工作台上，快速冷却后形成一层截面。一层完成后，工作台下降一层厚，再进行后一层的涂覆，如此循环，形成整个三维产品。

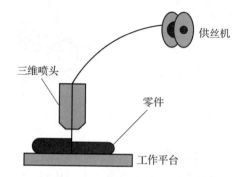

图 7-31　FDM 原理

FDM 工艺的关键是保持半流动成型材料刚好在熔点之上（通常控制在比熔点高 1 ℃左右）。三维喷头受 CAD 分层数据控制将半流动状态的熔丝材料（丝材直径一般在 1.5 mm 以上）挤压出来，凝固形成轮廓形状的薄层。每层厚度范围为 0.025 ~ 0.762 mm，一层叠一层至形成整个零件模型。

FDM 工艺使用的原材料主要有热塑性材料，如 ABS、PC、PLA 等，以丝状供料。制件精度可达 0.762 ~ 0.025 mm。FDM 工艺的特点为：系统构造原理和操作简单；维护成本低；系统运行安全，可以直接用于石蜡铸造；可以成型任意复杂程度的小型塑料零件；制件的翘曲变形小，但需要设计支撑结构（这种支撑去除简单，无需化学清洗）。由于是填充式扫描，因此成型时间较长，为了克服这一缺点，可采用多个三维喷头同时进行涂覆，提高成型效率。

5. 激光成型

激光成型和 SLA 较相似，不过它是使用高分辨率的数字激光处理器（Digitol Laser Processor，DLP）投影仪来固化液态光聚合物，逐层地进行光固化。由于每层固化时通过幻灯片似的片状固化，因此速度比同类型的 SLA 速度更快。该技术成型精度高，在材料属性、细节和表面质量方面可媲美注塑成型的耐用塑料部件。

数字激光处理器投影仪以数字微镜（Digital Micromirror Device，DMD）作为成像器件。单片 DMD 由很多微镜组成，每个微镜对应一个像素点，DLP 投影仪的物理分辨率是由微镜的数目决定的。DLP 投影仪技术是一种全数字反射式投影技术，其优点是：①数字优势，数字技术的采用使图像灰度等级提高，图像噪声消失，画面质量稳定，数字图像非常精确；②反射优势，反射式 DMD 器件的应用使成像器件的总光效率大大提高，对比度、亮度的均匀性都非常出色。DLP 投影仪清晰度高，画面均匀，色彩锐利。

6. 固基光敏液相法

固基光敏液相法(Solid Ground Curing，SGC)的原理如图 7-32 所示，每层的成型过程由 5 步来完成：添料、掩膜紫外光曝光、清除未固化的多余液体料、向空隙处填充蜡料和磨平。掩膜的制造采用了离子成像技术，因此同一底片可以重复使用。由于过程复杂，因此 SGC 成型机是所有成型机中最庞大的一种。

SGC 工艺每层的曝光时间和原料量是恒定的，因此应尽量排满零件。由于多余的原料不能重复使用，若一次只加工一个零件会很浪费。由于蜡的添加，可省去设计支撑结构。逐层曝光比逐点曝光要快得多，但由于多步骤的影响，在加工速度上提高不是很明显，只有在加工大零件时才体现出优越性。

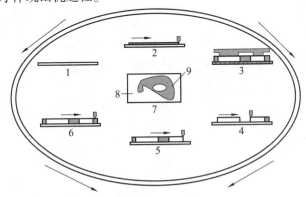

1—加工面；2—均匀施加光敏液材料；3—掩膜紫外光曝光；
4—清除未固化原料；5—填蜡；6—磨平；7—成型件；8—蜡；9—零件。

图 7-32　SGC 原理

7. 三维打印技术

三维打印(Three Dimensional Printing，3D-P 或 3D 打印)也称粉末材料选择性黏结，属于快速成型技术的一种。它是一种以数字模型文件为基础，运用粉末状金属或塑料等可黏合材料，通过逐层堆叠累积的方式来构造物体的技术。它也称为增材制造(Additive Manufacturing)。它的基本原理是，把一个通过设计或者扫描等方式做好的 3D 模型，按照某一坐标轴切成无限多个剖面，然后一层一层地打印出来并按原来的位置堆积到一起，形成一个实体的立体模型。即在计算机的控制下，按照截面轮廓的信息，在铺好的一层粉末材料上，有选择性地喷射黏合剂，使部分粉末黏结，形成截面层。一层完成后，工作台下降一个层厚，铺粉、喷黏合剂，再进行下一层的黏结，如此循环形成三维产品，如图 7-33 所示。黏结得到的制件要置于加热炉中进一步固化或烧结，以提高黏结强度。

增材制造是指通过顺序分层叠加的过程创建对象的技术，以区别于传统的减材制造方法。增材制造的对象可应用于产品生命周期中的所有环节，从预生产(即快速原型)到规模生产(即快速制造)，以及模具的应用和后期的定制化。

传统的减材制造方法虽然在加工过程中加入了铆接，板材或片材的锻制、锻焊等过程，但它不包括数字信息模型的定义，通常加工(即产生精确的形面)是通过高精度切削和磨削来实现的。

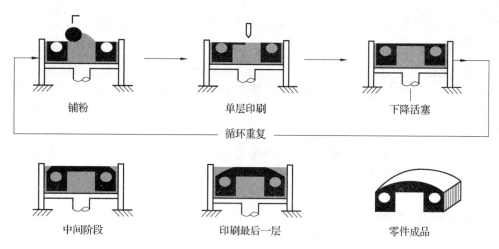

铺粉　　　　　　　　单层印刷　　　　　　　　下降活塞

循环重复

中间阶段　　　　　　印刷最后一层　　　　　　零件成品

图7-33　3D打印原理

3D打印与平面打印非常相似，该技术的原料也是粉末状的。典型的3D打印机有两个箱体，如图7-34所示，左边为储粉缸，右边为成型缸。打印时，左边会上升一层(一般为0.1 mm)，右边会下降一层，滚粉辊把粉末从储粉缸带到成型缸，铺上厚度为0.1 mm的粉末。打印机头根据计算机数据把液体打印到粉末上(平面打印机的Y轴是纸在动，而3D打印的Y轴是打印头在动)，液体要么是黏合剂要么是水(用于激活粉末中粉状黏合剂)。

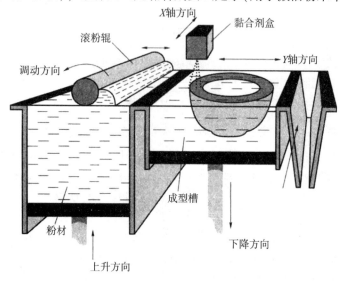

图7-34　3D打印机工作原理

1)3D打印过程

3D打印的基本过程包括三维设计、打印和完成3个环节。

(1)三维设计。3D打印的设计过程是通过CAD或计算机建模软件建模，将建成的三维模型"分区"形成逐层的截面，从而指导打印机逐层打印。设计软件和打印机之间协作的标准文件格式是STL(Stereo Lithography，即"立体平版印刷"文件格式)。一个STL文件使用三角面来大致模拟物体的表面。三角面越小，其生成的表面分辨率越高。PLY(Polygon File Format，即"多边形文件格式")是一种通过扫描来产生的三维文件格式，其生成的VRML(虚拟现实建模语言)或者WRL文件(虚拟现实文本格式文件)被用作全彩打印的输入文件，也可通过扫描件获取 CAD 数据，如图 7-35 所示。

图 7-35 由扫描件获取 CAD 数据

（2）打印。打印机通过读取文件中的横截面信息，用液体状、粉状或片状的材料将这些截面逐层地打印出来，再将各层截面以各种方式黏合起来从而制造出一个实体。这种技术的特点在于其几乎可以造出任何形状的物品。

打印机打出的层截面的厚度（即 Z 方向）及平面方向（即 X-Y 方向）的分辨率是以 dpi（像素每英寸）或者微米来计算的。一般的层厚度为 100 μm，也有的打印机可以打印出 16 μm 薄的一层。而平面方向则可以打印出跟激光打印机相近的分辨率。打印出来的"墨水滴"的直径通常为 50 ~ 100 μm。用传统方法制造出一个模型通常需要数十小时到数天，而采用 3D 打印技术则可以将时间缩短为数个小时，当然与打印机的性能，以及模型的尺寸和复杂程度有关。

传统的制造技术，如注塑法能够以较低的成本大量制造聚合物产品，而 3D 打印技术则能够以更快、更有弹性及更廉价的办法生产数量相对较少的产品。

（3）完成。目前 3D 打印机的分辨率对大多数应用来说已经足够（在弯曲的表面可能会比较粗糙，像图像上的锯齿一样）。若要获得更高分辨率的物品，可以先用当前的 3D 打印机打印出稍大一点的物体，再稍微经过表面修整即可得到表面光滑的"高分辨率"物品。

有些技术可以同时使用多种材料进行打印，有的打印还会用到支撑物。例如：在打印出一些有倒挂状的物体时，就需要用到一些易于除去的东西（如可溶的东西）作为支撑物。

2）3D 打印技术的应用

在国防领域，3D 打印机能够成功打印出航空发动机的重要零（部）件。在我国的大型客机 C919 的研制过程中，采用激光 3D 立体成型技术解决了飞机大型钛合金结构件制造的技术难题。西北工业大学凝固技术国家重点实验室把快速原型制造的增材成型原理和同步送粉激光熔覆相结合，开发出一种快速成型高性能致密金属零件的新技术，用于直接制造可以承载高强度的力学载荷的金属结构件。

目前，虽然 3D 打印已涵盖汽车、航天航空、日常消费品、医疗、教育、建筑设计等领域（见图 7-36），但由于打印材料的局限性，产品多停留在模型制作层面。也就是说，目前 3D 打印技术的优势主要是缩短设计阶段的时间，使得设计者的模型实现起来比较便利。如在传统的制造业流程中，设计图纸需要再拆分为各个元素后，去开模，然后再组装，

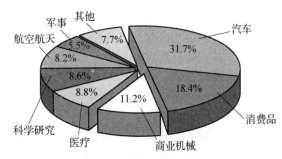

图 7-36 三维打印在各行业中应用的比率

其弊端是花费的周期比较长。而当设计师对模型做出调整后，相同的步骤又得重复一遍，循环往复。有了 3D 打印，设计师的图纸可以快速变成实体，然后开模，进行规模化大生

产。从这个意义上讲，3D 打印技术更在于设计环节的时间成本的节约。

7.5.4　RPT 的发展方向

RPT 是当今世界上发展最迅速的先进制造技术之一，在短短三十几年的时间里，从只有一家公司的一台设备（1988 年第一台商业化成型机问世）发展到数百家机构从事成型设备、工艺和相关材料的研究开发，成批的加工中心面向社会承揽来图加工服务，更多的企业利用 RPT 直接为生产和新产品开发服务。美国在这一领域一直处于领先地位，而欧洲国家、日本和中国在 RPT 上也取得了长足的进步。

目前，RPT 已广泛应用于汽车、航空、医疗、建筑设计等领域，RPT 从模具设计到满足用户的个人定制需要方面都发挥了重要作用。

由于 RPT 属于一种新的制造技术，因此在设备、工艺和材料各方面都存在很大的发展空间。进一步完善和改进各种 RPT 工艺，提高加工效率和质量，降低设备制造成本和运行成本，研究开发更多适用材料，降低材料成本，这是 RPT 到了产业化阶段必须要面对的问题。尤其是在像我国这样的发展中国家，提高 RPT 设备的性能、降低成本、保证较高的性价比是推广和普及 RPT 的关键问题。

直接使用金属材料和陶瓷成型产品结构件，这是全世界 RPT 的发展方向，一般可以通过两种途径：一是使用高功率 CO_2 激光直接烧结金属粉，逐层堆积成致密度高的结构件；二是使用中低功率 CO_2 激光烧结覆膜金属粉成型，然后通过高温烧结和渗金属处理获得致密度高的结构件。

加强 RPT 的应用研究，最大限度地拓宽其应用领域，这是发展本项先进制造技术最值得注意的问题。在这一方面我国更应重视将 RPT 与反求工程相结合设计开发新产品，因为它符合发展中国家的国情。

7.6　制造技术的发展

随着现代科技的飞速发展，作为一切工业基础的机械制造技术，正与当代最新科技成果不断地交叉融合，已经改变了它的传统面貌，制造技术的内涵也在不断地扩展，形成了现代制造技术的最新概念。

1. 并行工程技术

并行工程（Concurrent Engineering，CE）是一种系统的方法，以集成和并行的方式设计产品及其相关过程。并行工程技术的宗旨是改善设计与制造间的信息交流，将产品的设计与制造及其相关过程进行系统的综合，以期在产品设计的同时就将整个产品生命周期中的生产、质量、维修、成本、开发时间和用户需求等各个环节考虑进去，从而大大缩短产品的生产周期。这项技术的关键在于：将 CAD、CAM、CAT 和管理等有机地结合起来，并打破以往设计、试验、生产的串行环节，引进动态并行机制，即将产品生产中的各种因素进行有机综合、并行处理，将产品的设计、生产计划、加工、检验和市场分析等同步进行。为实施并行工程，现已将 CIMS 扩展到供应商处。并行工程技术的实施将可能取代目前流行的 CAD/CAM 一体化制造系统。

2. 智能制造技术

在制造技术中融入人工智能技术，可以效仿人类在做出决断、处理自然语言、视像等领域的行为，从而取代延伸制造环境中的部分脑力劳动，使系统能自动监控其运行状态，在受外界或内部激励时能自动调整参数，以期达到最佳状态，具有自组织能力。

在未来工厂中实施并行工程，可以使用的人工智能方法包括以知识为基础的系统、模糊逻辑和神经网络。每种方法都有其解决问题的独到之处，而某些问题的解决则可能需要几种方法合并使用。以知识为基础的系统常称为专家系统，把专家的知识变成符号或规则收集起来，提供给系统，使系统能对情况变化做出相应的反应，这对已熟知的、需精确计算的非动态问题最为有效。但并非所有问题都可用固定的规则来解决，有时必须采用模糊逻辑来代替固定的、精确的表达方式。与以知识为基础的系统的不同之处在于：在进行优化控制的过程中，模糊逻辑系统可以对某些情况进行模糊判断。由于其输出可以是平滑的，因此模糊逻辑技术对控制不断变化的系统非常合适。神经网络系统是以模仿人类神经和思维活动的数学模型为基础的非线性处理系统，即使在不知道运动的确定的函数表达的情况下，仍可以依靠以前的经验，通过学习和自组织与自适应，动态地实现或修正系统对环境的反应，因此特别适用于复杂空间曲面的加工控制。

智能制造技术的研究，一般可分为 3 个层次，即单元加工过程的智能化、工作站控制的智能化和在 CIMS 基础上的智能化。

3. 毫微技术与微型机械

毫微技术是超精密加工的前沿技术，它是一种操纵原子、分子或原子团、分子团，使其形成所需要的物质或元器件的技术。目前，能实现原子级毫微加工的技术有多种，如离子束加工、电子扫描隧道技术、酸蚀法等。所谓酸蚀法就是采用传统的照相平版印刷技术，将元件的图形印制在聚酰亚胺上，再利用化学蚀刻的方法加工出凹腔，然后用电镀技术将铜、镍、金、银等材料填入凹腔中，最后再经过一次蚀刻，除去聚酰亚胺模型，使完整的元件显露出来。

毫微技术的发展促进了微型机械的出现。微型机械是机械技术与电子技术在毫微米水平上相融合的产物。20 世纪 80 年代末，美国加州大学伯克利分校已经开发出了微型电动机，其转子直径仅为 60 μm，而人的头发的直径为 70～100 μm。微型电机的问世，使人们可将微米级的微型减速器、阀类的执行器组成的微型机器人装入汽车的燃油系统中，以清理油管路和喷油嘴。微型传感器用于机械领域，可以实现控制生产、传递信息、诊断故障等。因此，有人将毫微技术与微型机械称为"21 世纪的核心技术"。

4. 极限条件下的成型加工技术

人类活动的空间正从陆地向空间和海洋方向扩展。在真空、失重及水下高压等极限条件下的成型加工已成为可能。太空焊接、水下切割与焊接技术已开始应用。

可以设想对电子元件的超精密加工的理想场所不是地球，而是超净无尘的太空。因此，超净无尘的各类应用技术将获得发展。

5. 利用太阳能加工

太阳能的利用与开发，已为世人所瞩目。太阳能和光伏技术能够实现对太阳辐射的聚焦，可以得到直径为 10 cm 的光束。在目标区域的中心，光通量密度可达 250 W/cm^2，在太阳辐射的焦点处放置一个次级集结器，可使光通量增加 10～20 倍。因此，太阳能有可能成为高功率辐射加工的能源，而且在空间和月球表面等极限情况下进行加工时，太阳能加工将更具优点，因为那里集结辐射的效率将更高。

此外，虚拟制造（Virtual Reality Manufacturing，VM 或 VRM）和敏捷制造（Agile Manufacturing，AM）等新概念和新技术也出现在未来的制造技术领域。

先进的制造技术都是在一定历史条件下产生和发展起来的。各种先进制造技术往往都是多种学科（计算机信息技术、机械工程和系统制造、材料科学和光电子学科等）的集成，具有明显的系统科学性和学科综合性的特征。上述新技术的出现和设想，给制造技术的发展展示了无比灿烂的前景。现代生产追求的目标是最小投入，最大产出，在花色、品种和质量上让用户满意，以最快的速度设计和制造出来，即体现优质、高效、低消耗的原则。因此，合理运用现有生产条件、结合当代高新技术的最新成果组织生产，是制造技术发展的基础与关键。

 ## 本章知识小结

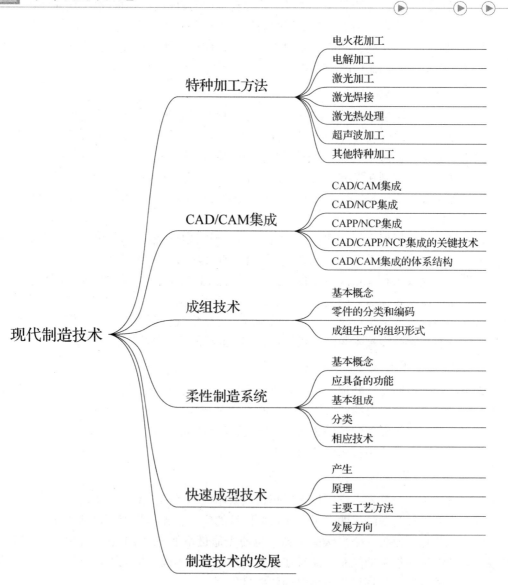

习题

7-1 简述电火花加工的原理及特点，以及电火花加工的应用。

7-2 简述电解加工的原理、特点及应用。

7-3 激光焊接、激光热处理各自的优点有哪些？

7-4 CAD/CAM 集成的概念，以及实现各种集成所需具备的基本要素有哪些？

7-5 CAD/CAM 系统的类型大致可分为哪几种？试简述对应的特点。

7-6 Opitz 编码系统中，各码位所描述的特征内容有哪些？

7-7 柔性制造系统的分类及其所具备的功能主要有哪些？

7-8 简述 RPT 的原理及成型方式。

7-9 RPT 有哪些优点？

7-10 简述现有的 RPT 的主要工艺方法，并给出对应的适用范围。

第8章
武器身管制造工艺

炮管和枪管都统称为身管。当前火炮多为线膛炮。线膛炮是一种身管有膛线的火炮，其膛线如图8-1所示。弹丸沿炮膛膛线旋转前进，出炮口后具有一定的转速，可以保持稳定飞行。线膛炮的炮弹均从炮尾部装填，射程、射速和射击精度等皆优于滑膛炮。

图8-1　线膛炮炮管内部的膛线

滑膛炮是身管无膛线的火炮。最早的火炮都是滑膛前装炮，炮弹从炮口装填。炮弹上装有尾翼，射后炮弹依靠尾翼的平衡保持稳定飞行，进而击中目标。当前滑膛炮主要有迫击炮和无坐力炮。特别是用于反坦克的无坐力炮，采用滑膛炮发炮弹，弹丸飞行中不旋转，故而增大了破甲效果。

在每一次射击循环中，枪械一般要完成以下7个动作。

(1)击发：手扣扳机后，击针打击枪管弹膛内的枪弹底火，引燃发射药发射弹头。

(2)开锁：枪管和枪机解脱连锁，打开枪管弹膛。

(3)后坐：枪机向后运动并压缩复进簧。

(4)退壳：枪机后坐时从膛内抽出弹壳，并将其抛出机匣。

(5)复进：在复进簧的推动下枪机向前运动。

(6)进弹：枪机在复进中推弹入膛。

(7)闭锁：枪机与枪管连锁，关闭枪管弹膛。

枪械的典型机构如下。

(1)枪管：发射时火药燃气推动弹头沿枪管向前运动，并赋予弹头一定的初速度、方向和转速。

（2）闭锁机构：为了保证自动武器可靠地发射弹丸，并获得规定的初速。应当在推弹之后关闭弹膛并顶住弹壳，以防止弹壳因高膛压时后移量过大而发生横断和火药气体向后逸出；在弹头出枪口后能及时打开枪膛，以完成后继的自动循环动作。闭锁机构一般由枪机、枪机框（或节套）和枪管组成。

（3）供弹机构：包括容弹具、输弹机构和进弹机构。

（4）击发机构：包括击针、击锤、击针（锤）簧。它是产生机械冲量，并把其传给枪弹底火的机构。

（5）发射机构：包括扳机、扳机簧、阻铁、阻铁簧、保险杆等，是控制击发机构进行击发或呈待发的机构。

（6）退壳机构：完成退壳和抛壳的机构，一般由枪机、枪机框（或节套）和枪管组成。

（7）瞄准装置：使枪膛轴线形成射击命中目标所需的瞄准角和提前角。

枪管是自动武器中主要零件之一，其特征最突出。自动武器的制造特点，突出地在枪管制造中反映出来。所以，自动武器典型零件的制造，首先应研究枪管制造。枪管毛坯及外形如图8-2所示。

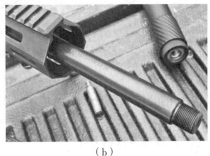

（a）　　　　　　　　　　　　（b）

图8-2　枪管毛坯及外形

（a）枪管毛坯；（b）枪管外形

8.1　枪管和身管的结构与技术要求

枪管具有内膛与外表面两个部分。

▶▶▶ 8.1.1　内膛的结构与技术要求 ▶▶▶

内膛又由线膛与弹膛组成。

1. 线膛的结构与技术要求

线膛的膛内结构如图8-3所示。线膛部分有膛线，膛线的部分结构参数如下。

1）膛线数目（n）

一般 $n \approx 0.5D$（D 为口径，单位为 mm），当 $D = 6 \sim 8$ mm 时，$n = 4 \sim 6$；$D = 10 \sim 15$ mm 时，$n = 8$，n 应为偶数。

2）膛线形状与宽度

国产制式武器，膛线断面形状呈矩形，称为矩形膛线。膛线结构中，凸起的部分为阳线，用 a 表示其宽度；凹陷的部分为阴线，用 b 表示其宽度。阴线宽 a 与阳线宽 b 之比，即 a/b 一般为 $1.25 \sim 1.7$。

3）腔线深度（t）

一般 $t = (0.01 \sim 0.02)D$。

4）膛线缠度（η）

膛线绕内膛旋转一周，在轴向移动的长度叫作导程，导程对口径的倍数称为膛线的缠度。

国产制式武器，$\eta = 28 \sim 32$；缠角在线膛中不变化，为等齐膛线；膛线旋向一般为右旋；缠距（导程）$l = \eta D$，单位为 mm。

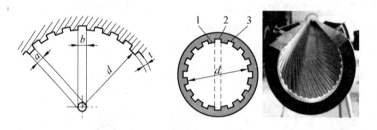

1—阳线；2—阴线；3—导转侧。

图 8-3 线膛的膛内结构

武器的技术要求如下：

（1）阴线和阳线的公差大部分需符合国家标准，其制造公差为 $0.06 \sim 0.1$ mm；

（2）阳线精度较高，一般为 IT9 ~ IT11 级，多为 IT10 级；阴线次之，为 IT10 ~ IT11 级；阴线宽最低，为 IT13 ~ IT14 级；

（3）表面粗糙度 $Ra\,0.2 \sim Ra\,0.4$；

（4）材料硬度为 $2\,290 \sim 3\,680$ N/mm^2；

（5）径向铬层厚度为 $0.03 \sim 0.45$ mm。

对于弹丸与线膛的配合有特殊要求：弹丸与阴线之间的配合常有间隙，但此间隙应尽可能小；弹丸与膛线导转侧的配合高度的变化应尽可能小；考虑到弹丸与内膛直径精度获得的难易程度，规定了线膛径向尺寸的制造公差为 $0.06 \sim 0.1$ mm；阳线是弹丸在膛内运动时的定位部，作用重要，且是用圆柱孔的加工方法得到的，制造较为容易；阴线是由螺旋形凹槽所形成的，其作用是使弹丸获得旋转，并能防止工作时漏气，在阴、阳线精度相同的情况下，阴线的获得较阳线困难。根据作用的重要性及加工的难易程度，调整制造公差，使阴线的精度略低于阳线，这是合理的，合乎"工艺等价原则"。

为了减小摩擦阻力，提高耐磨性及抗蚀性，保证枪管的射击散布精度和寿命，要求枪管线膛有较小的粗糙度。但若要求 $Ra < 0.2$ mm，制造难度大，而且不经济。铬金属化学稳定性高、熔点较高、硬度高、摩擦因数小，具备很好的耐蚀性、耐热性和耐磨性。线膛镀铬，能有效地延长枪管的寿命。对于轻、重机枪和大口径机枪，由于它们的实际射速高、温度高，一般需镀较厚的铬层。

线膛的直线度要求通常用长样柱进行检验。例如：对 7.62 mm 口径的枪管，采用短样柱分组，长样柱试通的方法进行检验。即先用不同径向尺寸、工作长度为 70 mm 的短样柱将其直径分组，然后按组选用工作长度为 300 mm 的长样柱进行检验。枪管置于垂直位置，借样柱自重能自由通过枪腔为直线度合格。

2. 弹膛的结构与技术要求

弹膛通常是由 2~5 个锥体(包括线膛与弹膛的连接部分——坡膛)组成。锥体的数目取决于枪弹的结构。

以弹壳口部定位的 59 式枪弹，弹膛为 2 个锥体，如图 8-4(a)所示；51 式、56 式 7.62 mm 枪弹，弹膛为 4 个锥体，如图 8-4(b)所示；53 式 7.62 mm、54 式 12.7 mm 和 56 式 14.5 mm 枪弹，弹膛均为 5 个锥体，如图 8-4(c)所示。

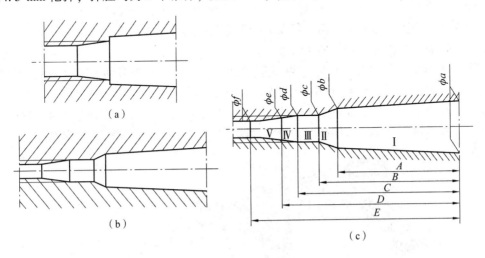

图 8-4　弹膛结构

(a)2 个锥体；(b)4 个锥体；(c)5 个锥体

上述几种制式武器弹膛的技术要求如下：

(1)弹膛的径向尺寸精度要求较严，介于 IT8~IT11 级之间，常在 IT9~IT10 级之间，其公差均为 0.05 mm；

(2)弹膛的轴向尺寸多为未注公差尺寸，按 IT14 级加工；

(3)弹膛的表面粗糙度通常为 $Ra\,0.1$~$Ra\,0.8$，多数为 $Ra\,0.2$；

(4)弹膛与线膛的同轴度为 0.1 mm；

(5)弹膛径向镀铬层厚度一般为 0.01~0.06 mm。

弹膛径向公差的确定，首先要考虑满足使用要求，然后才考虑生产经济性。枪弹与弹膛的配合一定要有间隙，以利于枪弹顺利进膛，特别是当弹膛或枪弹上有油污和灰尘时，间隙便显得更加重要。但间隙不能太大，否则不能保证闭气，或导致弹壳发生塑性变形而纵向破裂。一般要求枪弹与弹膛的配合间隙在 0.05~0.025 mm 之间(最大情况下不超过 0.4 mm)，即制造公差为 0.2 mm。

弹膛是切削加工出来的，最后工序是铰削，可以得到较高的精度，其经济精度为 IT7~IT9 级，公差为 0.015~0.052 mm。弹壳是冲压加工出来的，由于模具有制造公差，在工作中还要磨损，形成弹壳本身时存在有弹性回跳，因此不易得到较高的精度。根据工艺等价原则，应缩小弹膛的制造公差，增大弹壳的制造公差。所以，弹膛的公差一般定为 0.05 mm，而弹壳的公差定为 0.06~0.15 mm。

弹膛的轴向尺寸精度，对大多数自动武器来说，按未注公差尺寸加工，即公差较宽，这主要是因为闭锁间隙的精度是靠对枪机先选配、后修锉的方法来保证的。弹膛的表面粗糙度影响抽壳阻力、耐磨性和耐蚀性，一般要求具有较小的表面粗糙度。弹膛各锥体要同轴，弹膛与线膛要同轴。若第一、二锥体不同轴，会使抽壳困难；第三、四(五)锥体不同轴，以及弹膛与线膛不同轴均将影响射击散布精度。弹膛镀铬的目的主要是为了防蚀，同时还可以降低摩擦因数，增强耐磨性。故其上铬层较薄。

▶▶ 8.1.2 枪管外表面的结构与技术要求 ▶▶ ▶

枪管外表面包括外圆表面和前、后端面。对绝大部分枪管来说，外圆表面为旋转表面，通常为阶梯圆柱面和圆锥面，仅在某些手枪及旧式武器中枪管才为非旋转表面。外圆表面为旋转表面的枪管有较好的工艺性。

图8-5所示为我国自主研制的79式轻型冲锋枪，该枪管外表面有配合表面和非配合表面。配合表面一般按IT8～IT10级制造。对于过盈配合表面，如与准星座、表尺座、导气箍等的配合表面，为了提高生产经济性，先将其制造公差放大，按IT7～IT9级制造，然后分组，按组进行装配，以保证配合精度。这些配合表面的表面粗糙度常为 $Ra\ 0.8$。

图8-5 79式轻型冲锋枪

枪管的外圆要求与其内腔同轴。若不同轴(即存在有壁厚差)且其数值较大时，将对枪管产生不良的影响：枪管的强度降低；枪管上的配件(如瞄准装置)对枪轴线产生偏移；枪管热膨胀不均匀而产生弯曲，使枪管的强度、射击散布精度降低。所以，对配合表面，口径为7.62 mm的壁厚差一般允许为0.1～0.2 mm；口径为12.7～14.5 mm的壁厚差允许为0.5 mm；对非配合表面，允许的壁厚差数值可以大一些，但应小于上述数值的两倍。

枪口部的结构如图8-6所示。

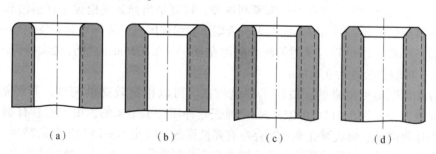

(a)　　　　　　(b)　　　　　　(c)　　　　　　(d)

图8-6 枪口部的结构

(a)圆弧形面；(b)锥面—弧面；(c)弧面—平面—锥面；(d)锥面—平面—锥面

图8-6中，（a）和（b）常用于手枪、步枪和冲锋枪，（c）和（b）用于带有膛口装置的枪管。在线膛和枪口端面之间有一个平缓的过渡圆弧或圆锥面，以保护线膛末端不被碰伤。要求枪口端面与线膛垂直，过渡圆弧或圆锥面与线膛同轴，以保证弹丸出膛口时运动方向的正确性。这些要求是通过样板来进行检验的。枪口部的表面粗糙度应不大于 $Ra\,1.6$。枪管尾端面常有容纳拉壳钩、推弹凸榫等的凹槽。枪管尾端面应平整，且与枪膛垂直，表面粗糙度一般为 $Ra\,1.6$。枪管材料的硬度为 $2\,290\sim3\,680\ \text{N/mm}^2$，是经过调质处理得到的，为索氏体组织，综合力学性能较好，同时也易于加工。

对于某自动武器，枪管尾端还需进行局部热处理，以提高其硬度，目的是使枪管尾端面具有较高的撞击强度，使弹膛部分能取较小的安全系数，以利于缩小机匣的尺寸；补偿由于采用楔闩连接而引起的枪管尾部强度削弱。

 ## 8.2　枪管和身管的材料和毛坯

▶▶▶ 8.2.1　枪管的工作条件及对材料的要求 ▶▶ ▶

自动武器的枪管在射击时工作条件非常恶劣，它承受着脉动的高压作用（一般压力为 $250\sim400\ \text{MPa}$，作用时间在 $0.008\ \text{s}$ 以内，每分钟作用 $500\sim1\,800$ 次）、高温作用（火药燃烧温度约 $3\,000\ ℃$，内膛表面瞬时温度可达 $1\,000\ ℃$）、弹丸卡入膛线及在膛内运动时的高速挤压和摩擦作用、高压高温高速气流的冲刷作用和火药与击发药燃烧生成物的腐蚀作用。

为了保证枪管在上述工作条件下能够正常工作并有足够的寿命，对其材料有下列要求：

（1）应具有足够的弹性和强度极限，以保证射击时在最大压力的作用下，不产生残余变形或破坏；

（2）应具有足够的冲击韧性和疲劳强度，以便在火药气体动高压的冲击作用下，特别是火药气体压力超出正常而偶然突增的情况下（如装药量偶尔增多或弹丸在膛内运动突然受阻时），不产生脆性破坏；在脉动应力循环的作用下，不产生过度劳断裂；

（3）应具有良好的耐热性、耐磨性和腐蚀性，以保证在高温下枪管材料的性能没有明显降低，且使枪管有较高的寿命。

▶▶▶ 8.2.2　选择材料的原则 ▶▶ ▶

选择材料时应遵循以下原则：

（1）材料应满足使用要求；

（2）材料应具有良好的工艺性；

（3）材料来源充足，成本低廉。

必须指出的是：对于军品，要突出使用要求，使用要求为第一，而其他要求次之；对于民品，选择时应注意使用要求，但更注意工艺性和成本。

▶▶▶ 8.2.3　常用的枪管钢 ▶▶ ▶

根据枪管的工作条件对材料所提出的要求、选材原则和长期的使用经验，含碳量为

0.5%左右的中碳结构钢经过热处理，可以满足膛压为 300~330 MPa、口径为 7.62 mm 的步枪和机枪的枪管强度与韧性要求。

口径为 7.62 mm 的步、机枪枪管的材料一般用碳素结构钢，具体钢号是 50BA。对于口径较大的枪管，则需采用合金结构钢。因为碳素钢与合金钢相比，有显著的不足，在高、低温条件下，碳素钢的力学性能、耐磨性、耐热性和耐蚀性均不及合金钢。

枪管用的合金结构钢，其合金化的原则是：中碳+提高淬透性元素+防止回火脆性元素+阻止晶粒长大(细化晶粒)元素。提高淬透性的元素：除钴以外的合金元素，均能增加钢的淬透性，常用元素有 Cr、Mn、Ni、Si、B，用得最多的为 Cr、Mn、B。防止回火脆性的元素：Mo、W。阻止晶粒长大的元素：V、Ti。

目前世界上许多国家用 Cr、Ni 元素为主的合金钢系统，我国采用以 Mn、Si、B 元素为主的合金钢系统。大口径枪管所用的材料，采用的是中碳、多元素、低含量的合金钢。常用的钢号是 80CrNi2MoVA 和 30SiMn2MoVA，后者是前者的代用料。枪管钢属于轻武器专用钢，按 GJB 3327—1998、GJB 3328—1998 及 GJB 3329—1998 进行生产。轻武器专用钢与国家标准钢号相比较，其主要不同点是对前者提出了更严格的要求。轻武器专用钢品质好，属于高级优质钢。在检验时，须按规定数量取样，检验项目多，要求严。

所有这些检验项目与要求都是为了保证钢的质量：保证钢的静强度，特别是保证钢的断裂韧性、冲击韧性、疲劳强度；防止钢的低温脆性破坏和失效裂纹源；保证武器在特殊工件条件下的使用要求和足够的寿命。因此，轻武器专用钢应按专用标准生产与验收。

▶▶▶ 8.2.4　枪管用的毛坯 ▶▶▶

根据不同的枪管结构，采用不同的毛坯。常用的枪管毛坯有 3 种。

1)型钢或无缝钢管

对于沿枪管轴向没有较大直径变化的枪管，通常采用热轧圆钢为毛坯。

2)镦锻毛坯

对于存在有局部粗大的枪管，为了节约材料与加工工时，可选用圆钢将其局部镦粗，作为枪管的毛坯，这就是镦锻毛坯，如 56 式半自动步枪、56 式冲枪和 56 式大口径机枪枪管所用的毛坯。

3)模锻毛坯

对于枪管较短、其上有较大凸起，且生产量比较大的手枪枪管常用这种毛坯。各种枪管毛坯在转入机械加工以前均需进行正常化处理；合金钢枪管一般在毛坯时进行最终热处理。

8.3　枪管和身管的制造过程

▶▶▶ 8.3.1　枪管制造的特点 ▶▶▶

在自动武器制造中，枪管制造最具有特征性。

(1)具有长径比特别大($l/d=25\sim130$)、内孔形状复杂、质量要求高的深孔加工。

（2）属于工件细长、刚度不足、要求外圆与内孔同轴的厚壁阶梯管件加工。

枪管制造是自动武器制造中一件复杂而繁重的工作，概括起来就是工艺特殊，加工复杂。

枪管的制造特点具体表现如下。

（1）需要较多的专用设备、工艺装备和专门工种的技术工人。

（2）加工中需要划分加工阶段，贯彻互为基准、逐渐提高精度的原则，采用工序分散的方法，以保证枪管的加工质量，因此，枪管加工有明显的规律性，且工艺路线长，加工工序多（有的枪管加工有100多道工序）。

（3）在制造过程中涉及的工艺种类较多，如有热加工、切削加工、压力加工、化学与电化学加工等。需要各种工艺适当地配合。

（4）深孔加工，刚度不足，既限制生产率，又影响加工质量，为确保加工质量，在基本工序之间需要安排大量的非基本工序，这又影响了生产率。所以，枪管制造的生产率是不高的。

▶▶8.3.2　枪管制造中工序的种类 ▶▶▶

在枪管制造中，包括了许多工序。其中，一部分是主要的，常称为基本工序；另一部分是次要的，常称为非基本工序。为了便于了解和掌握枪管的制造过程，按照各个工序的性质与作用，将其细分为4类。

1）基本工序

基本工序是改变枪管尺寸、形状和金属物理力学性能等有关的一些工序，如枪管内外表面的机械加工、热处理、表面处理、电化学加工等工序。此类工序在枪管制造的工艺过程中起决定性作用。

2）辅助工序

辅助工序包括以下三类。

（1）为保证正确地完成基本工序而进行的准备工序和终结工序。例如：在钻深孔以前的毛坯校直、切端面和打中心孔；挤线前的按硬度分组、去油、着铜或着铜并镀铅，挤线后的去应力回火、去铜或去铅去铜；镀铬和氧化或磷化前后的一些工序等。

（2）炉号转移工序。枪管毛坯必须按熔炼炉号打上印记。为了使炉号印记不在加工过程中被切去，因此需要炉号转移工序。打炉号印记的目的有3个：

a. 掌握每一炉号材料的具体化学成分，以便按炉号制订或调整热处理规程；

b. 当生产中发现某个炉号材料有质量问题时，便可使整个炉号的枪管停止生产，以保证质量和防止进一步造成浪费；

c. 在武器使用过程中若发生重大问题（如枪管在射击中破裂），可按炉号印记查找材料上的原因或对同一炉号的枪管进行适当处理。

（3）为便于在制品的短期贮存而设置的擦拭内膛、涂油防锈等工序。

3）修整工序

修整工序是带修理性和校正性的工序，包括：钻孔或铰孔后尺寸过小或表面粗糙度过大而进行的补充铰孔；阳线表面不平整而进行的光冲头拉光；螺纹加工中用板牙修整与规正；热处理硬度不够的重复热处理；镀铬尺寸过小或存在局部严重的退铬重镀；枪管弯曲的校直等。

4)检验和试验工序

为了保证加工质量，在一些重要工序之后（或之前）、在加工阶段转换之间、在加工全部完之后，均应安排检验和试验工序。在镀铬之后要进行高压弹试验，以检验枪管的强度及铬层的质量，然后用磁力探伤仪进行有无裂纹的检验。

在设计枪管的工艺规程时，首先要合理地确定基本工序的位置，然后根据基本工序和实际生产的需要，设置若干辅助工序、修整工序、检验和试验工序，并将其插入基本工序之间，便形成了枪管制造工艺规程。

▶▶▌8.3.3 枪管的制造过程 ▶▶▶

枪管生产已有很长的历史，各类枪管制造所用的加工方法、设备、刀具和夹具基本上是相同的。枪管加工工序顺序的安排有着共同的规律，枪管的制造工艺及其过程在相当程度上已经定型了。但是，生产的不断发展，新工艺、新技术的不断涌现和应用，引起了枪管的制造过程很大程度的变化。若各类枪管的制造采用相同的加工方法与技术时，其加工工序的顺序安排仍然是大致相同的。

枪管制造中机械加工工艺最为主要，它是枪管制造的主体。机械加工由内膛加工和外表面加工组成。内膛加工是基础，它是工艺过程中最具有特征性和最专门化的加工。内膛加工又分为线膛加工和弹膛加工两个部分，具体加工有光膛加工、形成膛线和弹膛加工3个基本阶段。

枪管径向设计基准为枪管轴线；轴向设计基准为枪管尾端面或尾部限位凸肩；周向设计基准为定向凸起（或定位板槽）或螺纹起点、卡榫槽等。为了易于保证加工精度，在加工过程中，一般应采用基准重合的原则，即选这些设计基准为定位基准。

枪管内膛技术要求较高，加工比较困难，而且在加工中容易产生废品，特别是钻深孔时常常发生走偏，致使外表面的加工余量不够而使工件报废。根据易出废品的工序应安排在开始阶段进行加工的原则，故枪管内膛的加工应先于枪管外表面加工，即"废品先行"原则。

为了保证枪管的强度、射击散布精度及装配要求，要求枪管外圆与内膛同轴。内膛要求高，根据先主后次的原则，首先应该加工内膛。为了保证同轴度要求，还必须按照互为基准、反复加工、逐渐提高精度的原则来处理内膛加工与外表面加工之间的关系，所以内膛的加工与外表面加工应交替进行。

形成膛线的方法有多种。采用不同的形成膛线的方法，对枪管加工工序的性质、多少及其顺序安排有较大的影响。例如：采用挤线法，它要求外表面为圆柱形，故外表面的阶梯车削应安排在挤线之后进行；而采用拉线法，则枪管外表面可先车削成台阶形，拉线工序一般放在机械加工的末尾。弹膛与线膛要求同轴，线膛是弹膛的设计基准。因此，加工弹膛时应取线膛为定位基准，弹膛的加工应在线膛加工之后进行。

枪管内膛和外表面加工均包含了几个粗精加工工序。为了保证加工质量，各粗精加工工序之间的关系应该是：枪管外表面和弹膛的粗加工，安排在光膛粗加工之后；外表面和弹膛的精加工，安排在线膛精加工之后。即内膛的加工（粗、细加工）安排在枪管外表面和弹膛加工之前。

下面对枪管的制造过程作进一步的介绍。

1. 光膛加工

它是枪管加工及内膛加工的第一阶段，先在实心枪管毛坯上粗加工(钻与粗铰)出内孔，然后车外圆，再精加工(精铰或电解加工或挤光)内孔。

加工方案常用的有 3 种：

(1)钻孔→粗铰孔→半精铰孔→精孔；

(2)钻孔→铰孔→电解加工；

(3)钻孔→铰孔→挤光。

第一种是一种老方案，多采用低速铰削，生产率低，所需设备量大，不易得到较小的表面粗糙度，不能得到合理的切削痕迹，常需补充加工。

第二种方案生产效率高，加工质量好，其中铰削常用高速，但电解加工工作条件较差，电解液对设备等有腐蚀性，且工件材质及其组织对加工质量有影响。

第三种方案采用的是低速铰削，但由于采用了大余量(0.8~1 mm)的挤光，故其生产效率高，能保证加工质量，这时热处理需放在挤光之后，以便挤线前枪管内具有足够的塑性。

目前，大口径枪管多用第二种方案，小口径枪管多用第三种方案。

2. 形成膛线

形成膛线是内膛加工的第二阶段。

形成膛线的方法有 4 种。

1)拉线法

拉线法是用钩形拉刀、梳形拉刀、螺旋或环形膛线拉刀(见图8-7)拉过枪膛切下切屑的方法来形成膛线的。这种方法使用最早，生产率低(螺旋、环形膛线拉刀除外，但这类刀具制造比较困难)，现已被其他方法所代替。目前仅用于弹道枪和新产品的研制中。

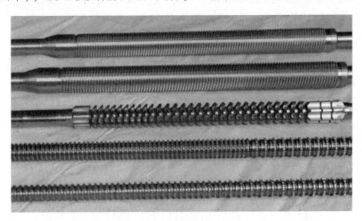

图8-7　拉线法用到的各种拉刀

2)挤线法

挤线法是20世纪20年代末出现的。它是用挤线工具(冲头)，在一定推力的作用下通过枪膛，使枪膛断面产生塑性变形而形成膛线的。这种方法生产率高、质量好，但由于合金钢冲头寿命不高，影响其优越性的发挥。后改用硬质合金冲头，寿命很高，应用广泛，现在几乎所有枪管均采用挤线法来形成膛线。

3）电解加工法

电解加工法是 20 世纪 50 年代应用于生产的一种新工艺，是根据电化学原理按膛线形状电解枪管内膛而形成膛线的一种方法。这种方法的生产率较高，加工质量好，但阴极制造复杂，效率与经济性不及挤线法，所以在枪上没有采用。而小、中口径火炮炮管不宜用挤线法形成膛线，故广泛采用电解加工法。

4）精锻法

精锻法是 20 世纪 50 年代开始应用于生产的一种工艺方法，是利用管状毛坯和带有膛线凸起形状的芯棒，在径向精锻机上通过快速径向锻打，使毛坯内孔产生填满芯棒外形的塑性变形来形成膛线的。这种方法具有很高的生产率和很好的加工质量，同时还能节约枪管材料。

3. 弹膛的加工

弹膛的加工是枪管内加工的第三阶段。加工方案常是：粗铰弹膛→半精铰弹膛→精铰弹膛→抛光弹膛。弹膛的粗铰、半精铰是在机床上进行的，而精铰则由手工来完成。这些工序在工艺过程中不是连续完成的。通常，各工序的安排原则是：粗铰在形成膛线之前；半精铰在形成膛线之后；精铰则在枪管机械加工的末尾、枪膛镀铬之前。

4. 枪管外部的加工

枪管外部的加工包括外圆、尾端面、枪口部和连接螺纹等 4 个部分的加工，每个部分均包含若干个工序。

（1）枪管外圆的加工由粗车、半精车（或精车）和磨削等工序组成。粗车一般安排在钻深孔、粗铰深孔之后和热处理之前进行；半精车一般安排在挤膛线工序之后；精车视需要进行，而磨削均安排在后面一些，以减少已磨削部位在加工过程中的碰伤。

（2）枪管尾端面的加工包括粗切端面、精切端面及尾端面上凹槽的加工。一般粗切安排在粗铰弹膛之前，精切安排在半精铰弹膛之前。

（3）枪口部的加工包括粗切、精切和成型加工。粗切、精切分别在尾端面的粗、精加工之后，成型加工则在尾端面最后一次车削与线膛抛光之后，这样既能保证枪管的长度，又能保证枪口端面对线膛严格的垂直度。

（4）连接螺纹（主要指枪管尾部螺纹）的加工，其定位基准是弹膛表面和枪管尾端面。为了定位时不损坏精确的弹膛表面及减少螺纹在以后加工过程中的碰伤，通常将连接螺纹工安排在半精铰弹膛、尾端面和外圆精加工之后。

5. 枪管的热处理

枪管的热处理包括正常化、整体热处理（淬火与高温回火）、局部热处理（淬火与中温回火）、去应力回火（在挤线后或校直后）、定性回火（镀铬后）等几种。不是所有的枪管均需进行这几种热处理，但一般要进行第一和第二种热处理。

6. 表面处理

表面处理指的是氧化（或磷化）和镀铬。它们均安排在工艺过程的末尾，镀铬在氧化（或磷化）之前进行。下面以 56 式 7.62 mm 冲锋枪枪管（50BA）和 56 式 14.5 mm 高射机枪枪管（30SiMn2MoVA）为例说明枪管的工艺路线。

56 式 7.62 mm 冲锋枪枪管的主要工艺路线为：毛坯校直、切端面、打中心孔→钻深孔→铰深孔→切两端面→粗车外圆→第一次铰弹膛(1、2锥)→冷挤孔→热处理→挤线→第一次切尾端面→第二次铰弹膛→外圆半精及精加工(车、磨)→第二次切尾端面→第三次铰弹膛→抛光线膛→第三次切尾端面→切枪口端面→粗、精锪枪口→光冲拉阳线→铣螺纹→手铰弹膛及抛光→抛光枪口→按线膛尺寸分组并镀铬→高压弹试验→磁力探伤。

56 式 14.5 mm 高射机枪枪管的主要工艺路线为：毛坯热处理→校直→去应力回火→钻深孔→粗车外圆→高速铰深孔→磨枪管尾部及口部外圆→电解加工内孔→挤线→去应力回火→外圆粗、精加工→磁力探伤→红套枪管套筒→切尾端面→粗铰弹膛及精铰 3、4 锥→线膛镀铬→定性回火→车螺纹→半精铰弹膛→精铰弹膛→抛光弹膛→弹膛镀铬→抛光弹膛→铣特制螺纹→磷化。

8.4 枪管和身管的深孔钻削

▶▶▶ 8.4.1 深孔钻削的要求 ▶▶ ▶

枪管制造中用的毛坯一般是实心的，要进行枪管内膛的加工，必须首先在实心毛坯上钻孔。钻孔工序是内膛加工过程中最复杂、最重要而又最艰巨的工序之一。尽管钻孔属于粗加工工序，但它是头道工序，对以后整个深孔加工过程有着先决意义，对以后工序安排的合理性、生产率和孔的质量均有很大的影响，所以不能忽视。为了使所钻的孔符合各个工艺过程的要求，通常对钻孔工序有 4 点要求：

(1)孔的轴线应具有一定的直线度；

(2)孔的轴线应与毛坯的轴线具有一定的同轴度；

(3)孔的截面和表面应具有一定的圆度和圆柱度；

(4)孔的尺寸精度和表面粗糙度应达到对粗加工所提出的要求(尺寸精度 IT12 ~ IT14 级，表面粗糙度 Ra 12.5)。

▶▶▶ 8.4.2 深孔钻削的特点 ▶▶ ▶

深孔钻削的特点如下。

(1)孔的深径比大。深径比指的是孔深度与孔径之比，一般所谓深孔的深径比为 5 ~ 7，而在自动武器中这个比值为 25 ~ 130，比一般深孔的比值大得多，因而不能用一般孔加工所用的刀具、设备和加工方法，而需采用特种刀具、专用设备和合理的钻削方式进行加工。

(2)在钻孔过程中，由于不能确切地保证对钻孔的 4 点要求，因此常需要加大加工余量，以使后续工序有足够的余量来消除钻孔中所产生的各项加工误差。钻孔后孔有直线度、圆度和圆柱度误差，要消除这些误差，就要增大孔的加工余量。例如：对孔径为 5 ~ 15 mm、精度为 IT8 ~ IT9 级的孔，钻孔后的直径加工余量(即铰削余量)为 0.2 mm，而对枪管上的深孔则为 0.5 ~ 1 mm。由于钻孔过程中会产生同轴度误差，即孔的轴线发生走偏，因此要增大毛坯外径，这时毛坯外径尺寸等于管外径成品尺寸加上加工余量和两倍钻头走偏量。

(3)进给量小，生产率低。由于孔深，钻头(杆)的刚度低，不能承受大的切削力和扭

转力矩；由于孔深，排屑通道小，距离长，阻力大，而为了便于排屑，切屑的刚度不能大，所以深孔钻削采用的进给量是很小的，仅为一般孔进给量的几分之一至十分之一，故生产率很低。

8.4.3 深孔钻削的难点及解决措施

深孔钻削，特别是枪管类的深孔钻削，与一般钻孔相比，有以下突出的难点。

(1)排屑难点。切屑不易从孔中排出，常阻塞在刀具与孔壁之间，致使刀具折断和发生走偏，同时使孔的表面粗糙度恶化，故刀具在钻削时应经常退出以进行排屑。

(2)冷却润滑困难。随着刀具的不断钻入，切削液很难达到切削刃，刀具受切屑的包围，散热差，温度高，耐用度降低，提高切削用量受到限制。

(3)刀具细长，强度、刚度不足，且钻头两切削刃很难保证对称，致使加工的孔产生走偏现象。

(4)不能观察刀具在孔中的工作情况，很难做到及时发现问题与处理问题。一旦发现问题，采取措施进行补救时，往往为时已晚，已造成质量问题或安全事故。

解决深孔钻削难点的措施如下。

(1)改善钻头的结构。钻头应能连续供给切削液和连续排除切屑，钻头应具有良好的导向性，钻头结构本身应有纠正走偏的能力，在可能条件下应设法提高钻头的强度和刚度，使钻头能够克服深孔加工所带来的困难，满足深孔加工所提出的要求。

(2)改善机床的结构。机床应具有合理的运动系统、供油排屑系统、防止钻头因切削力矩突然增大而折断的装置及自动停车装置等。

(3)供油系统应保证较高的油压和连续排除切屑所需的最小供油量。

(4)采用合理的切削用量。切屑的刚度和形状直接影响切屑的排出，为了便于排屑，需要采用较小的进给量，这样切屑刚度低，且能够得到有利于排屑的切屑形状。在较小进给量和保证刀具经济耐用度的条件下，应尽量采用大的切削速度。

8.4.4 深孔钻削的方式

钻孔和其他许多切削过程一样，需要有两种运动：主运动(即切削运动或旋转运动)和辅助运动(即进给运动)。这两种运动可以全由刀具完成，也可以全由工件完成，或者由两者共同完成。根据完成这两种运动所取的方式不同，钻削方式可分为以下4种：

(1)工件回转，钻头送进；

(2)钻头回转并送进，而工件不动；

(3)工件回转并送进，而钻头不动；

(4)工件回转，钻头反向回转并送进。

在上述4种方式中，若按主运动完成来分则只有两类：工件完成主运动类(方式1、3、4)和刀具完成主运动类(方式2)。主运动由工件完成或者由刀具完成，对所加工出来的孔来说，各具有不同的特点。现以麻花钻钻孔为例进行说明，如图8-8所示。

用麻花钻钻孔时，若刀具完成主运动(如在普通立式钻床上钻孔)，由于麻花钻是双刃钻头，制造和刃磨时双刃难以保证严格的对称，使用过程中双刃各自的钝化程度也不同，故两切削刃上的水平切削分力不可能完全相等，麻花钻有横刃，在开始接触工件时易偏移。若一旦发生了走偏，钻头将继续保持这个不正确的方向前进，钻孔越深，孔轴线的弯曲和走偏量也越大，但孔的直径没有显著变化，扩张量很小，如图8-8（a）所示。

若以工件完成主运动，且有某种因素使钻头偏离理论进给方向时，由于工件是回转着的，故刀具的走偏便反映为孔径的局部扩大，随着孔径的扩大，又产生了切削刃上受力不匀的现象；外刃负担着较大的切削面积，所以作用在外刃上的水平切削分力大于作用在内刃上的水平切削分力，从而促使其返回原位，因此起到了纠正走偏的作用。这时，所加工出来的孔径有所扩大，孔径大于钻头直径，但孔的中心线是直的且与工件的轴心线重合，如图8-8（b）所示。

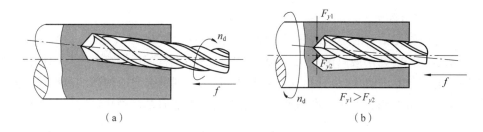

$$F_{y1} > F_{y2}$$

（a） （b）

图8-8 麻花钻钻孔运动过程

（a）刀具完成主运动；（b）工件完成主运动

实践表明：工件完成主运动时孔产生的扩张现象要比以钻头完成主运动时所产生的偏离值小得多，孔径扩大比偏离的误差在后续工序中更容易纠正。为了节约材料，保证生产率和提高经济性，枪、炮管钻孔时一般采用工件完成主运动类。

对于枪管上的钻孔，通常采用钻削方式1；在某些多轴立式钻床上，则采用钻削方式3；对于大型炮管，有的采用钻削方式4。

▶▶▎8.4.5 深孔钻削用的刀具 ▶▶▶

1. 对深孔钻削所用刀具的要求

（1）钻头本身应有合理的几何形状和良好的导向，能消减钻头的走偏。

（2）钻头能顺利地和连续不断地引入切削液并排除切屑。

（3）所得加工表面质量高。

（4）生产率高，寿命长。

（5）制造容易，使用简便。

2. 深孔钻削所用刀具的类型及其适用范围

深孔钻削所用刀具的结构形式很多。按其切削刃数目的多少分为单刃深孔钻和多刃深孔钻；按其排屑的方式分为外排屑深孔钻和内排屑深孔钻。各种深孔钻的使用范围是根据被加工深孔的尺寸、精度、表面粗糙度、生产率、材料可加工性和机床条件等因素来确定的。

外排屑深孔钻适用于加工$\phi 2 \sim \phi 20$ mm、长径比大于100、表面粗糙度$Ra\ 3.2 \sim Ra\ 12.5$、精度IT8~IT10级的深孔，生产率较内排屑深孔钻稍低。

内排屑深孔钻适用于加工$\phi 6 \sim \phi 60$ mm、长径比为100以内、表面粗糙度$Ra\ 3.2$以上、精度IT7~IT9级的深孔，生产率较高。

对于 $\phi20$ mm 以下的深孔，因孔小通常采用外排屑深孔钻。若采用内排屑深孔钻，则因刀具和钻杆内孔很小，切屑很容易堵塞在孔内排不出来。

对于 $\phi20$ mm 以上的深孔，广泛采用内排屑深孔钻，由于切屑在排屑过程中不接触已加工孔，且排屑通畅，故已加工表面不会被划伤，更有利于增大刀具和钻杆的直径，从而提高了刚度，保证了工作的平稳，使孔具有较高的直线度。

枪管孔径小于 $\phi20$ mm ，由于孔径小，因此常采用外排屑深孔钻，且切削刃为单刃的，常称为单刃外排屑深孔钻，又叫枪管钻。

3. 单刃外排屑深孔钻

单刃外排屑深孔钻，由于它最早用于加工枪管，故常称枪管钻(枪钻)，其工作原理如图 8-9 所示。切削时切削液以油压 $p>3$ MPa 的高压，由钻杆 3 后端打入钻杆内部，经月牙形孔 4 和切削部分的进油孔(小圆孔或月牙形孔)到达切削区，起冷却和润滑作用，并迫使切屑随同切削液由 V 形槽和工件孔壁间的空间排出。因切屑是在深孔钻的外部排出，故称外排屑。

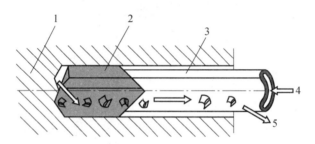

1—工件；2—切削部分；3—钻杆；4—月牙形孔；5—出口。

图 8-9　单刃外排屑深孔钻的工作原理

4. 内排屑深孔钻

由于外排屑深孔钻的扭转刚度低，因此进给量很小，生产率低。为了提高钻杆的刚度，使排屑利，且得到较好的被加工孔的质量，于是又产生了内排屑深孔钻。

用内排屑深孔钻钻孔时，切削液沿钻杆和钻头的外表面与钻头钻出孔的孔壁之间所形成的间隙注入，经过切削区，迫使切屑经过杆中心的圆形孔道排出，故名内排屑深孔钻，其工作原理如图 8-10 所示。

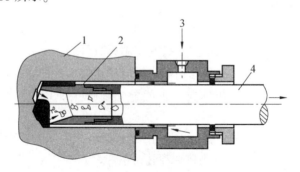

1—工件；2—钻头；3—泵入切削液；4—钻杆。

图 8-10　内排屑深孔钻的工作原理

内排屑深孔钻的钻头一般用螺纹和杆连接，它适用于加工 $\phi12 \sim \phi120$ mm、长径比小于100、加工精度为 IT8 ~ IT10 级、表面粗糙度为 $Ra\ 3.2$ 的孔。由于钻杆是圆管形的，刚性较好且切屑不与被加工孔壁发生摩擦，故生产率和加工质量均较外排屑深孔钻稍高。内排屑深孔钻的切削部分有单刃的，也有多刃的。有用高速钢制造的，也有用镶焊硬质合金的。

目前我国生产状况：枪管深孔钻削中，仍然采用单刃外排屑深孔钻；小口径炮管的钻孔中，既采用单刃外排屑深孔钻，也用单刃内排屑深孔钻。它们的生产效率均比较低。

▶▶▶ 8.4.6　深孔钻削用的机床 ▶▶▶

深孔钻削所用的机床，不仅应满足对钻床所提出的一般要求，同时还应该满足以下各项要求：

（1）能够有效地消除钻头的走偏和孔的扩张；

（2）能连续地供给切削液和排屑；

（3）当负荷（扭转力短）过大时能自动停车；

（4）可以实行多机床管理。

深孔钻床的种类很多，可按其特征进行以下分类：

（1）按运动方式分可分为 4 种，见 8.3 节；

（2）按主轴的位置分可分为卧式钻床和立式钻床两种；

（3）按主轴的数目分可分为一、二、四、六、八、十、十二轴等几种；

（4）按机床的自动化程度分可分为一般钻床和半自动钻床两种。

目前我国在枪管制造中均采用双轴卧式深孔钻床，如图 8-11 所示。

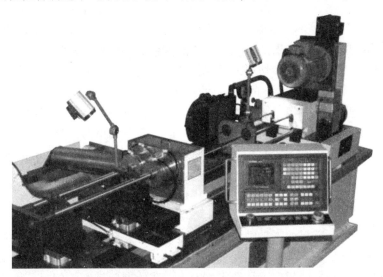

图 8-11　双轴卧式深孔钻床

必须指出的是：国内采用的双轴卧式深孔钻床技术落后，它占地面积大，生产率低；部分发达国家，早已采用多轴（8、12 轴）立式半自动钻床，它们占地面积小，生产率高。因此，需要积极研制或引进，使我国深孔钻削的设备达到世界先进水平。

▶▶▶ 8.4.7 深孔钻削用的切削液及切削用量 ▶▶ ▶

1. 深孔钻削用的切削液

1）对切削液的要求

（1）有较好的冷却作用和润滑作用，并有足够的流动性。

（2）没有腐蚀性，不危害工人的健康。

（3）价廉不乏。

2）常用的切削液

切削液的质量和供给量严重地影响刀具耐用度、顺利地排出切屑和孔的加工质量。我国常用的切削液为含硫1%或含植物油10%的锭子油。

切削液的工作温度一般应保持在20～50 ℃。温度过低（冬天），油的黏性过大，流动性下降，对排除切屑不利；温度过高（在70 ℃以上），油的润滑性变坏，黏性小，油压有所下降，有时还有气泡混入油路中，给冷却、润滑及排屑带来一系列困难。

为了保证顺利地排屑，必须要有足够的供油量。供油量的大小与钻头直径、油压、油温等因素有关。供油压力，对不同的钻削孔径有不同要求：直径小时，油路小，油压损失大，排屑阻力大；随着直径的增大，排屑条件改善，供油压力也逐渐降低。当钻削孔径为5～10 mm时，$p=3.5～4.5$ MPa；当钻前孔径为10～20 mm时，$p=3$ MPa。

2. 深孔钻削用的切削用量

枪管钻的耐用度，习惯上多用总的钻孔深度为单位，这样便可计算出钻头刃磨一次所钻的枪管数。例如：根据某厂的经验，对于高速钢钻头一次刃磨可钻孔深10 mm以上。为了提高生产率，需要选取最大的进给量。但是采用单刃外排屑深孔钻孔时，由于受钻杆刚度、强度及排屑的限制，不能选取大的进给量。切屑的刚度大，厚而长的切屑很难从深孔中排出。要容易排屑，要求切屑的形状成折皱的薄带状，它在较高的油压下能很好地由钻头排屑槽中排出，而要获得这种切屑，只有在较小进给量的条件下才能得到。

一般，对于口径为$\phi 7.62$ mm的枪管，钻孔时进给量$f=0.01～0.026$ mm/r；对于大口径枪管f取得大一些，如钻14.5 mm枪管时，$f=0.07$ mm/r。有了耐用度标准，有了进给量的数值，便可通过公式计算出切削速度来。一般，高速钢单刃外排屑深孔钻的切削速度$v=35～65$ m/min。在相同的条件下，用硬质合金钻头的切削速度比用高速钢钻头可提高60%。

▶▶▶ 8.4.8 深孔钻削的质量分析 ▶▶ ▶

深孔钻削工序是一道粗加工工序，要求不是很高，但它的质量对整个枪管加工过程有很大的影响。钻孔质量主要表现在内孔表面粗糙度、内孔直径和孔的轴线的偏离上。钻孔质量要求孔壁没有粗而深的刻痕、孔径不能太小、孔的走偏量不能超过允许值。例如，对7.62 mm枪管允许走偏1.5 mm，对12.7 mm枪管允许走偏2.5 mm。

在实际生产中，常常发生内孔有深圈和走偏量超过允许值的情况。特别是走偏量有时达到8～10 mm，造成废品，严重影响枪管生产任务的完成和生产的经济性。影响钻头走偏的因素有：机床、枪管毛坯、钻头结构及其几何形状、切削用量、切削液和机床看管等。

1）机床的影响

机床的运动特性、制造精度（机床主轴的跳动量、主轴中心线与导轨的平行度、尾架空心套筒轴承的松动量、空心顶针的外锥体与内孔的同轴度、主轴、尾架及刀架轴线的同轴度等）和调整状况，均能影响钻头走偏量的大小。

2）枪管毛坯的影响

枪管毛坯的影响包括毛坯的直度、中心孔的形状、材料的硬度和材质的均匀性等。毛坯必须校直，否则会增大主轴的跳动量及振动，从而会增大走偏，同时还会增大机床的磨损并降低钻头的寿命。

3）钻头结构及其几何形状的影响

为了保证不走偏和有良好的导向，要求钻头切削刃上切削力的水平分力指向中心；有较大的圆柱面或三点定圆导向；由于切削刃上水平分力的合力随切削速度而变化，因此这个合力的大小与方向是否合理，也会影响走偏。此外，刀杆的直度、钻头与空心顶针间的配合间隙，对走偏也有影响。

4）切削用量的影响

当进给量增大时，切削力增大，切屑变厚，排屑条件恶化，增大了产生走偏的可能性；切削速度影响切削刃上水平分力的合力大小与方向，因此也有可能影响走偏。

5）切削液的影响

切削液的质量、供给量和油压，影响切削力和排屑条件，因而也影响走偏。

6）机床看管的影响

进刀时不能过猛；刀具磨钝产生强烈振动时，应及时更换刀具，否则也会影响走偏。因此，要求勤检查，及时发现不正常情况，及时排除。

▶▶▶ 8.4.9 提高深孔钻削生产率的途径 ▶▶▶

深孔钻削的生产率低，钻枪管这一工序常常是枪管生产过程中的薄弱环节。它占用的机床多，生产面积大，工人数量多，工件存放时间长，造成流水线的阻塞。所以，提高枪管深孔钻削的生产率是一个非常迫切的问题。提高枪管深孔钻削生产率的途径有：

（1）设计多轴立式钻床，以提高生产率，并减小生产面积；

（2）实现深孔钻削过程的半自动化和自动化，以减少辅助时间和工人的体力劳动；

（3）提高切削用量。这是最基本的途径，为此要求：

a. 改进钻头的结构，采用先进的钻削系统，如采用单管喷吸钻，双进油器系统，以提高进给量；

b. 改进刀具材料，如用硬质合金代替高速钢，以提高切削速度；

c. 改进机床结构，提高机床性能，以适应采用新的切削系统和提高切削速度的要求。

8.5 枪管和身管的深孔铰削

▶▶▶ 8.5.1 深孔铰削的概述 ▶▶▶

1. 铰孔的作用及其基本工序

枪管毛坯在钻孔后孔的表面粗糙度较大，形状精度和尺寸精度均很低，为了得到较小的表面粗糙度和较高尺寸精度、形状精度的孔，为后续工序和形成膛线做准备，在钻孔后需要进行铰孔。

枪膛在钻孔后所留下的加工余量是相当大的，一般为 0.5～1 mm，要得到质量很高的孔，这样大的加工余量不可能用一个工序、一把铰刀全部切除，通常需要将铰孔分为粗铰、半精铰和精铰 3 个基本工序。

利用不同尺寸的铰刀依次进行加工，使加工余量和加工误差逐步减小，最后达到具有较小表面粗糙度和较高精度的光表面。3 个基本工序不能安排在一起，连续进行加工，而应合理地安排在整个工艺过程中。由于科学技术的不断发展，新工艺不断被采用，内膛加工常用的 3 个基本工序，目前多被铰孔→冷挤压或高速铰孔→电解加工所代替，这不仅保证与提高了孔的加工质量，同时也大大提高了生产率。

2. 深孔铰削的特点

深孔铰削与一般铰削不同，其主要特点是：需要连续不断地供给切削液并排除切屑；需要有良好的导向；铰刀的中心线应与工件孔的中心线严格地重合。

3. 深孔铰削的运动方式及方法

枪膛深孔铰削通常采用下列两种方式：

(1) 铰刀随主轴回转，工件送进；

(2) 工件随主轴回转，铰刀送进。

由于第一种运动方式工件装夹方便，机床构造更为简单，所以用得比较广。枪膛铰削的方法有两种：推铰法，铰刀推过枪膛，如图 8-12(a) 所示；拉铰法，铰刀拉过枪膛，如图 8-12(b) 所示。

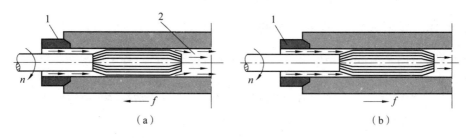

(a)　　　　　　　　　　　　　　　　(b)

1—空心顶尖；2—切削液流动方向。

图 8-12　深孔铰削的方法

(a)推铰法；(b)拉铰法

4. 枪膛的高速铰削

为了获得较高尺寸精度和较小表面粗糙度的孔，提高生产率和延长刀具的寿命，在枪膛铰削中已采用硬质合金铰刀进行高速铰削。由于小直径的硬质合金铰刀制造比较困难，所以高速铰削目前多用于大口径枪管的加工中。几种铰刀刀具如图 8-13 所示。

深孔高速铰削有以下几个特点。

(1) 刀具为硬质合金铰刀，工作部分做得比高速钢铰刀短一些，采用拉铰法，切削锥体靠近柄部，在切削的同时，伴随有对内孔的挤压作用，加工后孔略有收缩，其收缩量一般为 0.005～0.02 mm。

(2) 切削用量大，生产效率高。它的切削用量可达：$v_c = 70～90$ m/min，$f = 0.5～0.6$ mm/r，$a_p = 0.5～1$ mm。

（3）能获得较高质量的孔，加工精度为 IT7～IT9 级，表面粗糙度为 $Ra\,0.4\sim Ra\,1.6$。

（4）由于采用拉铰，刀杆受拉力，没有弯曲变形，且可承受较大的切削抗力，故可用于孔径较小的深孔加工，铰出的孔直线性较好。拉铰后，铰刀已离开深孔，故刀齿不会损伤已加工表面。

（5）采用刀杆内通入高压切削液，切屑能及时排除，但需有专门的冷却装置。

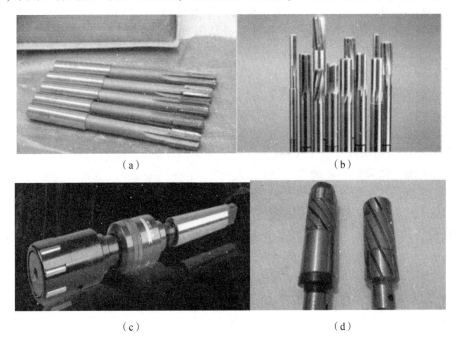

图 8-13　几种铰刀刀具

（a）硬质合金铰刀；（b）钨钢铰刀；（c）滚压铰刀；（d）金刚石铰刀

▶▶▶ 8.5.2　深孔铰削所用的机床 ▶▶▶ ▶

1. 对深孔铰床的要求

（1）能在一定压力下不间断地供给切削液。

（2）能使铰刀严格地对准枪膛轴心线。

（3）夹持刀具和装夹工件能做到迅速、方便，且能实现多根枪管同时加工。

（4）工作循环后能自动停车，并能使工作台迅速回到原来的工作位置。

（5）使用和制造简便，且外廓尺寸不大。

2. 深孔铰床的种类

深孔铰床一般可按下列特点进行分类：

（1）按主轴的数目分，有两轴深孔铰床、四轴深孔铰床、五轴深孔铰床、六轴深孔铰床、八轴深孔铰床、十二轴深孔铰床、十八轴深孔铰床等；

（2）按主轴的位置分，有立式深孔铰床和卧式深孔铰床；

（3）按自动化的程度分，有普通深孔铰床和半自动深孔铰床；

（4）按辅助运动的传动分，有齿轮式深孔铰床、液压式深孔铰床和带平衡锤式深孔铰床。

我国的兵工厂中多用卧式五、六轴深孔铰床,而国外有的兵工厂采用十二轴立式铰床和带多位回转夹具的液压十八轴半自动铰床。

8.5.3 深孔铰削用的切削液及切削用量

铰孔是一种精加工及半精加工方法,为了保证被加工孔的质量,铰削余量应很小,切削速度应避开积屑的生成速度范围。通常,粗铰余量为 0.15 ~ 0.25 mm,半精铰余量为 0.05 ~ 0.2 mm,精铰余量则不大于 0.05 m,由于钻孔后内膛留下有较大的余量,故在粗铰与半精铰工序中间,往往用两把或多把不同直径尺寸的铰刀进行铰削。铰削的进给量 f 一般取 0.5 ~ 1.2 mm/r,切削速度 v_c 取 5.5 ~ 8 m/min。

对于大口径枪管,由于采用硬质合金铰刀实行高速铰削,其切削用量是比较大的。例如:ϕ14.5 mm 枪管在高速铰孔工序中最大加工余量为 0.8 mm,采用 5 把尺寸不同的铰刀进行粗、精铰孔,进给量 $f = 0.475$ mm/r,切削速度 $v_c = 73$ m/min(1 600 r/min)。

深孔铰削用的切削液有以下 3 种:

(1)植物油,如菜油、豆油等;

(2)硫化油,其中锭子油 89%,亚麻油 10%,硫 1%;

(3)混合油,其中亚麻油 75%,锭子油 25%。

根据枪管的口径、刀杆的结构和采用的铰孔方法,供给切削液的压力一般为 1.5 ~ 4.5 MPa。

 ## 8.6 枪膛的电解加工

8.6.1 电解加工的概述

电解加工是 20 世纪 50 年代开始研究并逐步应用于生产的一种新工艺。现在广泛应用于枪炮、火箭、汽轮机、齿轮、花键、模具等的制造。

1. 电解加工的优点

(1)加工范围广,不受金属材料本身硬度和强度的限制,可以加工硬质合金、淬火钢、不锈钢、耐热合金等高硬度、高强度和高韧性的难切削金属材料,并能以简单的进给运动加工出形状复杂的型面或型腔(如锻模、叶片等)。

(2)生产率较高,比电火花加工高 5 ~ 10 倍,在某些情况下比切削加工的生产率还要高。

(3)可达到表面粗糙度 Ra 0.2 ~ Ra 0.8 和 ±0.1 mm 左右的平均精度。

(4)加工中无机械切削力或切削热,故不会产生由于切削力或切削热所引起的残余应力和变形,也没有飞边毛刺,特别适用于易变形或薄壁零件的加工。

(5)加工中阴极在理论上不会消耗,可长期使用。

2. 电解加工的缺点

(1)加工很细的窄缝、小孔及棱角很尖的表面比较困难。

(2)由于影响电解加工的因素很多,故难于获得较高精度(如 ±0.03 mm 以上的精度)。

(3)对复杂表面加工时,工具电极的设计与制造比较麻烦,往往需要多次试验修正,因而在具有复杂表面的单件、小批量生产中的应用受到限制。

（4）加工所需的附属设备比较多，占地面积比较大。

（5）电解液对机床、夹具等设备及工件有腐蚀作用，电解产物的处理困难，环境污染比较大，工作条件比较差。

3. 电解加工在军工行业的应用

在枪炮制造中，电解加工主要用于光膛加工、线膛加工和弹膛加工。由于有的枪管采用了大余量挤光的新工艺，同时，普遍地采用硬质合金挤线工具代替合金钢挤线工具，既提高了工具的寿命，又发挥了用挤压法形成膛线的优越性（其生产率与质量均较电解加工高），所以，电解加工目前仅用于某些枪管的光膛加工。在中、小口径的炮管加工中，电解加工既用于加工光膛，又用于加工线膛。

▶▶▶ | 8.6.2　电解加工的基本原理 ▶▶▶ ▶

1. 加工原理

电解加工是利用金属在电解液中产生阳极溶解的电化学反应原理，对金属材料进行成型加工的一种方法，如图 8-14 所示。电解加工时，工件 3 接直流电源 1 的正极，工具 2 接电源的负极，工具向工件缓慢进给，使两极之间保持较小的间隙（0.1 ~ 1 mm），具有一定压力（0.6 ~ 2 MPa）的电解液从间隙中流过，这时阳极工件的金属被逐渐电解腐蚀，电解产物被高速（5 ~ 60 m/s）的电解液带走。在开始加工时，阴极与阳极距离较近的地方通过的电流密度较大，电解液的流速也较高，阳极溶解速度也就较快。由于工具相对工件不断进给，工件表面就不断被电解，电解产物不断被电解液冲走，直至工件表面形成与阴极工作表面基本相似的形状为止。

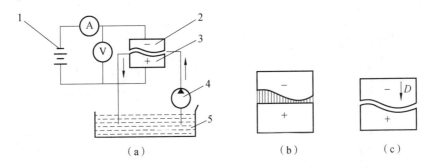

1—直流电源；2—工具（阴极）；3—工件（阳极）；4—电解液泵；5—电解液。

图 8-14　电解加工原理图

(a)电解加工原理；(b)电解加工开始时；(c)电解加工进行中

枪管光膛电解加工的原理与上述过程相同。所不同者是加工孔是小的圆柱，一般采用固定式阴极杆（黄铜圆棒），将其穿过枪膛，并置于枪膛中央，然后从两端固定，所以工具阴极杆没有进给运动，电解液高速从枪膛壁与阴极之间的间隙流过，使枪的孔径被溶解增大，同时内表面粗糙度值也随之减小。

2. 电化学反应

电解加工是一个复杂的电化学和化学反应过程，它随加工条件（如工件材料的组成成分、电解液的成分、工艺参数等）的不同而有所不同。电解加工钢件时，通常采用浓度为 10% ~ 18% 的 NaCl 水溶液作为电解液。电解产物随着电解液的流动而被带走，使工件的金属表面露出，继续产生阳极反应，不断对工件进行加工，由于工件表面微观凸起部分与阴间的距离较小，故电流密度较大，从而溶解速度也大。因此，电解加工不仅可以改变工件的尺寸形状，同时还可使工件表面粗糙度值减小。

▶▶▶ 8.6.3　电解加工枪膛的工艺过程 ▶▶▶ ▶

1. 电解加工前的准备工序

（1）枪管按内膛尺寸分组，目的是确定各组的加工时间，使各组枪管均能达到规定尺寸。

（2）去油，枪管内膛若有油膜存在，会影响导电，故在电解加工前必须去掉。一般采用化学去油，其溶液成分为 NaOH 和 Na_2SiO_3（或 Na_3PO_4）。在溶液沸腾的温度下，将枪管放入，其上的动、植物油与 NaOH 产生皂化反应，而将油除去。

（3）去锈，将枪管浸入稀盐酸中，以除去枪膛的氧化膜。

2. 电解加工光膛工序

电解加工时，枪管为阳极，工具为阴极。阴极有两种：固定式阴极，即阴极在枪膛中是固定不动的，主要用于枪管的加工，图 8-15 为其加工示意图；移动式阴极，即阴极比较短，为了加工内膛，阴极必须缓慢通过内膛，它主要用于中、小口径炮管的内膛加工。阴极用黄铜制造，要求直径一致，表面粗糙度值小，直线度好，装入枪管内膛时恰在内膛的中央，以保证内膛表面与阴极表面各处距离相等，即有均匀一致的流通电解液的间隙，图 8-16 为其加工示意图。

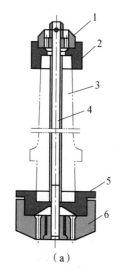

（a）

1—上导电帽；2—上绝缘帽；3—枪管；
4—阴极杆；5—下绝缘帽；6—下导电帽。

图 8-15　固定式阴极电解加工光膛

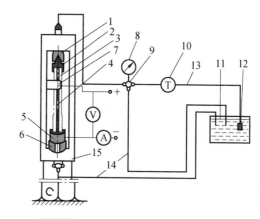

1—上导电帽；2—上绝缘帽；3—枪管；4—阴极杆；
5—下绝缘帽；6—下导电帽；7—阳极；8—压力表；
9—调节阀；10—电解液泵；11—电解液槽；12—过滤网；
13—进液管；14—回液管；15—机床。

图 8-16　移动式阴极电解加工光膛

3. 电解加工膛线工序

电解加工膛线所用的阴极也有两种，即固定式阴极和移动式阴极，它们的适用范围与光膛加工时相同。

固定式阴极加工：加工光膛的阴极呈圆形，而加工线膛的阴极则在阴极本体上镶有突出于本体的、与膛线缠距相等的螺旋形绝缘体，如图 8-17 所示。绝缘体在其法向截面内大多近似矩形。

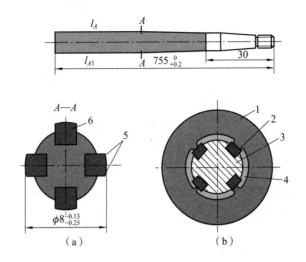

1—枪管；2—绝缘体；3—阴极本体；4—电解液；5—不倒角；6—绝缘体（硬橡胶）。

图 8-17　固定式阴极结构

（a）固定式阴极；（b）加工时的断面形状

移动式阴极加工：阴极比较短，在加工膛线时，需要做螺旋运动，其导程等于膛线的缠距。图 8-18 为某小口径火炮炮管用的移动式阴极的一种结构。

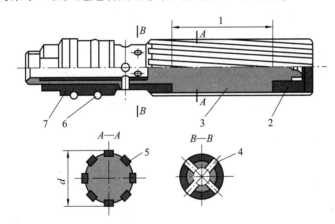

1—阴极工作长度；2—后导向套；3—阴极本体；4—出液孔；5—阴极本体绝缘片；

6—O 形密封圈；7—前导向套固定式阴极电解加工光膛。

图 8-18　移动式阴极结构

4. 电解加工弹膛工序

电解加工弹膛包括两方面的内容。

（1）用电解加工代替部分手铰（精铰）弹膛工序（工步），以减轻工人的体力劳动，且可提高生产率。

（2）在弹膛表面刻制纵槽，以减少抽壳力，提高射速，延长拉壳钩的寿命。加工时采用固定式阴极。

5. 电解加工后的终结工序

用水冲洗内表面残留电解生成物及 NaCl 溶液，用热水烫干，检验，合格者涂油防锈。

8.7 挤压法形成膛线

▶▶▶ 8.7.1 挤压法形成膛线的概述 ▶▶ ▶

制造膛线最早的方法是切削法，即用各种拉刀拉制膛线。拉制膛线又叫拔丝，需用专用设备、复杂刀具，对工人的技术水平有较高的要求，生产率很低，拉制出一根枪管的膛线，常需 1 h 左右；若采用螺旋或环形拉刀，则生产率较高，但刀具制造特别复杂，为达到一定的生产率，所需的机床数量多，占用的厂房面积大，同时加工质量也很不稳定。拉制膛线工序往往是枪管制造中的薄弱环节，影响生产任务的完成，迫切需要寻求新的加工方法。

随着科学技术与生产工艺的发展，1929 年，德国人创造了一种特殊工具，即用带凸起的冲头拉过枪膛，使凸起挤压膛壁产生塑性变形，以无切屑的方法来形成膛线，这就是拉挤法。由于是把冲头拉过枪膛，拉杆本身的抗拉强度与所要承受的拉力远不相称，所以拉挤法没有得到实际应用，很快就被推挤法所代替。推挤法就是用推（顶）杆将冲头推过枪膛来形成膛线，这种方法又叫挤线、挤丝。

用挤压法形成膛线有很多优点，具体如下：

（1）生产率高，比拉削法（拔丝）的生产效率高 50 倍以上；

（2）可获得较小的表面粗糙度，一般可达 $Ra\ 0.4 \sim Ra\ 0.1$；

（3）可获得较好的内膛尺寸精度；

（4）由于塑性变形提高了枪膛表面的硬度，对挤线后不进行回火的枪管来说，可以增加耐磨性；

（5）操作简便，要求工人技术水平较低；

（6）可减少专用设备和生产面积；

（7）采用硬质合金冲头，寿命大为提高。

过去采用合金钢冲头，只能挤几根枪管，多的也只能挤 100 ~ 200 根枪管，改用硬质合金冲头后，一个冲头可挤 8 000 ~ 10 000 根枪管，冲头寿命提高近 100 倍。用挤压法形成膛线的方法来制造枪管膛线是目前最经济的一种方法。

▶▶▶ 8.7.2 挤压法形成膛线的原理 ▶▶▶ ▶

挤压法形成膛线的理论基础是金属的塑性变形。它是利用一个直径大于光膛内径的、其上有与线膛相对应的斜向凸起与凹槽的冲头，用推杆将其推过枪膛，使枪管内壁产生大于屈服极限而小于强度极限的拉应力，使枪管内壁产生弹塑性变形，利用其塑性变形（又叫残余变形）来形成膛线。冲头的凸起部分形成阴线，冲头的凹入部分形成阳线。图 8-19 为枪管挤压膛线后的变形及其应力分布。图 8-19（a）为冲头断面，图 8-19（b）为枪管断面，图 8-19（c）为挤压后枪管断面上的残余应力分布情况。

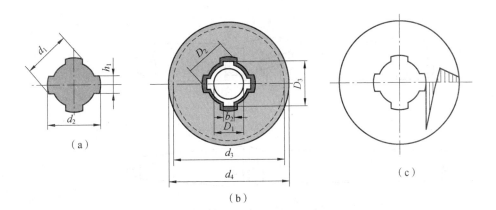

图8-19　枪管挤压膛线后的变形及其应力分布

(a)冲头断面；(b)枪管断面；(c)残余应力的分布情况

　　挤线时，为了使冲头通过枪膛，必须给冲头一定的挤压力(推力)。挤压力的大小与变形值、金属的性质、冲头的形状、挤压速度和挤线时所采用的润滑剂有关。为了使挤线工作顺利进行，避免损坏工具，应该尽量减小挤压时的挤压力。不同口径的枪管，挤压时的挤压力是不同的，其数值是随着口径的增大而增大。对于 $\phi7.62$ mm 枪管，挤压力约为 $30\sim40$ kN，$\phi12.7$ mm 枪管为 $100\sim110$ kN，$\phi14.5$ mm 枪管为 $130\sim140$ kN。

　　为了挤出膛线，在挤压时，枪管既做旋转运动又做轴向运动，即做导程等于膛线缠距的螺旋运动，如图8-20所示，而冲头既不移动也不转动(受端面摩擦力矩所阻止)，顶杆由连续支架支撑以免产生失稳弯曲。

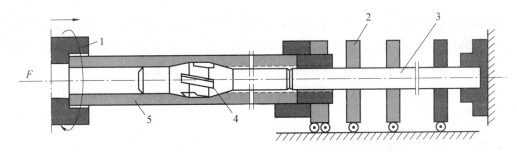

1—主轴；2—连续支架；3—冲杆；4—冲头；5—枪管。

图8-20　挤压法形成膛线

▶▶▶ 8.7.3　挤压膛线用的冲头 ▶▶▶

　　挤压膛线用的冲头通常有3个部分：头部、工作部分和尾部，如图8-20所示。冲头的头部包括一个锥体和一个圆柱体，圆柱体的直径略小于挤线前光膛的直径(约0.06 mm)，它的作用主要是引导冲头顺利地进入光膛，冲头的尾部为一圆柱部分，其直径比枪管阳径约小0.1 mm；尾端面为一有中心孔的平面，它应与冲头轴线严格垂直。为了使冲头中心与顶杆中心相重合，且增大端面抗转动的摩擦力矩，对某些大口径冲头的尾面，可做成带有小锥体的形状，如图8-21(c)所示。

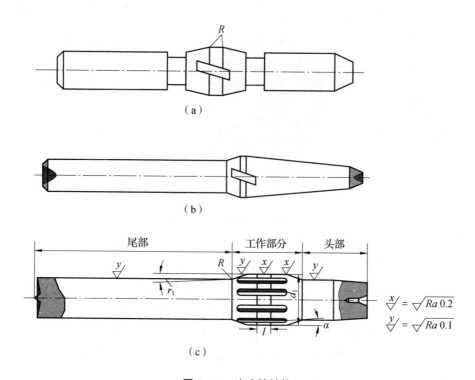

图 8-21　冲头的结构

(a)、(b)$\phi7.62$ mm 口径用；(c)大口径用

▶▶|8.7.4　挤压力及其影响因素的分析 ▶▶ ▶

顶杆顶着冲头通过光膛，需要有足够的推力，即挤压力。为了保证枪膛的挤压质量、冲头的寿命和防止机损事故，要求挤压力尽可能小一些。要使挤压力减小，必须找出影响挤压力的因素及各因素对挤压力影响的规律，从而采取有效措施。

影响挤压力的因素主要有：冲头的结构及其参数、枪管材料的力学性能及其尺寸、润滑条件和挤压速度等。

▶▶|8.7.5　挤压膛线用的机床 ▶▶ ▶

挤线用的机床常称挤丝机或挤线机。

挤线时枪管完成螺旋运动，而冲头不动。为了完成螺旋运动，一方面要使主轴沿床面作轴向运动，另一方面还要求枪管做回转运动。完成回转运动需用靠模。常用的靠模有两种：与轴向成角度安装的直槽式靠模和带螺旋形凸起的杆状靠模。

▶▶|8.7.6　挤线的准备工作和结束工作 ▶▶ ▶

为了保证挤线的质量，需要做好挤线前的准备工作和挤线后的结束工作。

1. 挤线前的准备工作

(1)对枪管光膛进行质量检验，挤线前枪管内膛必须达到规定的表面粗糙度(一般为

Ra 0. 8 ~ *Ra* 1. 6)和所要求的尺寸精度。

(2)按硬度分组,以便根据枪管的硬度选择冲头,使挤压后的枪膛尺寸达到一致。

(3)碱煮去油,以便在光膛表面覆一层金属润滑剂。从去油后到覆盖金属润滑剂中间的时间间隔不能过长,一般不超过 3 h。

(4)覆盖金属润滑剂。对于口径在 ϕ12. 7 mm 以下的枪管,采用化学置换法进行接触覆铜;对于口径在 ϕ14. 5 mm 以上的枪管,采用先接触覆铜,然后电解铅。

2. 挤后的结束工作

(1)拉光阳线。由于沿枪管全长的硬度不一致,以及接触覆铜在内膛表面上的厚度不均,因此枪管在挤压膛线后,内膛会产生波纹。这时,可用外径已镀铬的光冲头(见图 8-22)沿膛线做螺旋运动,拉过枪膛来修整阳线。

图 8-22　光冲头的结构

(2)去铜去铅。所有枪管,在挤线前都要进行接触覆铜,在挤线后均应将铜去掉。对于口径在 ϕ14. 5 mm 以上的枪管,首先应该去铅,去铅是在氢氧化钠和铬酸钠溶液中进行的,然后去铜。

(3)回火。为了消除挤线后存在于枪管断面上的内应力,并使枪膛尺寸稳定下来,在挤线后需要进行回火。如果这种内应力不予消除,那么在以后的外圆加工过程中,由于切去了表层金属(部分地除去了外层金属对内层金属的压缩作用),破坏了内应力的平衡,将使枪膛尺寸增大,同时还可能使枪管发生弯曲。

▶▶▶ ▌8. 7. 7　挤线过程中常见的缺陷 ▶▶▶ ▶

(1)膛线表面有斑点。由光膛表面的接触铜的厚度不均匀或光膛表面产生锈蚀所造成。

(2)线膛表面产生擦伤。由挤压前内膛去油不良或有微量锈蚀所造成,冲头表面粗糙度大也是造成擦伤的原因之一。

(3)膛线表面有波浪纹。由机床或夹具的运动部分发生磨损,使配合间隙增大在工作时产生振动所造成。枪管热处理时硬度不均匀,特别是软点处也会产生波浪纹。

▶▶▶ ▌8. 7. 8　枪管挤线后的检验 ▶▶▶ ▶

枪管在挤线后需要进行尺寸精度、形状精度和表面粗糙度的检验。

尺寸精度采用量规进行检验,检查的内容包括阳线直径、阴线直径、阴线宽度和膛线的缠距。

形状精度主要是用长样柱检查枪的直线度,对大口径枪管有的还要检查圆柱度。

▶▶▶ 8.7.9 枪膛表面的精加工 ▶▶▶ ▶

形成膛线以后还要进行精加工，对阳线和阴线表面进行抛光，常称浇铅擦膛，或称擦铅或擦膛。其目的是修饰膛线，减小表面粗糙度值，纠正膛线在制造中产生的某些疵病。

为了避免修饰阴线而使阳线直径超过公差而报废，或者修饰阳线而使阴线超过公差而报废，阴线、阳线的浇铅擦膛应分别进行。

擦膛用的工具是铅棒，如图 8-23 所示。

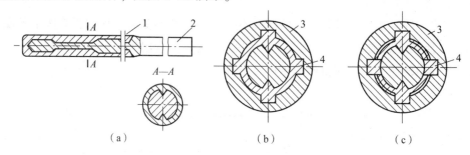

（a）　　　　　　　（b）　　　　　　　（c）

1—铅；2—通条；3—枪管；4—铅研具。

图 8-23　擦膛用的铅棒

（a）擦阳线用的圆柱铅棒；（b）压铸在枪膛中的铅棒断面；（c）擦阴线用的铅棒断面

为了使枪膛表面粗糙度纹路的方向与膛线方向一致，擦阳线时必须使铅棒沿着膛线的方向做螺旋运动。擦阴线时，装有主轴的滑枕只需带动铅棒做往复运动，而铅棒的旋转运动则由阴线导转来完成。擦膛在专用的擦膛机上进行，通常多用 2~5 根主轴的立式擦腔机。

8.8　弹膛的加工

▶▶▶ 8.8.1　弹膛的加工工序及工步 ▶▶▶ ▶

弹膛一般有 4~5 个锥体，加工余量大，质量要求高。加工中常用的工艺方案是：粗铰→半精铰→精铰→抛光。粗铰、半精铰和抛光均在机床上进行，精铰一般由手工完成。弹膛加工的定位基准是枪膛表面和枪管尾端面。各工序在工艺过程中的位置，须按一定的规律进行安排。

弹膛的加工余量大，不仅要分为多个工序加工，而且每个工序均包含有若干个工步。

▶▶▶ 8.8.2　弹膛加工后的检验 ▶▶▶ ▶

弹膛加工后均要进行尺寸、形状、位置精度和表面粗糙度的检验。被检验尺寸的正确性要由枪管尾端面对量规的检验部分的位置来判断。

弹膛形状的检验：用不通过量规检查第一锥体的圆度，使用这种量规时，要从几个方向对弹膛进行检验。

弹膛位置精度、弹膛各锥体和线膛的同轴度的检验：使用图 8-24 所示的量规，当量规插入弹膛后，它的凸缘抵在枪管的尾端面上不透光也不摆动。

弹膛表面粗糙度的检验：用肉眼观察来判定。

一般常见的缺陷有：工具纹、斑点、凹痕、粗刀纹、直条纹等。应根据选定缺陷限度样品来进行判定是否合格。

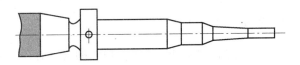

图8-24 检验弹膛各锥体同轴度的量规

8.9 枪管和身管的校直

8.9.1 校直的概述

枪管内膛的校直与枪管毛坯的校直一样，对枪管的机械加工具有非常重要的意义。

枪管内膛是枪管外圆加工的基准。内膛的直线度不仅直接影响着内膛加工的质量(电解加工的质量、镀层的均匀性和形状精度等)，而且决定着枪管外圆车削工序的成果(与内膛的同轴度)。枪管在深孔钻削以后的加工过程中，根据口径和个别工序的特点，需要进行5~8次的校直。

8.9.2 各阶段校直的意义

毛坯校直后，枪管处于内应力平衡状态。

钻深孔以后，破坏了内应力的平衡，枪管会发生弯曲，为了使外圆与内膛有一定的同轴度，在粗车外圆之前要进行校直。

枪管在粗车外圆之后，又破坏了内应力的平衡，要产生弯曲，在热处理之后，枪管也要发生弯曲，为了保证电解加工光膛的质量，在电解加工之前要进行校直。

挤压膛线还会给枪管特别是薄壁枪管带来弯曲，同时，在挤线后内膛加工暂告一段落，随之便是外部车削，为了使外圆与内膛同轴，在挤线后要进行校直。

在外部车削过程中，虽然使用了中心架，但由于破坏了内应力的平衡，枪管要发生弯曲，故在一系列车削外圆的过程中要安排多次校直。为了使膛线能够均匀地上一层铬，枪管在镀铬之前应进行校直。

8.9.3 校直工序及复杂程度

枪管校直在手压调直机或压力机上进行，前者用于小枪管的校直，后者用于大枪管的校直。

校直工序的最大困难和复杂处是：确定弯曲的地点和方向。确定弯曲的方法通常有3种：阴影法、长样柱检验法和光学仪器法。在枪管生产中用得最多的是阴影法，用这种方

法校直枪管的质量与生产率完全取决于校直工人的经验与技巧。

 ## 8.10 枪管和身管的检验和试验

▶▶▶ 8.10.1 枪管的检验 ▶▶▶ ▶

枪管在制造过程中和完成之后均要进行检验。检验的内容有以下 4 个方面。

(1)尺寸精度的检验:包括线膛尺寸、弹膛尺寸、外部尺寸,特别是重要配合尺寸等的检验。

(2)形状精度的检验:包括内膛直线度、圆度和圆柱度等的检验。

(3)位置精度的检验:包括同轴度、垂直度和对称度等的检验。

(4)表面质量的检验:包括表面粗糙度、镀层质量、氧化膜或磷化膜的质量、表面裂纹及其他缺陷疵病的检验。

检验主要用肉眼观察,但有的还要进行一些试验。例如:有无裂纹的检验,除肉眼观察以外,通常还要进行磁力探伤。

除上述检验以外,枪管在投料前,还要对原材料进行化学成分、力学性能和金相组织的检验,在加工过程中,热处理工序之后要进行力学性能和金相组织的抽验和硬度的全检。

▶▶▶ 8.10.2 枪管的高压弹射击试验 ▶▶▶ ▶

为了检验枪管的强度,即枪管用材质量和制造质量,在制造过程的末尾,对每根枪管均要用一发或两发高压弹进行高压弹射击试验。

所谓高压弹,其膛压比普通弹高 17% ~ 46%,通常膛压 $p_{max} = (400 \sim 420) \pm 10$ MPa。试验是在带有安全保护的专用装置内进行的。试验后,如果枪管线膛、弹膛尺寸没有变化(即无塑性变形),用肉眼和磁力探伤检验,没有裂纹、脱铬及其他疵病者,即认为合格。

▶▶▶ 8.10.3 枪管的磁力探伤 ▶▶▶ ▶

1. 概述

为了检验枪管材料的缺陷及枪管在制造过程中(如热处理、校直等)和试验中可能产生的裂纹,每根枪管在工艺过程的最后,均要进行磁力探伤检验。

磁力探伤是无损检验的一种。无损检验通常包括射线探伤(X 射线、γ 射线)、表面探伤和超声波探伤。磁力探伤是表面探伤中的一种。磁力探伤能可靠地检查出零件表面极细微的缺陷。其设备不复杂、操作简单、检验速度快,在自动武器制造中应用很广泛。

2. 基本原理

磁力探伤是基于经过磁化后的零件在其缺陷处产生漏磁场,而利用磁粉来发现缺陷的。

3. 退磁

零件在经过电磁探伤后存在剩磁,它会使零件在工作、运转时吸附铁屑,增加磨损,这是不允许的，因此零件在电磁探伤后要进行退磁。

退磁的方法有两种：交流退磁法和直流退磁法。

 本章知识小结

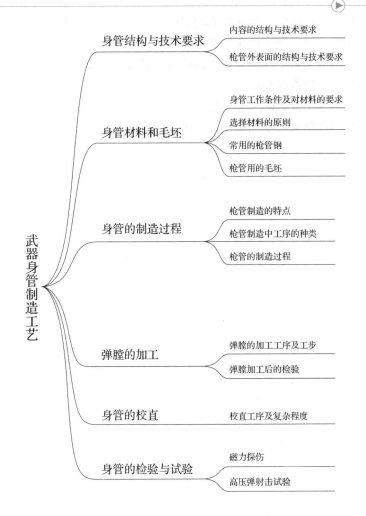

 习题

8-1　简述枪械的典型机构名称及作用。

8-2　简述枪管内膛组成、结构与对应的技术要求。

8-3　为保证枪管在对应条件下正常工作且具有足够的寿命，需要枪管材料具备哪些要求？

8-4　根据不同的枪管结构，常用的枪管毛坯有哪几种？

8-5　简述枪管制造特点及其具体表现。

8-6　枪管在制造过程中，按照各个工序的性质与用途可分为哪几类工序？各有哪些特点？

8-7　简述枪管的制造过程。

8-8　简述枪管深孔钻削的要求、特点，以及常见的困难与解决措施。

8-9　对深孔钻削所用机床及刀具的要求有哪些？

8-10　对比分析深孔钻削与深孔铰削的切削液及切削用量，有哪些异同点？

8-11　提高深孔钻削生产率的途径有哪些？

8-12　深孔铰削的基本工序、特点、运动方式及方法有哪些？

8-13　电解加工有哪些优缺点？

8-14　简述电解加工枪膛的工艺过程。

8-15　挤压法形成膛线的原理是什么？优点有哪些？

第 9 章
武器系统的靶场试验与后勤保障

 9.1　武器的整体装配

▶▶▶|**9.1.1　概述** ▶▶　▶

　　根据自动武器的技术要求，将自动武器的零件、部件、组件结合为成品枪的全过程，称为自动武器的装配。装配是自动武器制造过程的最后一个阶段，内容包括装配、调整、检验和试验等工作，装配质量的好坏将直接影响到自动武器的性能，因此，装配是自动武器制造过程的重要组成部分。

　　自动武器的质量是以自动武器的工作性能、使用效果、精度和寿命等综合指标来评定的。自动武器质量的优劣，则主要取决于自动武器机构设计的正确性，零件的加工质量，以及自动武器的装配精度。所谓装配精度是指：自动武器装配以后，及其工作过程中，各零件间所达到的相互尺寸位置关系与其理想值之间相接近的程度。

　　1. 自动武器装配精度

　　1）相对运动精度

　　相对运动精度是指相对运动的活动机件之间在运动过程中，运动规律的准确程度，如枪机框带动枪机在机匣内运动时，对自动武器轴线的平行度。

　　2）相对位置精度

　　相对位置精度是指零件之间在相互位置关系上的准确程度，如击发后的击针突出量，表尺与准星之间的相对位置，复进到位后枪机前端与枪管尾端面之间的间隙等。相对运动精度是以相对位置精度的正确性为基础的。

　　3）配合表面间的配合质量

　　配合表面间的配合质量是指两个零件配合表面之间达到规定的配合间隙或过盈的程度，如枪管与机匣用光滑圆柱体过盈配合时的过盈量大小等。配合质量影响着配合的性质。

4）配合表面间的接触质量

配合表面间的接触质量是指两配合和连接表面间达到规定的接触面积的大小和接触点分布的情况，如闭锁时，闭锁支承面的接触情况，阻铁扣合量的大小等。配合表面间的接触质量影响接触变形，同时也影响配合质量。此外，它们又对相对位置精度和相对运动精度的保证有一定的影响。

2. 装配单元

装配的基本单元是零件。由于自动武器的结构不同，形成的装配单元又可分为部件和组件。部件一般由若干零件组成，成为独立的装配单元，但其从属于某一组件。组件一般由若干部件和零件组成，也可以由若干部件或若干零件组成；组件也是装配的一个独立单元，是自动武器上的独立组成部分，如56式7.62 mm半自动步枪与63式7.62 mm自动步枪的自动机组件与发射机组件等。当组件很复杂时，又可分为若干分组件，如56式14.5 mm高射机枪枪架组件又分摇架、托架、车体等分组件。

自动武器装配时，由若干个独立装配单元和零件经过不同的装配方法来完成各级装配单元之间的配合、连接、修配、调整而结合为成品。为了便于组织生产，零件、部件、组件均按一定的规则进行编号，生产中以代号称呼相应的零件、部件、组件和成品。自动武器零件和各级装配单元（零件、部件、组件）的编号，按有关标准进行，其基本形式如图9-1所示。

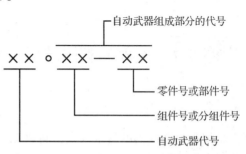

图9-1　自动武器装配单元编号的基本形式

3. 装配系统图和装配工艺系统图

自动武器装配过程和零件的机械加工过程一样，也是按照一定的工艺规程进行的，所以必须拟订装配工艺规程来具体指导自动武器的装配过程，以达到产品图及有关技术文件的技术要求。各种自动武器都是由几十个（如手枪、某些冲锋枪），几百个（如63式7.62 mm自动步枪有145个零件），甚至上千个（如56式14.5 mm高射枪有1981个零件）零件组成的。为了方便起见，通常用图表方式表示该产品各装配单元之间的装配关系，这就是装配系统图，如图9-2所示。

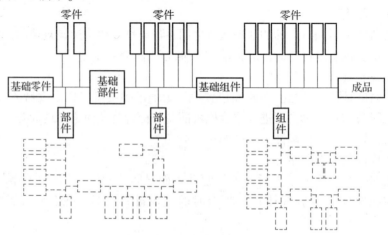

图9-2　自动武器装配系统图

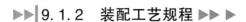

9.1.2　装配工艺规程

自动武器的装配工艺规程是以文件形式确定下来的装配过程。它是指导整个产品装配工作的技术文件，也是制订产品装配生产计划和进行技术准备工作的主要依据，对于设计和改建一个工厂，它又是设计装配车间或车间装配小组的基本文件之一。

自动武器的装配工艺规程包括总装配工艺规程和分装配工艺规程两种。总装配工艺规程按自动武器射击试验前、后，又分为射前总装配工艺规程和射后总装配工艺规程两种。

9.1.3　自动武器的装配组织形式

自动武器的装配组织形式是根据该自动武器的生产类型、结构特点而确定的。装配的组织形式分为非流水装配和流水装配两种。

1. 非流水装配

非流水装配的装配工作在固定的装配地点进行，每个产品由一名工人或一组工人自始至终地完成全部装配及调试工作，直到验收合格为止。例如：自动武器的试制生产装配就属于非流水装配。

2. 流水装配

流水装配是按照固定的生产节拍进行的，装配中要严格划分工序，工艺装备多采用专用的机床、刀具、夹具和量具。流水装配分为固定流水装配和移动流水装配。

1）固定流水装配

固定流水装配是指装配的对象（产品、部件或组件）固定不动，全部操作工序都集中在一个工作地点，而工人则按一定的节拍依次轮换工作，每个工人（或小组）所完成的装配内容固定不变的装配组织形式。固定流水装配适用于重型自动武器的装配，如56式14.5 mm高射机枪枪架的装配。

2）移动流水装配

移动流水装配是指装配对象（产品、部件或组件）不断地从一个工作地点移动到另一个工作地点，而每个工作地点都重复地进行着某工序的装配的装配组织形式。这种装配形式按装配对象传送的特点，又可分为人工传送、机械传送（如用起重运输机械、车辆等）、间歇式自动传送和连续式自动传送等4种。

目前大多数自动武器的装配采用移动流水装配。后两种形式属于强制调节装配节拍的移动流水装配，是现代化大批量生产中较普遍的生产组织形式。

9.1.4　自动武器的装配方法

自动武器在装配过程中采用的装配方法，对保证自动武器的装配精度影响很大。装配方法的选择和确定，随自动武器的生产批量，其零件、部件、组件的结构特点，产品的技术要求和加工工艺性等的不同而不同，一般的装配方法有以下3种：

（1）互换装配法，分为完全互换装配法、概率互换装配法。

（2）选择装配法，分为直接选配法、分组选配法、复合选配法。

（3）补偿装配法，分为修配法、调整法。

 ## 9.2　武器靶场试验

为了综合考核自动武器的基本性能、使用的可靠性和生产的稳定性，必须进行一系列的实弹射击试验。这些试验项目主要有以下5种：

(1)闭锁强度和机构动作灵活性试验；

(2)射击精度试验；

(3)互换性试验；

(4)寿命试验；

(5)特种试验。

闭锁强度和机构动作灵活性试验、射击精度试验，是每支自动武器都要进行的。互换性试验、寿命试验和特种试验则在规定的时期中抽取一定数量的自动武器进行。

▶▶▶ 9.2.1　闭锁强度和机构动作灵活性试验 ▶▶▶ ▶

自动武器进行闭锁强度试验，是为了检验其闭锁机构的强度；进行机构动作灵活性试验，则是为了检验自动武器机构动作的灵活性，以保证自动武器各机构动作的协调、灵活和工作可靠。

自动武器经闭锁强度试验后，用弹形样柱检查枪机的闭锁情况。例如：56式7.62 mm半自动步枪，对32.95 mm的弹形样柱，用200 N的推力推动枪机，枪机不应闭锁。同时，自动武器上的任何零件不应有裂纹、胀大及破断等缺陷，弹壳体不应有粗糙的环状压痕、裂纹及破断等现象。自动武器经机构动作灵活性试验后，射击动作应准确、可靠，不应有故障。

▶▶▶ 9.2.2　射击精度试验 ▶▶▶ ▶

自动武器的射击精度试验是评定其质量的主要指标。经闭锁强度和机构动作灵活性试验合格的自动武器，都要进行射击精度试验，以考核并校正其射击密集度(散布精度)和射击准确度(射击精度)。

散布精度是指弹着点密集的程度，一般用圆环或矩形框检查，框心与平均弹着点重合，框内的弹着数等于或多于规定的着弹点要求数为合格。

射击精度是指弹头的平均弹着点与瞄准点的偏差程度，其偏差量小于或等于规定要求的为合格。

进行射击精度试验时，各种自动武器射击距离不同，手枪为25 m，54式冲锋枪为50 m，其余自动武器均为100 m。射击是在带有缓冲簧的支架或枪架上，对规定的靶板用4发枪弹作单发射击，机枪还需用8~10发枪弹作点射射击。

若射击精度试验达不到合格标准，可根据平均弹着点距离检查点的偏差量，调整准星及准星滑座(手枪调整照门)，必要时可校正枪管，再进行复试，直到合格为止。

▶▶▶ 9.2.3　互换性试验 ▶▶▶ ▶

自动武器互换性试验的目的，主要是检验自动武器零件及装配件制造与验收的正确性，样板的磨损及生产的一般调整。另外，规定自动武器某些零(部)件有互换性，则是为了快速更换破损件，以充分发挥自动武器的威力。

根据自动武器种类的不同，互换性试验每月、每季度或每半年进行一次。试验枪从验收合格的成枪中任意抽取，每次抽 10 支。试验时，按技术条件规定将试验枪上的完全互换零件拆下，混合起来，不加任何选择和调整，装配成枪，应合乎订货者的验收样板和规定的技术要求，然后进行机构动作的灵活性试验，某些枪还要进行射击精度试验，试验结果应达到规定的合格要求。

▶▶▶ 9.2.4 寿命试验 ▶▶▶ ▶

自动武器的寿命通常指其能保持战斗性能不变的最多射弹发数。各种自动武器的寿命均由战术技术要求规定。

自动武器寿命试验的目的是：考核在正常使用条件下，以不同的气候和环境，试验零（部）件及全枪的寿命，确定易损零件的备份量；查明自动武器寿终前保持战斗及勤务性的能力；弄清零件磨损情况及武器使用中常规的故障与排除故障的复杂程度，以便为改进结构及工艺性提供准确可靠的资料。

自动武器寿命试验一般每季度或每半年进行一次，从生产合格的成品枪中任选一支（挺）进行。寿命试验的条件和方法，通常在试验法中有详细规定。

考核自动武器寿命的指标如下。

1）零件强度及闭锁间隙

自动武器寿命试验结束时，全枪零件达到规定的射弹指标，主要零件（如枪管、枪机、枪机框、机匣等）不应出现肉眼可见的裂纹，其余零件无破损，用最大弹形样柱检查不应闭锁。例如：56 式 7.62 mm 半自动步枪拉壳钩及其弹簧的强度寿命射击发数为 5 000 发，其他零件为 6 000 发，最大弹形样柱为 33.15 mm。

2）机构动作

自动武器在寿命试验结束时，机构动作的故障率应低于规定的次数指标，一般不大于 0.2% ~ 0.35%（手枪与轻机枪、重机枪较高）。例如：56 式 7.62 mm 半自动步枪和 63 式 7.62 mm 自动步枪的故障率规定为不大于 0.35%。

3）弹道性能

自动武器在寿命试验结束时，要求射击精度的降低不超过规定值，这些内容包括以下 3 点。

（1）散布圆面积增长量。散布圆面积增长量以散布圆半径 $R50$（以平均弹着点为圆心，包含总弹着点 50% 的圆半径）的增大倍数表示，一般认为不超过试验前 $R50$ 的 2 ~ 2.5 倍（冲锋枪、步枪取小值）。

（2）横弹数目增长量。横弹数目增长量以靶纸上的椭圆孔（长、短轴之比大于 1.25 时的弹孔）所占的百分比表示。一般认为小口径自动武器不超过总弹着点的 20%，大口径自动武器不超过总弹着点的 50%。

（3）初速下降量。初速下降量是用试验前、后初速降低的相对百分数表示。一般为 5% ~ 20%（口径大的取大值）。由于初速的降低直接影响到弹着情况，因此通常主要规定散布面积和横弹数目增长量，而对初速的降低量不作明文规定。

在此必须指出，上述寿命指标均是由枪管内膛变化而引起弹道性能的改变，三项指标并不同时达到。为此，应根据枪管弹道性能丧失的特点和战术技术要求来选定寿命指标。

例如：手枪、冲锋枪、步枪多考核散布圆半径增长量，而机枪主要考核横弹数目增长量和散布圆半径增长量，初速下降量仅作为辅助指标。

▶▶▶ 9.2.5　特种试验 ▶▶ ▶

为了考核自动武器在特种条件下工作的可靠性，有的自动武器还要模仿其工作的特定环境进行一些特殊试验，例如：高、低温试验，淋雨试验，扬尘试验，浸河水试验，脱脂试验，冰冻试验，扬尘后淋雨综合试验，发射各种枪弹试验，各种火力试验等。

到底进行哪些试验，视具体情况需要可有选择地进行。

9.3　武器的维修与维护

▶▶▶ 9.3.1　可靠性维修性保障性的作用和地位 ▶▶ ▶

近年来，从海湾战争到伊拉克战争等局部高技术战争的事实表明，可靠性维修性保障性（Reliability Maintainability Supportability，RMS）发挥着重大的作用。为了赢得战争的胜利，武器装备不仅必须具有快速出动和持续攻击的能力，还必须具有良好的机动性和易于部署与保障的能力。高的 RMS，提高了装备的战备完好性和任务成功性，使装备具有快速出动和持续攻击的能力，并增强了装备的部署机动性和生存能力，构成了提高装备作战能力的倍增器。国内外装备的研制和使用经验表明，提高 RMS 将减少装备的维修人力并缩小后勤保障规模，降低装备的使用和保障费用，进而减少装备的寿命周期费用。

1. 提高装备的作战能力

提高装备各种系统、设备和部件的可靠性，将减少故障发生的次数，有助于提高装备的战备完好性和任务成功性，保证装备快速出动和持续作战的能力；改进维修性、测试性和保障性，减少装备在地面维护和修理的停机时间，以及装备再次出动的准备时间，提高装备的出动能力，同时还可减少装备战伤修理时间，提高装备再次投入作战的能力；提高装备的安全性，降低装备发生事故的次数，增加装备的战斗力。

例如：美军正在建造中的 CVN-21 核动力航空母舰，把提高装备 RMS 水平作为提高装备战斗力的基础。在设计中采用了模块化设计和计算机化的无纸设计，运用了建模仿真和虚拟现实技术，而且装备了先进的舰载故障诊断系统和维修系统，采用了电磁式飞机弹射系统取代蒸汽弹射器，并在右弦侧甲板上设置了集中的中央检修站，显著地改进了航空母舰的 RMS，缩短了飞机的再次出动准备时间，预计将使其战斗出动强度比美国海军现役 Nimitz 级核动力航空母舰（CVN-61）提高 25%，大大提高了航空母舰的战斗力。

RMS 差的装备即使具有很高的精确打击能力，也只能在地上"趴窝"，毫无战斗力，美空军 F-117 隐身战斗机就是一个典型的例子。F-117 由于在研制中重视隐身性能而忽视 RMS，致使 1982 年刚投入服役时，每飞行小时的维修工时高达 150 工时～200 工时，平均一架飞机每 4 天出动一次，即出动架次率为 0.25 架次/天，几乎每 10 次飞行中有 9 次在飞行后要对低探测性系统进行维修，飞机能执行任务率不到 50%，几乎没有战斗力。

1991 年，经过 8 年实施 RMS 改进后的 F-117A，改进隐身材料的喷涂工艺、增加航空电子设备的维修口盖，改进发动机排气系统，使每飞行小时的维修工时下降到 45 工时。在"沙漠风暴"行动中，为美军投下了第一批炸弹，36 架 F-117A 共飞行了 1 250 架次，6 900 h，投弹 2 000 t，成为美军主要的空中杀手，其战备完好率达到 75.5%。

海湾战争后，美国空军第 49 维修中队，对惯性导航系统维修人员加强培训，改进了 26 种 F-117A 显示器的检查程序；实施了激光陀螺/全球定位系统改进计划和复合材料结构改进计划；采用机器人喷涂吸波材料，以及单一技术状态机队改进计划，把原采用 7 种不同吸波材料的机队统一到一种最优的吸波材料，从而减少 50% 的维修手册，每飞行小时的维修工时减少 50% 以上，而且大大减少了备件供应，提高了飞机出动架次率，改进了飞机部署性。经过 10 多年 RMS 改进的 F-117A，在伊拉克战争中，飞机能执行任务率达到 89.3%，比刚投入服役时提高了 39.3%，比海湾战争时提高了近 14%。

2. 增强部署机动性和生存能力

通过严格开展 RMS 设计，提高装备的 RMS 水平和自保障能力，特别是电子设备的综合化、模块化和测试性等设计，新一代装备采用综合诊断系统，实现两级维修方案，取消了中继级维修，其维修任务少部分转移到基层级，大部分转由大修基地完成。中继级维修车间的取消，不但增加了飞机部署的机动性，而且减少了装备对战争中易受敌方攻击的中继级地面保障设备的依赖，增强了生存力。

例如：为了部署一个中队（24 架）F-15A/B，需要 18 架 C-141B 运输机来运载保障设备、备件、操作人员和维修工作间等，其中 5.5 架 C-141B 用于运载航空电子内场维修车间（Aircraft Internal Shop，AIS）的设备，而且为了保障 AIS 所需的备件数量大于为保障 F-15A 航空电子设备所需的备件数量，严重影响 F-15A 作战部署的机动性。

F-22、F-35 战斗机航空电子设备采用两级维修方案：基层级维修（一级维修）由空军的维修人员利用嵌入式诊断和外部诊断技术在飞机上将故障隔离到外场可更换模块（Line Replaceable Module，LRM），通过更换有故障的 LRM 进行维修；基地级维修（二级维修）由空军人员（军职和文职人员）利用自动测试设备（Automatic Test Equipment，ATE）等外部诊断能力将故障隔离到元器件，对有故障的 LRM 进行修理。为了部署一个中队（24 架）的 F-22 和 F-35 战斗机的运输量分别为 7 架和 8 架 C-17 运输机，相比 F-15C 减少 50% 左右，如图 9-3 和表 9-1 所示。

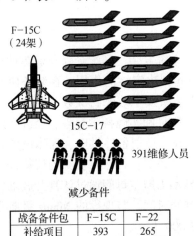

战备备件包	F-15C	F-22
补给项目	393	265

减少备件

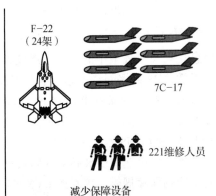

设备类型	F-15C	F-22
通用设备	205	84
专用设备	375	123
总数	580	207

减少保障设备

图 9-3　F-15C 与 F-22 维修人力和后勤保障规模的比较

表 9-1　美国第三和第四代战斗机 RMS 指标的比较

机种	F-15C	F-16C	F-22	F-35A(空军型)
开始研制/年	1969	1972	1986	1996
投入使用/年	1979	1986	2005	2010
MFHBF/h	3.5(目标值) 2.6(使用值)[①]	2.9(目标值) 3.9(使用值)[①]	5.0(目标值)	6.0(目标值)
MMH/FH/人时	11.3(目标值) 11.8(使用值)[①]	15(目标值) 6.0(使用值)[①]	4.6[12][⑤] (目标值)	3.0(目标值)
MCR/%	80(目标值) 82.8(使用值)[①]	90(目标值) 86.5(使用值)[①]	93(目标值)	—
SGR/(次·天$^{-1}$)	—	1.3[②]	4~5(12)[③]	2~3[④]
DMP/AC	16.3(使用值)	7~12(使用值)	9.2(目标值)	8.0(目标值)
O&S 费用/亿美元	17(使用值) 20 年 24 架	13(使用值) 20 年 24 架	12(使用值) 20 年 24 架	8(使用值) 20 年 24 架
部署 24 架飞机的运输量	15 架 C-17 (使用值)	6~8 架 C-141 (使用值)	7 架 C-17 (使用值)	8 架 C-17 (使用值)

注：1. MFHBF—平均无故障间隔飞行时间；2. MMH/FH—每飞行小时的维修工时；3. MCR—能执行任务率；4. SGR—出动架次率；5. DMP/AC—每架飞机直接维修人力；6. O&S—使用和保障。

①1991 年机队统计的平均值；②海湾战争的实战数据；③F-22 的 SCR 设计指标，括号中的数据表示无重大损坏连续出动 12 架次；④F-35A 战斗机 SCR 的设计指标；⑤方括号中的数据表示 F-22 修改后的指标。

应当指出，上述各种提高装备 RMS 水平所产生的影响的综合效应就是提高部队战斗力，因为在海湾战争之类的现代化高技术战争中，增强部署机动性和生存力意味着增加装备出动能力，减少装备战斗损伤；缩小装备的后勤保障规模将减少使用和保障费，意味着可采购更多的装备，从而增加战斗力。

3. 减少维修人力和缩小后勤保障规模

未来信息化高技术战争中的装备体系庞大、系统复杂，其配套保障资源种类繁多、数量巨大，装备的 RMS 水平对提高装备保障能力起到决定性的作用。在装备研制中，开展 RMS 分析与设计，提高装备的 RMS 水平，减少装备发生故障的次数、维修负担、备件数量，同时提高装备的自测试和自保障能力；通过制订和实施科学合理、经济有效的装备保障方案，根据装备的 RMS 水平和作战(训练)任务，规划备件供应、保障设备和维修人力与人员等的需求，尽可能减少装备对保障设施、设备等各种保障资源的依赖，从而减少维修人力和缩小后勤保障规模。美军的 CVN-21 核动力航空母舰通过认真开展维修性设计和采用先进的信息技术，大大缩短了航空母舰的维修时间，与现役的 Nimitz 级航空母舰相比较，舰上的使用与维修人员从 3 000 人减少到 2 000 人。

例如：F-22 战斗机研制过程中开展了严格的 RMS 设计，具有很好的自保障能力，飞机上配有辅助动力装置，采用了机载氧气发生系统和惰性气体发生系统，从而不需要各种地面电源车、地面液压和气压车及液氧车等地面保障设备，同时飞机上装备了综合诊断系

统，大大提高了飞机自动检测和隔离故障的能力，减少了飞机对地面保障设备的依赖，并尽可能地减少了维护保养工作，既减少了维修人力，还显著缩小了后勤保障规模。

F-22 与 F-15C 相比较，飞机的维修人力和后勤保障规模缩小 50% 左右，每架飞机的直接维修人力从 16.3 减少到 9.2；部署 24 架飞机的运输量从 15 架 C-17 大型运输机减少到 7 架；维修人员从 391 人减少到 221 人；保障设备从 580 台减少到 207 台；备件补给项目从 393 项减少到 265 项，参见图 9-3 和表 9-1。

4. 降低使用和保障费用

国内外的统计数据显示，使用和保障费用占装备寿命周期费用的 60% ~70%，提高装备的 RMS 水平能减少故障发生次数和维修次数，而且故障容易检测、维修，提高维修工作效率，减少维修人力，降低对备件供应、保障设备和器材、维修人员的技术等级要求和培训要求，进而降低装备的使用保障费用。据美国陆军装备系统分析局对美国陆军正在研制中的未来作战系统(Future Combat Systems，FCS)的费用做出的估计，使 FCS 的使用可用度达到 95% ~99%，需要增加投资 5 000 万 ~1 亿美元，而这一投入将使 FCS 服役 7 年内的使用和保障费用节省 100 亿 ~200 亿美元。

以美军第三代战斗机 F-15C 和 F-16C 与第四代战斗机 F-22 和 F-35A 为例，F-22 和 F-35A 把 RMS 作为与隐身特性一样重要的特性，采用综合诊断与故障预测和健康管理系统、自主式保障系统、基于状态的维修、两级维修方案和高加速寿命试验等先进的 RMS 技术，使飞机的 RMS 水平得到显著提高，F-22 和 F-15C、F-35A 和 F-16C 相比较，MF-HBF 分别提高了 1 倍左右，MMH/FH 减少了 50% 左右，20 年一个中队(24 架)飞机的使用和保障费用分别减少了 7 亿和 5 亿美元，如表 9-1 所示。

本节中有关 F-22 和 F-35A 的 RMS 数据是军方提出的目标值和 RMS 设计分析中得到的数据，在飞行试验和服役中并没有达到，特别是飞机的维修时间、人力和费用的数据相差很大。

9.3.2 RMS 在现代装备研制中的地位

首先，RMS 直接影响装备的战备完好性和任务成功性，成为装备形成战斗力的基础；其次，在装备研制过程中，RMS 对改进产品的质量特性与改善装备费用、效能方面也具有举足轻重的影响；再次，RMS 工程是装备设计工程的重要组成部分，它作为专门工程的核心，与传统工程一起，构成了设计工程的两大支柱；最后，RMS 管理是装备研制系统工程管理的有机组成部分。

1. RMS 是装备形成战斗力的基础

美国空军 1969 年开始研制的 F-15A 战斗机，由于在研制中重视作战性能，轻视RMS，导致 RMS 水平低，20 世纪 80 年代初在美国弗吉尼亚州兰利空军基地第一战术联队的一次战备演习中，72 架飞机仅有 27 架能够飞行，其余飞机因缺乏备件等原因被迫停飞，能执行任务率只有 37.5%。该机平时训练每出动一架次需维修 15 h，平均只有 9% 的F-15A 飞机能连续保持在空中飞行，大多数飞机经常在维修车间修理，故得了一个"车间女皇"的绰号，几乎形成不了战斗力。

为此，美国空军和麦道公司，投入巨款对发动机、机体结构、雷达和航空子设备等进行了 1 000 多次的设计更改，仅发动机部件可靠性改进计划一项就投资 7 亿美元，实施了

多项以 RMS 为中心的改进和改型计划,使改型后的 F-15C 作战性能与 RMS 水平同时提高。到 1987 年,F-15C 的可靠性提高了 3 倍,能执行任务率达到了 80% 以上,为其在海湾战争中发挥的高作战能力奠定了基础。

在 1991 年初发生的历时 43 天的海湾战争中,F-15C 战斗机在接到命令后不到 53 h 内,首批来自第一战术联队的 48 架飞机中,就有 45 架出现在沙特阿拉伯的地面,显示出了极高的战备完好性和快速部署能力。在伊拉克战争中,F-15C 主要负责为早期在沙特阿拉伯部署的部队和装备提供空中保护,并作为争夺制空权的主力机种。部署在西南亚地区的 120 架 F-15C 战斗机总共飞行了 5 906 架次,平均每架次飞行持续时间为 5.19 h,能执行任务率高达 93.7%。美军在空战中共击落的 39 架伊拉克战斗机中,有 34 架是 F-15C 击落的,而 F-15C 则无一损失,显示了其出众的战备完好性和很强的作战能力。

2. RMS 是装备质量的重要特性

随着社会的发展和科学技术的进步,产品的质量观念也在不断演变和深化。传统的质量观念强调产品"符合规定的要求",即"符合性"。现代质量观强调质量是"一组固有特性满足要求的程度"。"固有特性"指的是产品本身具有的永久的特性,这些特性包括性能(固有能力)、可靠性、维修性、测试性、保障性、安全性、经济性等。一台优质的装备不仅要具备所需要的性能,而且要能长期保持这种性能,要求它故障少、寿命长,故障发生后检测方便且易于维修,使用过程中保障容易,而且不出现危及装备和乘员安全的事故。为了满足这些要求,装备不仅必须具有优良的性能,还必须具有优良的可靠性、维修性、测试性、保障性和安全性等质量特性。

RMS 是产品的固有特性,是设计出来的,生产出来的,管理出来的。其中,设计最为重要,只有把 RMS 设计到产品中去,才谈得上生产过程和使用过程的保证。如果在设计阶段不考虑 RMS,到生产阶段之后发现问题再考虑,势必花费更多的时间和代价,有的问题则根本无法解决,甚至带来"先天不足,后患无穷"的局面。因此,装备全面质量管理必须从设计开始,其 RMS 工作必须遵循"预防为主、早期投入"的方针,将预防、发现和纠正 RMS 设计及元器件、材料和工艺等方面的缺陷作为工作重点,采用成熟的设计和行之有效的 RMS 设计分析和试验技术,以保证和提高装备的质量水平。

在过去相当长的一段时间内,我们只注重装备的性能,而忽视 RMS,系统地提出和研究保障性问题则更是近 20 年来的事。树立当代质量观念就必须把 RMS 视为与性能同等重要的特性,在设计、研制装备时,必须提出这方面的定性、定量要求,并把这些要求和性能要求一样纳入装备的战术技术指标之中。

3. RMS 是制约装备效费比的重要因素

当代质量观念不仅注重产品性能、RMS 等,而且注重质量的经济性内涵,其核心是提高装备的系统效能,降低寿命周期费用,即提高效费比。装备的系统效能是装备在规定的条件下和规定的时间内,满足一组特定任务要求的程度。效能是性能(固有能力)、RMS 等特性的函数。提高装备的 RMS,就可以提高装备的效能。装备的故障少了,一旦出现故障又能尽快修复,又有较强的适应能力和好的保障条件,其固有能力就可以得到充分的发挥。

提高装备的 RMS 还可以降低寿命周期费用。统计表明,在产品从论证、研制直到使用、报废的全过程中,由于质量缺陷带来的经济损失和消耗是以数量级的变化而增大的。缺乏 RMS 设计的产品,尽管其研制初期可能投入较少的费用,但是产品研制后期的费用以至整个使用阶段的维修保障费用将大大增加。大量事实证明，由于RMS差，造成花费大量资金研制生产出来的装备交付部队后，其可用性低，维修保障费用高，甚至长期形不成战斗力，这方面的教训是很深刻的。

当然，随着高科技发展和装备日益复杂化，其研制费用和寿命周期费用是逐步增加的。采用RMS技术研制的装备一般来说需要有更高的早期经费投入。但是，这种投入和由于装备复杂化引起的寿命周期费用的增长换来的是其效能的更大增长，在总体上，仍然会促使其效费比的提高。

应当看到，装备效能是其性能、RMS等特性的综合反映。而这些特性之间又常常相互渗透，相互关联。为了取得最佳的效费比，各种特性指标需要进行综合权衡，这里既包括性能与RMS等特性要求之间的权衡，也包括各种特性与研制费用和时间进度之间的权衡。

9.4 RMS工程的发展

9.4.1 国外RMS工程的发展

1. 国外RMS工程的发展历程

半个多世纪以来，以美国为主体的国外武器装备RMS工程得到了快速的发展，出台了一套RMS法规、标准、手册和指南，建立了相应的组织管理和研究机构，有较充足的资源保障，保证武器装备有较高的RMS和战备完好性水平。然而，自冷战结束后，美国进行了一系列的采办改革，压缩有关RMS机构、裁减RMS人员、减少RMS的经费投入、取消了相当数量的RMS军用标准，对武器装备的RMS水平带来负面的影响，降低了现役装备的作战适用性水平。近几年来，美国国防部一直在强调通过提高重大武器装备的RMS来提高装备的作战适用性水平、降低拥有费用，全面加强RMS工作，并相继出台一系列新的政策、法规、标准、手册和指南，为重大武器装备的采办提供决策指导、实施途径、工具和方法。本书从战争的推动、科学技术发展与武器装备发展3个层面来讨论以美国为主体的国外武器装备RMS工程的发展。

1）可靠性工程的发展

回顾可靠性工程多年来的发展，大致经历如下几个阶段。

20世纪50年代是可靠性工程兴起的年代，美军的导弹及军用电子设备出现的严重可靠性问题引起了国防部的重视，开始有计划、有组织地开展可靠性研究。美军1952年成立了"军用电子设备可靠性咨询组"，制订可靠性研究与发展计划。1957年发布的"军用电子设备可靠性"报告，提出了军用电子设备可靠性设计分析与试验评价的方法与程序，成为可靠性奠基性文件，标志了可靠性工程成为一门独立的学科。20世纪50年代开始研制的F-4、F-104等第二代战斗机，几乎没有开展有计划的可靠性工作，主要靠传统的工程设计方法和质量控制技术来获得可靠性，其可靠性水平低，战备完好性和出勤率低，维修和保障费用高。

20世纪60年代，可靠性工程得到全面和迅速发展，并逐步进入工程应用。美军在侵越战争中，F-4、F-100和F-105等没有开展可靠性工作的第二代战斗机的任务可靠度仅有0.5，平均每一架飞机每天出动1架次。因此，美军在"军用电子设备可靠性"报告的基

础上，经过几年的研究与应用，制定和发布了 MIL-STD-785"系统与设备的可靠性大纲要求"等一系列可靠性军用标准，并在 F-14A、F-15A、M1 坦克等第三代装备研制中得到应用。这些装备开始规定了可靠性要求，制订了可靠性大纲，开展了可靠性分析、设计和可靠性鉴定试验。20 世纪 70 年代，第三代装备在使用中故障多、可靠性低，可靠性问题引起美军高层领导的重视。为加强武器装备的可靠性管理，美国国防部建立了统一的管理机构，成立直属三军联合后勤司令领导的可靠性、可用性与维修性联合技术协调组；建立全国统一的数据交换网——政府与工业界数据交换网。

20 世纪 70 年代后期，在武器装备研制中，开始重视采用可靠性研制与增长试验、环境应力筛选和综合环境试验，并颁发相应的标准。此外，机械产品的可靠性问题、软件可靠性问题等引起了人们的注意。70 年代中期，美军开始秘密研制隐身战斗机 F-117，研制中强调飞机的隐身性能，忽视 RMS，使飞机迟迟形成不了战斗力。

20 世纪 80 年代，可靠性工程得到深入发展。第四次中东战争中，以色列军队依靠具有良好抢修性的武器装备和具有高的战伤抢修水平的部队，扭转战局，取得最后胜利，从实战中表明，可靠性、维修性、保障性是武器装备战斗力的"倍增器"。1980 年，美国防部颁发了第一个可靠性和维修性（R&M）条例 DoDD5000.40《可靠性和维修性》，规定了国防部武器装备采办的 R&M 政策和各个部门的职责，并强调从装备研制开始就应开展 R&M 工作。在装备研制和改进改型中，广泛采用可靠性 CAD 技术、可靠性研制与增长试验、环境应力筛选，大大提高了装备的可靠性水平。1986 年，美国空军颁发了《R&M2000》行动计划，从管理入手，推动 R&M 技术的发展，使 R&M 的管理走向制度化，使 R&M 成为航空武器装备战斗力的组成部分。

20 世纪 90 年代，海湾战争等多次高技术局部战争的经验教训进一步表明 RMS 在现代高技术局部战争中的作用。在可靠性工程领域内，重视高加速寿命试验、高加速应力筛选、失效物理分析、过程 FMEA 等实用性技术的研究，并在 F-22、F-35 战斗机和 M1A2 坦克等新一代装备的研制中得到应用。此外，美军 1994 年进行了防务采办改革，为了压缩国防经费，时任国防部部长佩里取消了大部分军用标准，造成了武器装备 RMS 水平不断下降的后果。

在新一代装备中，软件成为决定装备性能的主导因素，美国陆军未来作战系统的软件规模达到 9 510 万行源代码，该项目成功的关键是在所有的子系统间建立通信网络，而该网络又依赖软件实现其功能。F-22 战斗机机载软件达 196 万行源代码，执行全机 80% 的功能。然而，软件可靠性比硬件低一个数量级，软件问题已导致导弹误发射、航天飞行器发射失败等许多重大事故，成为装备可靠性和安全性的大敌，如 1991 年，在海湾战争中，美军"爱国者"导弹由于软件系统运行累计误差大，导致发射未能拦截"飞毛腿"导弹，而使在沙特阿拉伯的英军兵营 28 人死亡，98 人受伤；1996 年，欧洲航天局在法属圭亚那发射新研制的"阿里安娜"5 火箭，因控制软件错误导致火箭升空后数十秒发生爆炸，卫星发射失败；美国空军 F-22 战斗机因为航空电子软件可靠性问题，造成飞机飞行试验计划推迟一年多。软件的质量和可靠性已引起世界各军事大国的关注，他们开展了大量的研究，制定了有关标准和指南。

进入 21 世纪以来，美国国防部发现近半数的采办项目在初始试验与验证过程中，作战效能未能满足要求，而且作战适用性差。在 1996—2000 年期间，80% 的装备都达不到要求的使用可靠性水平。美国国防部针对这些项目进行了一系列研究后发现装备的研制存在设计中考虑可靠性要求不够，较多地依靠可靠性预计而缺乏工程设计分析，防务承包商的可靠性设计实践不符合最佳商业惯例，故障模式、影响与危害性分析和故障报告、分析与纠正措施系统在纠正问题(故障模式)时没有发挥作用，部件和系统的试验不充分，试验时间非常有限，且试验样本量太小等严重问题。

为了解决武器装备研制中存在的可靠性问题，美国国防部一方面全面深入改革防务采办的政策、程序和方法，一方面调整装备采购的可靠性政策，制定军民合用的可靠性标准。国防部与工业界、政府电子与信息技术协会密切合作，2008年8月1日，美国信息技术协会正式发布了供国防系统和设备研制与生产用的可靠性标准 GEIA-STD-0009《系统设计、研制和制造用的可靠性工作标准》，进一步强化装备研制的可靠性工作。为了贯彻和实施以可靠性增长过程为核心的 GEIA-STD-0009 标准，美国国防部于2009年5月颁发了 MIL-HDBK-00189A《可靠性增长管理手册》，以替代1981年2月发布的 MIL-HDBK-189 军用手册。此外，陆军装备系统分析局开发了一种有效的可靠性评价工具——可靠性评分卡，用于对项目的可靠性工作进行评分来定性评价项目的可靠性状况。

与此同时，以故障机理为基础的可靠性预计技术得到深入发展，开发了相应的计算机辅助分析软件，并在 F-22 战斗机航空电子设备和欧洲 A400M 军用运输机的可靠性设计中得到应用，A400M 首次采用无维修工作期替代传统的平均故障间隔飞行小时作为飞机的可靠性指标。

2) 维修性工程的发展

从武器装备战备完好性及周期费用的观点出发，仅提高可靠性不是一种最有效的方法，必须综合考虑可靠性及维修性才能获得最佳结果。20世纪50年代，随着军用电子设备复杂性的提高，武器装备的维修工作量大、费用高。美军在侵朝战争中，军用电子设备每年的维修费用为其成本的两倍。大约每250个电子管就需要一个维修人员，美国国防部每天要花费2 500万美元用于各种武器装备的维修，每年约90亿美元，占国防预算的25%。因此，维修性问题引起了美国军方的重视。在20世纪50年代后期，美军罗姆航空发展中心及航空医学研究所等部门开展了维修性设计研究，提出了设置电子设备维修检查窗口、测试点、显示及控制器等措施，从设计上改造电子设备的维修性，并出版了有关的报告和手册，为以后的维修性标准打下了基础。

20世纪60年代，各种晶体管及固态电路相继取代了电子管，使军用电子设备的维修性有了显著改善，然而，由于军用电子设备复杂性的迅速增长，维修仍是军方研究的重要课题。其研究重点转入维修性定量度量方法，提出以维修时间作为维修性的定量度量参数。通过对维修过程的分析，把维修时间进一步分为不能工作时间、修理时间和行政延误时间等单元，并指出对大部分设备而言，维修时间服从对数正态分布，提出了维修时间分布的平均值和90%(或95%)的百分位置作为维修性的度量参数，为定量预计武器装备的维修性，控制维修性设计过程，验证维修性设计结果奠定了基础。在这些研究的基础上，美国海军、空军都分别制定了武器装备维修性管理、验证和预计规范，来保证所研制的武器装备具有要求的维修性。1966年，美国国防部先后颁发了 MIL-STD-470《维修性大纲要求》、MIL-STD-471《维修性验证、演示和评估》和 MIL-HDBK-472《维修性预计》等3个维修性标准。这3个标准的颁发和实施标志着维修性已成为一门独立的学科，与可靠性并驾齐驱。

20世纪70年代至80年代，维修性设计与分析逐步实现 CAD 化，R&M 设计与分析、

CAD 综合分析软件广泛用于 F-16、M1 坦克等第三代装备的研制与改进改型中。

20 世纪 90 年代至 21 世纪初，计算机和仿真建模技术的快速发展，为维修性工程与仿真技术相结合提供了可能。维修性设计与验证采用了现代计算机仿真和虚拟现实技术，实现了无纸化设计，显著地减少了设计错误、缩短了设计周期、提高了设计质量，并广泛用于 CNV-21 核动力航空母舰、未来作战系统和 F-35 战斗机等新一代装备研制中。例如：美国著名航空发动机制造公司——普惠公司采用由 Vicon 公司开发的虚拟建模工具进行航空发动机维修性试验与评价，评价发动机修理的时间与作业要求而不需要制造物理模型，使维修性工程能够直接与数字化 CAD 发动机模型产生交互作用。计算机仿真和虚拟现实技术正逐步成为维修性工程的新型工具。

3）测试性工程的发展

20 世纪 70 年代，随着半导体集成电路及数字技术的迅速发展，军用电子设备的设计及维修任务产生了很大变化，设备自测试、机内测试、故障诊断的概念及重要性引起设备设计师及维修性工程师的关注，设备维修工作的重点已从过去的拆卸及更换转到故障检测和隔离。因此，故障诊断能力、机内测试成为维修性设计的重要内容。机内测试技术相继在航空电子设备和其他军用电子设备中得到应用，成为改善航空电子设备维修性的重要途径。1975 年，F. Ligour 等人提出了测试性的概念，并在诊断电路设计等领域得到应用，随后便引起美、英等国军方的重视。

美国国防部联合后勤司令部于 1978 年设立测试性技术协调组来负责国防部测试研究计划的组织、协调和实施。同年 12 月，美国国防部颁发的 MIL-STD-471 通告 2《设备及系统的机内测试、外部测试、故障隔离和测试性特性及要求的验证评价》规定了测试性的验证及评价方法和程序。

20 世纪 80 年代，美国国防部颁发了 MIL-STD-470A《系统及设备维修性管理大纲》，强调测试性对维修性设计产生重大影响，而且影响到武器装备的寿命周期费用。接着，美国国防部颁发了 MIL-STD-2165《电子系统及设备的测试性大纲》，规定了电子系统及设备各研制阶段中应实施的测试性分析、设计及验证的要求和实施方法。MIL-STD-2165 的颁发标志着测试性已成为一门与可靠性、维修性并列的学科。

20 世纪 80 年代中期以后，为解决现役装备存在的诊断能力差、机内测试虚警率高等问题。美、英等国相继开展综合诊断及人工智能技术应用的研究，并在新一代的武器装备中得到应用。美国空军实施了"综合维修和诊断系统"计划，海军实施了"综合诊断保障系统"计划，陆军实施了"维修环境中的综合诊断"计划。综合诊断已在美国空军的先进战术战斗机 F-22、轰炸机 B-2、陆军的倾斜转子旋翼机 V-22 及 M1 坦克的改型中得到应用。

20 世纪 90 年代初，美国国防部正式颁发 MIL-STD-1814《综合诊断》军用标准，1997 年修订为 MIL-HDBK-1814《综合诊断》军用手册，作为提高新一代武器系统的战备完好性、降低使用和保障费用的主要技术途径。运用人工智能技术的灵巧机内测试已进入试验验证阶段。为了与《综合诊断》标准相协调，并扩大应用范围，美国国防部于 1993 年颁发了 MIL-STD-2165A《系统和设备测试性大纲》取代 MIL-STD-2165。

进入 21 世纪，故障预测与状态管理技术得到快速发展，并在美军联合攻击战斗机 F-35、海军"朱姆沃特"级新型导弹驱逐舰 DDG1000、陆军未来作战系统和重型高机动战术运输车等装备得到应用，成为国外新一代武器装备研制的一项关键技术，提高复杂系统 RMS 水平和降低寿命周期费用的一种非常有前途的军民两用技术。PHM 技术大大推动了

RMS 学科的深入发展，促进了自主式保障系统、智能维修技术和先导式维修技术等在新一代装备中的应用。

4）保障性工程的发展

20 世纪 70 年代，随着现代武器装备复杂性的增长，出现了使用和保障费用高、战备完好性差等严重问题，保障性逐渐引起各国军方和工业界的普遍注意。1973 年，美国国防部颁发了两个重要军用标准，即 MIL-STD-1388-1《后勤保障分析》和 MIL-STD-1388-2《国防部对后勤保障分析记录的要求》，后来又经过几次改版。在 F-16、F-18 战斗机和 M1 主战坦克等第三代装备型号的研制中，不同程度地开展了保障性分析及设计。

20 世纪 80 年代，美国军方认识到保障性问题不仅需要通过分析与设计解决，更要从管理入手，全面解决。1983 年颁发了指令 DoDD500.39《系统备综合后勤保障的采办和管理》，该指令规定保障性应与性能、进度和费用同对特，规定了"综合后勤保障的主要目标是以可承受的寿命周期费用实现系统的战备完好性目标"。

20 世纪 90 年代，美国国防部废除了 DoDD5000.39，将综合后勤保障纳入国防部指示 DoDI5000.2《防务采办管理政策和程序》，确定将综合后勤保障作为装备采办工作的一个不可分割的组成部分。1997 年 5 月，美国国防部颁布的 MIL-HDBK-502《采办后勤》将综合后勤保障改为采办后勤，强调保障性的重要性，明确保障性是性能要求的一部分，保障性分析是系统工程过程的一个不可缺少的部分。采办后勤的内容要比综合后勤保障的内容更突出系统工程过程。鉴于美、英、法等国的现役装备普遍存在着诊断能力差、虚警率高、备件供应不足、串件维修问题严重等问题，国外新一代装备，无论是美国的 F-22、欧洲的 EF2000 战斗机还是美军的 M1A2 坦克等装备都重视保障性。F-22 战斗机从方案设计一开始就把保障性放在与隐身、超声速巡航、推力转向等同等重要的地位。在方案论证中，反复进行权衡分析，如为了提高机动性、减少雷达反射面而采用的内埋式武器舱和油箱与飞机的维修性及保障性进行反复多次的权衡。为了满足飞机的保障性要求，其 F119 的可靠性要求比现役战斗机 F/A-18 的 F404 发动机高一倍。

进入 21 世纪以来，美军全面开展新一轮的采办改革，推行全寿命周期系统管理，强化项目经理的职权，推行基于性能的后勤策略，以降低使用和保障费用，缩短研制周期，进一步突出了武器装备保障性的地位。2003 年 5 月，美国国防部颁发的 5000 系列采办条例将保障性和持续保障作为武器系统性能的关键要素，并强调在产品和服务的采办和持续保障中，应考虑并在现实可行时采用 PBL 策略作为国防部落实产品保障的优选途径。

美军吸取在海湾战争和伊拉克战争等局部战争得到的经验教训，在 CNV-21 核动力航空母舰、FCS 和 F-35 战斗机等新一代装备的研制中，都将提高保障性作为提高装备战斗力，降低总拥有费用的主要措施，并通过推行 PBL 策略，采用远程维修和保障、预测与健康管理、基于状态的维修、综合维修信息系统和便携式维修辅助设备等信息化的维修保障技术来降低占寿命周期费用 60% ~70% 的使用和保障费用。近年来，美国国防部又颁发了《21 世纪的产品保障指南》，进一步提出产品保障的概念，旨在强调实施全寿命保障的重要性。

2005 年 8 月 3 日，美国国防部发布新的《可靠性、可用性和维修性（RAM）指南》，提出建立一个满足 RAM 性能要求的装备所必需的 4 个关键步骤（理解用户的需求与限制条件并形成文件；RAM 的设计和再设计；生产可靠的、可维修的系统；监测现场试验并保持 RAM 性能），指导新一代装备全寿命周期系统管理的实施。

为了解决装备作战适用性差、使用和保障费用高的问题，必须提高装备的保障性水平，有效地把 RMS 设计到装备中。近些年来，美国国防部在武器装备采办中引入全寿命周期系统管理的理念，该理念强调执行寿命周期持续保障，要求重大武器装备采办必须引入持续保障关键性能参数(KPP)，并于 2009 年 6 月颁发了《可靠性、可用性、维修性和拥有费用(RAM-C)手册》。该手册全面阐述了 KPP 的定义、内涵、要求，以及如何确定 KPP 及其各个子参数量值的方法，并提供了如何制订拥有费用要求的详细指导。

5)安全性工程的发展

武器装备的发展中历次灾难性事故的经验与教训，使人们认识到装备的安全性必须走系统工程研究的道路，从而使装备安全性得到不断发展。装备安全性工程的发展大致经历了如下几个阶段。

20 世纪 20 年代初至 20 世纪 50 年代中期，安全性工程处于事故调查与预防阶段，美、英军方开始统计和记录飞机的飞行事故率。20 世纪 30 年代之后，两国进一步加强重大飞行事故的记录和调查。英国于 1937 年成立航空事故调查组，皇家空军于 1944 年成立飞行安全机构负责军用飞机重大事故的调查。美国陆军航空兵于 1943 年正式实施飞行安全大纲，1944 年创刊《飞行安全》杂志，加强事故调查与分析。飞行安全机构的建立及飞行安全大纲的实施，使飞行事故率继续下降，1946 年，美、英军用飞机的灾难事故率分别为每 10 万飞行小时发生 44 次和 40 次灾难事故。

第二次世界大战结束后，美、英空军都把工作重点从事故记录和调查转向事故预防。一方面不断完善事故的调查、报告和分析研究方法；另一方面利用事故调查和分析得到的信息，找出引发事故的各种原因，采取纠正措施以防止类似事故的发生，并强调在飞机和系统的设计和制造中考虑安全性问题。

20 世纪 50 年代后期至 20 世纪 70 年代后期，推行系统安全大纲。1958 年，美国防空导弹的爆炸事故，首先引起陆军的重视，1960 年 7 月在 Redstone 兵工厂建立第一个系统安全工程组织。美国空军在"民兵"洲际导弹的研制中首先引入了系统安全原理，并颁发了军用规范《空军弹道导弹系统安全工程》，进而成为"民兵"导弹研制的系统安全大纲。"民兵"导弹的成功研制，使系统安全引起了美国国防部的重视。1969 年 7 月，美国国防部在空军发布的军用规范 M-S-38130 的基础上，制定了军用标准 MIL-STD-882《系统及其有关的分系统、设备的系统安全大纲要求》，规定了系统安全管理、设计、分析和评价的基本要求，作为国防部范围内武器装备研制必须遵循的文件，广泛用于美军的各种武器装备的研制中。1977 年，MIL-STD-882 作了修订，系统安全工作的要求在装备寿命周期内得到明确而全面的规定，并增加了软件安全性要求，这是当前不少国家引用的比较成熟的系统安全标准。

除了颁布军用标准外，20 世纪 70 年代后期，美国国防部颁发和修订了一系列指令和指示(如 DoDD5000.1、DoDI5000.2、DoDI5000.36 等)，对装备采办中的系统安全工作都提出高层次的要求，从政策上明确要求将系统安全、健康危险和环境影响综合到装备设计研制的系统工程中。

20 世纪 70 年代，美国在核武器和核工业领域相继提出了保证安全问题，因为核爆炸和核污染给人类带来不可估量的严重后果。1975 年，美国核能委员会发表了《商用核电站轻水反应堆的风险评价》报告，收集了核电站各部位历年发生的事故类型及其频率，应用事件树和故障树分析技术成功地进行了核电站安全定量评价。这是核能安全性分析技术发展的一个重要里程碑。它说明了概率安全评估是复杂系统进行安全评估的重要方法。受到世界各国从事系统安全性工作者的普遍重视。

20 世纪 80 年代至 20 世纪 90 年代中期，开展综合预防工作。系统安全大纲的全面实施，使武器装备的安全性水平有了显著的提高，灾难事故率不断下降。然而，20 世纪 80 年代以后，各种灾难事故仍有发生。例如：美国空军与英国皇家空军飞机的灾难事故率大致处于 $(1.5 \sim 2.0)$ 次/10 万飞行小时的水平，平均每年损失飞机几十架，死亡数十人。特别是 1986 年 1 月，美国航天飞机"挑战者"号失事，损失 30 亿美元和 7 名乘员，震惊世界。为了进一步提高航空航天飞行器的安全性，除了进一步加强安全性分析、设计和验证工作外，还综合运用人为因素分析、软件安全性、风险管理和定量风险评估等各种先进技术来预防事故发生。从飞行器的故障与操作人员的人为因素、设备的硬件与软件、安全性设计与风险管理、定性分析与定量风险评估等各个方面对飞行事故进行综合预防。1984 年和 1987 年，美国对 MIL-STD-882 作了修订并颁发了 MIL-STD-882B、C，在这些标准的修订中，增加了软件安全性的工作项目，包括软件需求危险分析、概要设计危险分析、软件安全性测试、软件与用户接口分析和软件更改危险分析等。

20 世纪 90 年代后期至 21 世纪初，各国全面采用信息技术。通过综合开展事故的预防工作，武器装备的安全性水平有了明显的提高：2006 年，美国空军飞机的灾难性（A 等）事故率降到 0.90 次/10 万飞行小时，年损失飞机 8 架。然而，由于现代武器装备高度复杂，工作环境异常严酷，各种事故依然接二连三地发生。2000 年 8 月 12 日，俄罗斯海军北方舰队的库尔斯克号核潜艇，因易燃气体泄漏突然爆炸，沉入巴伦支海海底，艇上 118 名官兵全部遇难。2003 年 2 月 1 日，美国"哥伦比亚"号航天飞机从太空返回地面时解体，机上 7 名人员全部遇难。

为了进一步提高现代武器装备的安全性，美国国防部于 2004 年发布了 MIL-STD-882E（征求意见稿），以弥补采办改革中颁发的 MIL-STD-882D 因取消系统安全工作项目所造成的可操作性差的缺陷。接着，美国国防部与政府电子和信息技术协会（GEIA）合作，在 MIL-STD-882D-E 基础上，全面编制新的军民两用安全性标准，并于 2009 年 2 月 10 日由 GEIA G-48 系统安全委员会正式批准发布 GEIA-STD-0010《系统安全工作的标准最佳实践》标准。同时，美国与北约等都在新一代武器装备的研制中全面运用信息技术，在安全性设计分析和试验与评价中采用建模仿真和虚拟现实技术，在系统设计中采用预测和健康管理技术，保证新一代装备的使用安全性有进一步的提高。例如：近几年来，美国 NASA 建立了用于航空航天飞行器安全性分析的虚拟实验室，并且开发了一项提高航天飞行器安全性的新技术——基于信标的多任务异常分析技术，利用嵌入式计算机中运行的软件，为航天飞机提供实时自主式诊断和预测，以提高航天飞机的安全性。

2. 国外 RMS 工程的发展特点

国外工业发达国家，特别是美国、俄罗斯、西欧国家、日本等工业发达国，在 RMS 工程发展中都有各自的特点。

1）美国的发展特点

长期以来，美国军方坚持把 RMS 作为武器装备作战能力的重要因素之一，认为 RMS 与性能同等重要，RMS 对武器装备的战备完好性、作战效能，以及维修和保障费用产生重要影响；高层领导重视 RMS 技术，自上而下地推动武器装备 RMS 的发展，从 20 世纪 50

年代的国防部长马歇尔到现任的国防部高级官员都强调 RMS 的重要性，重视 RMS 工作；从管理入手，强调集中统一的 RMS 工程管理，设立负责采办和技术的副国防部长全面负责管理 RMS 的管理体系，有效实施全寿命管理；在防务采办中，重视早期投入，加强战术技术指标论证，通过严格的 RMS 设计把 RMS 设计到装备中；随着国防预算的削减，费用成为装备研制的设计变量，强调通过提高 RMS 来降低装备寿命周期费用，重视采用实用的 RMS 技术，要求进行项目的性能、进度和费用的权衡研究；鼓励优先采用先进的民用技术和产品，推行军民两用的 RMS 发展策略。

2）俄罗斯的发展特点

俄罗斯是除美国之外，各种武器装备配套齐全的军事大国，并具有很强的装备研制和生产能力。

无论是苏联还是现俄罗斯的高层决策者都重视 RMS。苏联长期与美国对抗，进行军备竞赛，坚持走独立的 RMS 发展路径，建立自己的 RMS 体系，制定 RMS 标准；通过发展机械产品及制造工艺的可靠性技术，强调冗余技术的应用等来弥补电子元器件、电子设备可靠性差，以及故障检测技术较落后的不足；重视 RMS 基础理论和实用技术研究，诸如加速寿命试验和冗余等实用 RMS 技术；重视系统综合技术的研究，在零（部）件可靠性水平不太高的情况下，发展较高可靠性水平的武器装备及系统。

近年来俄罗斯的 RMS 工作逐渐与美国等西方国家接轨，引入并制定与美国军用标准相似的 RMS 技术标准，如可靠性试验、故障模式、影响及危害性分析，以及环境应力筛选等。

3）西欧国家的发展特点

西欧国家武器装备的 RMS 发展基本上仿效美国的思路、借鉴美国的技术、参照和采用美国的军用标准，通过国防部推动武器装备 RMS 的发展。但每个国家根据自身的特点，发展实用的 RMS 技术及方法，如在英国的 RMS 国防标准中引入了故障树、人为因素对 RMS 的影响和寿命有限产品等美国 RMS 军用标准未纳入的内容。

近年来，欧洲为了与美国相抗衡，北约在英、美军用标准的基础上，建立了独立的 RMS 标准体系，编制独立的 RMS 工程管理标准，即可靠性、维修性和保障性相结合的 RMS 工程管理标准，推动其武器装备后勤保障体系的一体化。在大部分北约国家中，军用装备一般不采用民用 RMS 标准，在民用产品的 RMS 领域，西欧各国的 RMS 工作基本上是按照国际电工委员会制定的 RMS 标准体系和国际标准化组织的 ISO 标准来实施的。

4）日本的发展特点

长期以来，日本武器装备发展走的是一条仿制的道路，研制工作在采办过程中的地位并不突出。相反，生产和制造是最主要的采办阶段。日本十分理智地选择了 RMS 与质量相结合、从质量管理入手的策略，通过质量保证实现产品设计的可靠性。日本企业深入地贯彻了戴明的管理方法，强调元器件筛选，重视推广 FMECA、田口设计方法等实用可靠性技术及对在职人员的可靠性培训，以近乎苛刻的工艺过程来保证产品的质量和 RMS。在装备研制中，主要是依靠美国武器装备的 RMS 技术，采用美国的 RMS 标准，吸取美国的 RMS 工程管理经验。

日本的 RMS 管理与美国和西欧不同，在美国和西欧，由政府主导 RMS 工作，颁布 RMS 标准和规范、控制装备的采办过程；在日本，企业的自主性很强，质量和 RMS 工作的开展有很强的民间性质，企业标准往往高于国家标准。日本企业界和学术界以日本科技联盟的名义出版 RMS 标准和手册，开展 RMS 研究，主办 RMS 研讨会。

▶▶▶ 9.4.2　我国 RMS 工程的发展 ▶▶ ▶

1. 我国 RMS 工程的发展历程

我国 RMS 工程起源于 20 世纪 60 年代的电子行业，经过半个世纪多的摸索、学习和创造，取得了长足的发展，已形成了技术与管理相结合的 RMS 工程理论框架。特别是从 20 世纪 80 年代开始，在现役装备改进改型和重点型号研制中逐步推进 RMS 工程，成效显著，对促进武器装备作战能力和保障能力的形成发挥了重要作用。

20 世纪 60 年代后期，因电视机可靠性差引起了有关方面的重视。当时，钱学森同志就明确指出"可靠性是设计出来的，生产出来的，也是管理出来的"这一指导可靠性工作的著名论断，但在其他行业并未有意识地开展可靠性工作。20 世纪 70 年代，我国武器装备质量工作的主要任务是对生产、制造过程进行"符合性"质量检验和事后处理。可靠性作为一个全新的概念开始受到重视，并开展了相应的基础性研究与应用。20 世纪 70 年代后期，航空装备开始"定寿、延寿"工作。

20 世纪 80 年代，为解决常规武器装备使用中的寿命短、故障多的问题，我国开展了现役装备的"定寿、延寿"和"可靠性补课"工作。1985 年，针对"定寿、延寿"和"可靠性补课"的迫切需求，原国防科工委发布了《航空装备寿命和可靠性工作的暂行规定》，解决了现役装备的"定寿、延寿"问题。同时，进一步认识可靠性的重要性，引进美军可靠性维修性标准与规范，宣传推广可靠性维修性概念，开始可靠性维修性技术基础研究。20 世纪 80 年代后期，发布了 GJB 450《装备研制与生产的可靠性大纲》和 GJB 368《装备维修性通用规范》等国家军用标准。

20 世纪 90 年代，提出"转变观念，把可靠性放在与性能同等重要的地位"的战略思想，制定颁布了《武器装备可靠性维修性管理规定》等顶层文件，强调预防为主、早期投入，并开始在型号研制过程中推广普及 RMS 技术，设立可靠性共性技术预先研究领域，建立武器装备可靠性工程技术中心，开始重视维修性、测试性、保障性，提出 RMS 工程理论框架。颁发了 GJB 451《可靠性维修性术语》、GJB 2547《装备测试性大纲》、GJB 1371《装备保障性分析》、GB 3872《装备综合保障通用要求》和 GB 900《系统安全性通用大纲》等国家军用标准，初步形成了 RMS 国家军用标准体系。

在这个时期，我国武器装备完全进入自行研制阶段，装备也呈现系统复杂、技术难度大、费用大、风险高的特点，装备采用的元器件、电子设备和软件也明显增加。有些型号的质量与可靠性问题不断发生，造成试验接连失败，研制进度一推再推，严重影响装备研制工作的顺利进行。通过总结经验教训，进一步转变观念，强调从事后故障处理转向事前预防，强调从源头抓起，强调可靠性与性能并重。

进入 21 世纪，我国全面开展 RMS 的基础研究和预先研究，在武器装备型号研制中推行并行工程，重视 RMS 专业与传统专业的一体化的研究并在重点型号试应用，开展建模仿真和虚拟现实技术进行 RMS 设计分析和试验与评价，以及以失效物理为基础的高可靠性和长寿命技术研究。同时，修订和颁发一批新的 RMS 标准，进一步完善 RMS 国家军用标准体系。

2. 我国 RMS 工作取得的成绩

我国武器装备 RMS 工程经过半个世纪多的探索和发展，取得了较大的进步，装备的

RMS 工作越来越受到各级领导的重视，加强了 RMS 组织与管理工作，推动了 RMS 工程的发展。经过多年努力，在武器装备的建设中取得了实效，具体表现在以下几个方面。

1）开展现役装备的 RMS 评估，为提高战斗力和保障能力提供基础

20 世纪 90 年代，我军现役武器装备受历史条件的制约，没有 RMS 指标，"七五""八五"以来，对这些装备开展了 RMS 评估工作，大致摸清了部分重点装备的 RMS 情况，为这些装备及保障系统的改进，为装备在训练与作战中的合理运用提供了初步依据。

（1）"七五"以来，我国对现役飞机进行"定寿、延寿"与"可靠性补课"，投入 1.5 亿元人民币，飞机及设备的可靠性水平明显提高，使机群寿命增加了约 239 万飞行小时，相当于减少装备购置费、维修费 33.41 亿元人民币，投入产出比高达 1：22，有效地保证了飞机正常飞行训练。

（2）应对军事斗争准备工作的迫切需求，开展以可靠性为中心的维修改革初见成效，为部队的正常训练和战时保障提供了保证。例如：我空军的苏-27 飞机定检优化成果，使定检时间由原来的一个月缩短为 15 天左右，飞机完好率上升了 5% ~ 7%；再如：59 式坦克采取近百项改进措施，在 10 000 km 大修间隔中减少 1 次"中修"、4 次"小修"、9 次"保养"，使该坦克的完好率比改革前提高 39%，器材费用下降近 27%。

2）加强 RMS 技术的预先研究，对型号研制成功发挥了重要作用

（1）通过系统和深入地开展 RMS 要求论证和验证的预先研究，提出了适用于我国武器装备发展的 RMS 参数体系、确定 RMS 指标的程序和方法，以及各类装备 RMS 要求验证的程序与方法，为科学合理地确定我国新一代装备的 RMS 要求，有效进行 RMS 要求验证和 GJB 1909A《装备可靠性维修性保障性要求论证》的修订，提供了有力的技术支持。

（2）在某些型号研制中，成功地运用了性能与 RMS 的一体化设计、元器件控制技术、可靠性增长摸底试验和可靠性强化试验等预先研究技术成果，提高了装备的 MS 水平，保证了装备研制试验和使用试验工作顺利进行。

（3）狠抓同步建设和定型阶段的 RMS 考核验证，促进装备保障能力的快速形成。例如：某型歼击机的综合自动检测设备项目和部队适应性试验工作，为解决保障问题发挥了巨大作用，这对装备正式交付部队后尽快形成战斗力和保障能力奠定了基础。

3）规范管理，为实施 RMS 工程创造条件

（1）1991 年，发布了《关于进一步加强武器装备可靠性、维修性工作的通知》，提出了武器装备可靠性维修性与性能具有同等重要地位的战略思想；1993 年，发布了《武器装备可靠性、维修性管理规定》，确立了可靠性、维修性工作是装备研制系统工程管理重要组成部分的基本原则，明确了 RMS 工程工作的基本思路；1994 年，发布了《武器装备可靠性、维修性设计若干要求》，提出了在型号设计师系统中建立可靠性工作系统的要求，给出了开展可靠性、维修性设计应遵循的基本原则，确立了可靠性、维修性在型号研制中的专业地位。

（2）1993 年，成立了原国防科工委武器装备可靠性工程技术中心，2000 年改为总装备部武器装备可靠性工程技术中心，加强 RMS 工程的顶层谋划、决策支持、技术研究和推广应用；1995 年，成立了国防科工委可靠性技术专业组（后改为总装备部可靠性技术专业组），在已有的质量与可靠性技术基础研究的基础上，有组织、有计划地开展可靠性应用基础研究和应用研究。

（3）空军、海军、陆军、陆航装备部门相继建立了 RMS 技术支持机构，航空、航天、

兵器、舰船、电子、核等工业部门及有关厂、所陆续建立了 RMS 专业技术室(部)。上述措施使 RMS 工程工作逐步制度化、程序化和规范化。

4)技术能力建设取得突破，初具规模

自"八五"以来，我国在技术基础和预先研究等项目中先后开展了 RMS 技术研究，在配套改造项目中，引进了部分 RMS 设计分析与试验技术手段和设备，成效显著，解决了型号研制的部分急需。例如：突破了计算机辅助 RMS 设计分析技术、四综合(温度、湿度、低气压、振动)可靠性试验系统、电子设备组件筛选系统、机电产品可靠性综合应力试验技术、可靠性试验剖面设计技术、嵌入式软件可靠性仿真测试技术、小子样可靠性评估技术等重大关键技术，大量引进了三综合(温度、湿度、振动)可靠性试验系统、环境试验设备和失效分析设备。这些成果和技术手段在新一代歼击机、直升机、各种导弹、舰载电子对抗系统、主战坦克等专项高新工程和"神舟"飞船研制中得到了比较广泛的推广应用，直接为这些型号的研制成功提供了关键技术保障。

▶▶▶ 9.4.3　RMS 工程的发展趋势 ▶▶▶

根据当前国际形势发展的趋势，进入 21 世纪之后的相当长时间内，世界仍将处于多元化的格局，小规模的局部战争将不断发生。21 世纪的武器装备仍强调全寿命、全系统和全费用管理；以信息技术为龙头的高新技术仍突飞猛进地发展；武器装备的费用仍是制约装备发展的主要因素，军民用市场的需求对进入 21 世纪的 RMS 提出新的挑战，同时也带来新的机遇。目前，RMS 技术正朝着综合化、信息化、智能化、网络化、微观化、经济实用化和军民两用化方向发展。

1. 综合化

综合化(也称一体化或集成化)是当前武器装备发展的主要趋势，也是 RMS 发展的必然走向。随着科学技术的快速发展，各种技术相互渗透、相互影响，特别是 CAD 技术和并行工程的广泛应用，全面促进了现代武器装备设计与分析、试验与评价和管理等功能的综合化，以及装备使用和保障中的测试/诊断、维修和保障过程，包括故障诊断、维修决策、维修规划、维修训练和备件供应等过程的综合化。

在工程设计综合化的环境下，RMS 向综合化的方向发展，包括可靠性、维修性、保障性设计与分析综合化，如可靠性、维修性和保障性的综合分析，可靠性、维修性和保障性的综合设计分析，FMEA 与潜在通路综合分析，可靠性、维修性、保障性与性能的综合设计；可靠性试验综合化，充分利用研制试验、增长试验、环境试验和鉴定试验的试验信息评估产品的可靠性；后勤保障和诊断综合化，即综合后勤保障和综合诊断，利用综合诊断实现设计、生产和维修的测试综合利用；硬件软件综合化，对硬件和软件可靠性进行综合分析；可靠性、维修性、保障性信息综合化，建立武器装备综合数据系统，使订购方、使用方、主承制方和转承制方的各种设计、生产、维修和保障信息(包括可靠性、维修性、保障性信息)综合利用和共享。

F-35 战斗机自主式保障系统的设计，利用综合诊断虚拟试验台，开展保障性设计分析与验证，很好地实现了功能综合化和过程综合化。这种综合化的系统具有完善的保障能力，包括自动化部件订货能力，以避免繁杂和易错的纸面工作；人员综合训练能力，根据

人员技术等级要求自动选用交互式电子技术手册的材料；技能与完好性评估，自动评估和跟踪使用人员的技术水平；维修经历，根据维修历史数据连续改进保障状态；基于动态模型的推理，而无须采用故障树诊断故障；为全资可视化提供序列号跟踪；战伤评估和修理与维修测试及技术信息全面综合；开放式体系结构为各种测量与测试仪表综合留有余地。

2. 信息化

信息化是当前武器装备发展的大方向，是装备 RMS 发展的重要趋势，也是实现综合化的基础。利用当今快速发展的数字化通信、网络传输等先进信息技术来改进 RMS 设计分析、试验、评价和管理，改革维修保障方式，改造维修保障资源，提高维修保障能力，创建和革新维修保障系统，已成为一条必由之路。在新一代装备的 RMS 设计分析、试验、评价、维修与保障中，先进的信息技术起着至关重要的作用。美国海军的 CVN-21 核动力航空母舰，陆军的 FCS、F-35 战斗机，以及欧洲的 EF-2000 战斗机和 A400M 军用运输机都不同程度地采用的建模仿真与虚拟现实技术、故障预测和健康管理、交互式电子技术手册、综合维修信息系统、信息化的训练保障、快速可视化运输和信息化备件供应等先进信息技术，成为提高新一代装备的作战效能和作战适用性的主要途径。

特别是建模仿真与虚拟现实技术在 RMS 领域的应用具有广阔的前景。它不仅可用于 RMS 的指标论证、方案权衡、分析与设计，还可用于 RMS 的试验验证与评价，从而大大提高设计与分析的精度、缩短研制周期和降低寿命周期费用。

3. 智能化

智能化是各种 RMS 活动快速和准确实现其目标的关键。智能化指的是应用人工智能技术开发智能软件，赋予各种系统"智能"，使系统能实时掌握所有对象的各种需求，自动统计、分类、优化实施计划；并且能够实施远程监测、远程诊断和预测能力，使各种 RMS 活动在任务、环境等变化产生的复杂状态下能够快速和准确实现其规定的目标。在 RMS 领域内，各种类型的故障诊断和维修专家系统已用于美国 F-15 战斗机、B-1B 轰炸机、海军舰艇、陆军军械装置等在役装备的故障诊断和维修中，有效地减少故障诊断时间和熟练维修技术人员的数量；各种 RMS 工程管理和设计分析的专家系统，用于帮助装备管理人员、设计师和 RMS 工程师设计更加可靠、易保障而且费用更低的武器装备；装备 RMS 设计人员与维修人员培训专家系统，用于培训新装备设计及维修的 RMS 人员，提高培训质量和效率。

F-35 等新一代装备采用的故障预测与健康管理系统和自主式保障系统实现的故障诊断策略与程序、维修计划、保障策略和人员培训策略等活动，不仅依靠 RMS 人员，还利用专家系统(基于模型的推理、基于案例的推理、基于规则的推理)、神经网络、模糊逻辑和遗传算法等各种人工智能技术辅助进行决策，最终实现在准确的时间、准确的地点，提供准确的维修保障，提高飞机的战备完好性、部署机动性和快速的出动能力。

4. 网络化

网络化是快速、准确和及时实现各种 RMS 活动的保证。网络技术广泛用于武器装备 RMS 的设计分析、试验、评价和管理中，特别是装备维修保障实现网络化，是当前的一种发展趋势。在新一代装备的维修保障过程中，利用计算机网络技术和卫星通信技术，将各级维修保障部门、各种维修保障单元和维修保障平台、甚至地方维修保障力量都置于各种维修保障的计算机网络中，联成协调一致的维修保障系统，实现纵横结合、多边协作。

美国陆军的FCS就是一族网络化的系统。它通过一个共用的网络，即指挥、控制、通信、计算机、情报、监视和侦察网络，把地面有人驾驶车辆、地面无人驾驶车辆、无人驾驶飞行器、传感器和弹药等连接成为一个大系统，以实现在敌方攻击前发现并打击敌人。FCS取得成功的关键是一个网络化后勤保障集成系统，包括平台-战士任务完好系统和后勤决策保障系统等。利用这两个系统在C4ISR网络进行后勤保障信息的集成，实现缩小后勤规模、改进部署性、提高使用可用度和降低总拥有费用的目标。网络化后勤保障集成系统向部队的指挥官和后勤保障人员提供高度准确的后勤保障信息和决策工具，以便在准确的地点、准确的时间，准确地提交部队所需的器材。

F-35自主式保障系统是装备维修保障实现网络化的一个典型示例，该系统依靠它的神经中枢——自主式保障信息系统的信息网络，将来自机上PHM的飞机状态信息与来自部队数据库的人员配备和训练信息，以及来自联合后勤部门的后勤保障信息集成在一起，并按照所要求的出动架次率和任务使命将指挥员的意图输入，实现智能的远程监控，及时获得设备的状况，发出故障警告，使相关的维修保障信息实现网络共享，为F-35的驾驶员、地面维修人员、供应保障人员和飞行部队指挥人员快速、准确和及时提供有关维修保障信息，使部队指挥员和维修保障主管可以充分利用信息来优化F-35的部署，使飞机在整个寿命周期内的维修保障、训练、供应，甚至部件或飞机设计改进得以及时、顺利地实施。

5. 微观化

从宏观统计到微观分析是RMS工程发展的一种趋势。科学技术快速发展，各种新型材料和新型元器件的发展与应用，各种微型装备、微型部件和组件的发展，特别是各种微型电子器件和微机电组件的应用，对RMS工程提出新的挑战，各种新的失效模式、失效机理和失效模型将会出现，采用传统的宏观统计方法将不可能完全有效地解决新问题。因此，20世纪80年代后期以来，微观化的可靠性分析技术即以失效机理为基础的可靠性预计技术引起了美、英两国的重视，开发了相应的计算机辅助分析软件。

美国马里兰大学的计算机辅助寿命周期工程组已经开发出建立全部失效机理的模型和预测每一个机理的失效时间的计算机软件，该软件提供了大多数现代印刷线路组件的建模能力，包括产品寿命周期的可靠性评价能力，使设计者能够计算无维修工作期，评价飞机完成任务的能力，同时向最终用户提供维护，以恢复设备的状态，保证其完成下一次任务。美国桑迪亚国家实验室(Sandia National Laboratories)又提出了以失效物理为基础的可靠性工程方法，称为以科学为基础的可靠性工程方法。这种方法强调在产品进入研制之前必须开展由多学科组成的并行研究与开发，在研究产品工作原理的同时要研究其制造方法、失效机理、失效模式和失效模型，并运用系统工程方法开展产品研制，在将可靠性设计和制造到产品中的同时，也使产品具有故障告警和维修时间预测的能力。这种方法已用于该实验室的微型机械研制中，并开发了CAD仿真工具，被称为是21世纪的可靠性工程方法。

6. 经济实用化

经济实用化是 RMS 工程发展的一个显著趋势。冷战结束后，国防预算显著缩减，国防费用成为美军关注的焦点，美国国防部 DoDD5000 采办文件明确规定在采办过程中必须考虑经济承受性，把费用作为独立变量考虑并规定 RMS 要求的确定应以使用要求和寿命周期费用为依据。鉴于美军 F-16 战斗机、M1 坦克等现役武器装备的 O&S 费用约占其寿命周期费用的 70%，因此考虑经济承受性的焦点集中在降低 O&S 费用，而降低 O&S 费用的主要途径就是改善装备的 RMS。F-35 战斗机和 LDP-17 舰船等新一代装备的研制都突出了经济承受性的地位。F-35 成为美国国防部冷战结束后将费用作为设计目标写入使用要求文件的第一个军用飞机项目。国防部把这些费用目标向飞机竞争承包商提出，要求各承包商在方案论证阶段以费用作为独立变量与性能、重量等进行权衡。

为了控制装备的研制费用，在新一代装备发展中，强调采用经济实用的 RMS 技术和方法，如故障模式、影响与危害性分析、故障报告、分析与纠正措施系统、故障树分析、可靠性研制与增长试验、高效环境应力筛选、可靠性强化试验、机内测试、预测和状态管理和健壮设计等。在今后的年代里，各种经济实用的 RMS 技术将会得到更广泛的应用和进一步发展，新的经济实用化的 RMS 技术也将不断涌现。

7. 军民两用化

随着信息技术、高可靠性和高性能的民用产品，以及柔性制造技术等的发展和广泛应用，军用和民用技术已日益融合在一起，它们之间的界线已不如以前明显。美国国防部和商业部每年公布的关键技术清单有 80% 以上的项目是重复的。因此，发展军民两用技术，实现军民两用化是当前世界国防工业的重要发展战略，是实现经济实用化的一条重要途径。近几年来，美国国防部与工业界及政府电子和信息技术协会合作，制定并颁发了一批 RMS 标准和手册。

2007 年 9 月颁发了 GEIA-STD-0007《后勤产品数据》标准和配套的 GEIA-HDBK-0007《后勤产品数据》手册，以替代 1991 年颁发的军用标准 MIL-STD-1388-2B《后勤保障分析记录》；2008 年 8 月颁发了 GEIA-STD-0009《系统设计、研制和制造用的可靠性工作标准》，以替代 1980 年 7 月修订发布的军用标准 MIL-STD-785B《系统和设备研制和生产的可靠性大纲》；2009 年 2 月颁发了 GEIA-STD-0010《系统安全工作的标准最佳实践》，以替代 2000 年 2 月发布的 MIL-STD-882D《系统安全标准实践》军用标准。

9.5　武器系统可靠性设计

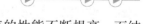

随着武器系统高技术含量的增加，自动化程度越来越高，系统的性能不断提高，而结构和系统也变得越来越复杂，零(部)件随之增多。因此，武器系统的可靠性问题变得越来越突出。了解有关系统可靠性的基本知识和理论对武器系统的设计具有重要的作用。

9.5.1　可靠性的定义

产品的可靠性指的是产品在规定的条件下和规定的时间内，完成规定功能的能力。

这里所说的产品是指作为单独研究的任何元器件、设备和系统，当然也包括武器系统。

规定的条件是指包括运输、储存和使用时的环境条件，如温度、压力、湿度、加速度、振动、冲击和噪声、辐射，以及使用时对操作人员的技术水平的要求等。

规定的时间是因为随着时间的增长，产品的可靠性会下降，因此在规定的不同时间内，产品的可靠性将不同。另外，不同的产品所考虑的时间也是不同的，如导弹发射装置在发射时的可靠性的对应时间单位以分、秒计算，而对通信电缆的时间单位可以是年、月等。我们在研究武器系统的可靠性时，应将时间理解为广义的时间，它还可以是车辆的行驶里程、工作循环的次数等。

规定的功能指的是产品(武器系统)应具备的技术指标，也就是说产品能正常工作。对此必须明确和有严格的定义。有时系统中虽然所有的设备没有百分之百地达到技术要求，但整个系统工作仍是正常的，例如：数据处理分析系统中，某一个输出电压可能高于或低于标准电压值，但计算机仍能正常工作，输出的系统特性参数符合要求，应认为系统工作是正常的。也就是说规定的功能的定义原则应以完成预定的任务，实现系统的功能正常工作为依据。工程上一般将完成规定功能的能力认为是系统正常工作不发生故障的概率，有了这一概念，可靠性就可以有一个定量的描述。

系统可靠性设计有两种方式：一是按照已知组成系统的零(部)件或分系统的可靠性数据来计算系统的可靠性指标，即可靠性预测，通过对系统的几种结构模型的计算、比较以得到满意的系统设计方案和可靠性指标；二是按照已规定的系统可靠性指标，对组成系统的分系统或零(部)件进行可靠性分配，并在多种设计方案中比较选优。这两种类型在可靠性设计中往往是交替联用。首先是根据各组成部分的可靠度，计算或预测系统的可靠度，看它是否能满足规定的系统可靠性指标，若不能满足，则还要将系统规定的可靠性指标重新分配到组成系统的各单元中。

▶▶▶ 9.5.2 固有可靠性和使用可靠性 ▶▶▶

1. 固有可靠性

在系统寿命周期的各个阶段中，对可靠性影响最大的阶段是系统的设计阶段，这从影响可靠性的因素及它们对系统可靠性的影响程度可以看出。据国外统计资料显示，对可靠的影响：零(部)件材料占30%，设计技术占40%；制造技术占10%；使用(运输，操作安全、维修)占20%，其中现场使用占15%。

系统的固有可靠性就是指系统从设计到制造整个过程中所确定了的最终在产品上得到实现的可靠性。它是产品的内在性能，也就是一个产品(系统)设计制造出来后，它的固有可靠性就已确定。如果在设计阶段没有认真考虑可靠性问题，如元器件、材料选择不当，安全系数太低，检查、维修不便等，则在以后工作中无论采用什么样的制造手段，无论使用时如何谨慎，也很难达到可靠性要求。所以，在一定程度上说可靠性是设计出来的。

2. 使用可靠性

使用可靠性是指产品在使用中的可靠性。这是因为产品在生产出来后要经过包装、运输、储存、安装、使用和维修等环节，而且实际环境往往与规定的环境不一致。

▶▶ 9.5.3　研究可靠性的意义 ▶▶▶ ▶

1. 可靠性差的产品将会造成巨大和惨重的损失

在一个大的系统中，有数以万计的零件要协同工作，如果因为某一零件的可靠性差而导致系统失效，造成的损失是难以估计的，如卫星、飞船和核电站发生过的一些事件：美国发射"先锋"号卫星，由于一个 2 美元的元件失效，造成 220 万美元的损失；苏联三名宇航员在"敬礼"号飞船中由于一个部件失效而丧生；美国的三里岛核电站由于核反应堆系统增压器减压阀门出故障从而造成巨大的事故等。

2. 可靠性直接影响产品在市场中的竞争力

日本的汽车、发电设备、工程机械、日用电器等，由于具有很高的可靠性，产品畅销全球，获得了巨大的经济效益。在当今竞争日益激烈的社会里，只有具备高可靠性的产品才能在市场竞争中占有一定的份额，企业才能生存和发展，这已成为无可争辩的事实。

3. 现代武器系统的可靠性水平将影响战役的胜负和国家的安全与稳定

因为现代武器系统指挥、控制和通信的高度自动化是组成为一体的，所以在战争的对抗中，任何环节的可靠性问题都直接关系战斗的胜负。

总之，我们应当提高全民对可靠性的认识，努力去提高产品的可靠性，把损失减到最小，适应市场经济的形势，提高竞争力，促进企业的生存和发展。通过提高武器系统的可靠性来保证部队的战斗力。

▶▶ 9.5.4　可靠性设计 ▶▶▶ ▶

1. 可靠性设计内容

从广义上讲，可靠性设计包括系统可靠性分析、论证和可靠性设计的方法技术。可靠性分析论证包括可靠性预测、可靠性分配、可靠性指标确定等。可靠性设计技术包括提高可靠性、减少故障的技术措施选择、方案设计与实现、提高固有可靠性的设计、维修性及防止可靠性退化设计等，其中可靠性技术设计是保证系统可靠性的主要步骤。预防故障发生、及时消除危险(不可靠)环节、检测和发现故障是技术设计的主要任务。为了合理地进行可靠性技术设计，需要进行可靠性数据采集，进行元器件、零(部)件或子系统的可靠性实验。必要时需要进行原材料的分析试验，进行系统可靠性仿真等，以获取大量的可靠性数据，为系统可靠性设计提供依据。研究武器系统的可靠性设计，目的在于提高武器系统使用可靠性(包括储存、运输、维护的可靠性)，保证使用有效性。因此，应对武器系统的性能进行分析，并通过技术设计提高武器系统的固有可靠性，使武器系统从出厂到使用(或者说全寿命周期)具有较高的可靠性。

2. 可靠性设计的特点与要求

(1)全面平衡系统的可靠性与各种特性，为了提高系统的可靠性，有时可能导致系统性能下降，并增加系统成本。因此，在进行可靠性设计时，必须对系统使用性能、经济成本、可靠性、维修性等各种因素进行全面的权衡，使系统的总体性能达到最佳，并以此作为设计的依据。如为了提高可靠性而使设备复杂化、费用增加时，应该通过提高使用性能和减少运行费用来补偿。

(2)可靠性设计要对系统的各零(部)件或元器件按照特定的可靠性要求进行全面衡量,以降低产品系统的失效率,提高系统的可靠性,确保产品质量。

(3)可靠性设计的观点是通过可靠度和其他可靠性指标的提高来确保系统的安全与可靠。这不同于常规设计中增大安全系数或设计储备量来确保安全可靠的观点,这种观点对失效发生概率的认识更为合理。

(4)可靠性设计对安全度的评价不仅考虑安全系数,而且引入了可靠度和其他可靠性指标。即所采用的是一定可靠度下的安全系数,这比常规设计中只用安全系数一个指标的方法更为科学。

3. 可靠性设计原则

1)可靠性设计的指导思想

对武器系统进行可靠性设计时,首先要在保证其性能要求和经济指标的前提下,提高系统的可靠性。即总的指导思想应该是在保证武器系统性能、成本、研制生产周期的前提下,尽可能提高其可靠性。武器系统的可靠性要求常常作为战术技术指标由军方提出,必须予以保证。因此,问题就变成了在以可靠性及武器系统的作战使用性能为约束的条件下,尽可能降低成本,缩短研制生产周期。所以,武器系统可靠性设计的指导思想不能在性能、成本、效益方面有任何侧重,而只能是寻求武器系统性能(包括可靠性)、成本、效益、研制生产周期等方面的综合平衡。

现代武器系统将可靠性设计放在重要地位,实质是要贯彻全面考虑武器系统性能的"全寿命周期成本"的指导思想。

2)可靠性设计中应注意的问题

武器系统可靠性设计过程中,要注意以下问题。

(1)载荷对可靠性的影响:作用在武器系统上的载荷,来自不同的方向,有不同的形式,各内载荷、外载荷等都会影响武器系统的可靠性。在可靠性设计中应注意其所受最大载荷的作用,载荷变化(包括变化速率、频率)及其影响。

(2)环境对可靠性的影响:生产、储存、运输、使用的环境都会影响武器系统的可靠性。在可靠性设计中,应注意各种环境的作用强度、持续时间、变化速率及环境特性的最大值与平均值对可靠性设计的影响。

(3)人机工程对可靠性的影响:在武器系统的使用过程中,装调过程中,都要通过人的操作,人的生理素质、心理素质有时会影响武器系统的可靠性,对于人参与的操纵攻击尤其应特别注意。

(4)材料性能及其变化对可靠性的影响:材料性能本身对可靠性的影响是显而易见的。材料在各种外界因素作用下,性能发生变化又会严重影响武器系统的可靠性。随着环境温度、湿度变化,武器中的零(部)件变坏。例如:高温使金属材料力学性能下降;湿度过大,尤其是海水的作用、酸雨的作用使导弹零(部)件被腐蚀、性能变坏等,都会导致可靠性下降。考虑到这种影响,应提高可靠度。

(5)经验和技术设备的影响:武器系统可靠性设计中,生产研制经验,成熟技术采用的程度对可靠性也会有直接或间接的影响。经验丰富,有成熟技术可利用,就有利于提高产品的质量，容易达到较高的可靠性指标，在系统可靠性设计时，即可提出较高的要求。可靠性技术设计应尽量使用成熟的技术，并尽可能吸收成熟产品的研制经验。

3）可靠性设计的一般原则

为了实现武器系统可靠性设计的目标，达到可靠性指标要求，进行系统或子系统（组成单元）可靠性设计时应注意掌握以下一般原则。

（1）系统总体方案和子系统方案论证过程中要充分考虑可靠性要求，方案确定之前要进行可靠性预测。系统和子系统参数优化应包括可靠性指标与性能参数和成本之间的综合平衡，以全局最优为原则。

（2）系统总体方案设计、子系统及结构设计中，在保证系统总体性能要求的前提下，应使系统及结构组成尽量简化，力求将结构及元器件的数目减少到最小限度，结构的复杂性降至最低限度。即在保证满足功能和性能要求的条件下，组成越简单，构件越少越好。

（3）武器系统中一次使用的产品，可靠性逻辑框图设计原则上以串联结构为主，在不必要的情况下，尽量减小或消除冗余。在保证完成预定功能，达到性能（包括可靠性指标）要求的前提下应使冗余度减到最低程度。

（4）一次使用的武器系统，其结构材料的安全储备量，在达到可靠性指标要求的前提下，应尽可能减小。多次重复使用的地面发射装置、运载设备等，为了提高可靠性，可以有较大的安全储备量。

（5）为了提高武器系统的可靠性，应尽量采用模式化、模块化设计。电子设备应尽量提高集成化和数字化程度，尽量采用成熟的标准件，提高系统中各组成单元［零（部）件、元器件和零（组）件］的标准化程度。

（6）系统中的能源设备及其接插件应尽可能减少品种和系列，并尽量使用标准件，提高系列化和标准化程度。

（7）为了提高系统可靠性，系统和子系统中选用的元器件、零（组）件应经过寿命试验考核，选用性能指标达到上限的成熟产品。对新定型的产品应提出高可靠度的要求，并要贯彻军工产品从严要求的原则。

（8）武器系统的子系统中使用可修复设备或成品的安装和布置应保证便于操作、检测和维修，设备和成品本身应具有较高的可靠性和可维修性。可靠性设计中应尽量提高设备和成品的可靠性要求，以降低回修率。

4. 可靠性技术设计

可靠性技术设计的任务，一是提高系统固有可靠性的设计；二是防止可靠性减退的设计。后者主要是生产保障可靠性和维修设计，可参考有关文献。本节主要介绍提高系统固有可靠性的技术设计方法。

1）简化设计技术

所谓简化设计技术就是在保证系统功能，不影响系统性能，不降低可靠性指标要求的前提条件下，尽可能对系统的组成及其结构进行简化。

系统可靠性分析和失效机理的研究结果表明，组成系统的元器件、零（部）件数目越多，结构越复杂，失效率越高。因此，系统可靠性设计方法之一就是简化设计技术。

简化设计的方法可以有多种，常用的有：功能归一法，将同一功能由一个部件完成；

功能集中法，一个部件可以完成多种功能；最小化技术法，选用失效率最小的元器件等。简化设计的技术途径和各种方法，均应在保证系统的功能及特性要求，使整个系统的失效率降到最低限度的条件下进行。国内外的武器系统在可靠性设计中采用简化设计技术的有不少先例，如俄罗斯的通古斯卡弹炮一体化系统，将导弹火炮探测跟踪雷达火控系统集装在一个底盘上，一个设备可以完成多种功能；又如我国某导弹系统，电气系统设计中的运载器的微动开关采用一对节点，省去了弹上的末端开关和过载开关，实现了同一功能由一个部件完成。这样简化系统，减少设备和组成件即达到了提高系统可靠性的目的。

2) 冗余设计技术

为了提高系统可靠性，在系统设计中，对某些重要子系统采用并联备份，这是提高系统可靠性的有效方法。常常采用两个或两个以上的子系统[或零(部)件]来完成同一功能。武器系统中用的较多的是战斗部子系统，为了使保险可靠，常采用两级或三级保险；为了使战斗部可靠起爆，在战斗部中采用两个或两个以上的起爆发火装置。此外，在发射子系统中，为了可靠地将导弹发射出去，常在发射点火系统中并联备用子系统。

冗余设计实质就是为了提高系统可靠性，采用附加备份(子系统、部件、组件、零件或元器件)的设计方法。完成同一功能有两个以上的备份，一个备份失效，不致引起系统失效。这种在系统结构和组成上的冗余，对保证武器系统可靠地完成任务意义重大，所以这一途径在可靠性设计中被广泛应用。

冗余设计的主要优点是提高系统的可靠度，并有利于改善系统的维修性，即可提高系统的平均寿命，MTTF(或故障间隔 MTBF)。但是冗余设计也有缺点，最明显的缺点是由于系统组成结构、元器件或部件(子系统)增加，武器系统的质量、耗能量、成本会相应地增加，有时还会导致结构尺寸增大等。

因此，冗余设计也应遵循如下的一些基本原则。

(1)冗余系统的备份数应当适当，以满足功能要求，保证可靠为前提，取冗余度的下限，备份数不能过大。

(2)对于需要采用冗余设计的子系统(组成单元)应进行充分的分析计算，使其增加的结构质量和结构尺寸及元器件或[零(组)件]在满足性能要求，达到可靠性指标的前提下为最小。

(3)为了保证系统正常功能，且达到可靠度要求，一般采用工作冗余较好，它既能保证工作可靠，又不致增加太多的质量，并能起到降额设计的效果。当要求维修性好，体积、质量非主要矛盾(如地面设备)时可采用非工作冗余设计。

(4)系统的体积、质量、成本限制很严时，尽可能少用或不用冗余设计。反之，若系统的体积、质量限制不严时，而成本费用允许的条件下，对可靠性要求很高的系统可以采用组合式冗余设计。

3) 降额设计技术

所谓降额设计，就是系统可靠性设计中，有意降低系统中组成单元(子系统部件、机械结构件、电子元器件)所承受的载荷、应力等，使其在低于额定值条件下工作，以达到提高系统可靠性的目的。

采用增大安全系数或低于额定负荷使用，对于机械结构的零(部)件，可用增大安全系数提高可靠性。电子系统中可以使元器件在低于额定负荷(温度、电压、功率、应力等)条件下工作。这些措施都有利于提高可靠性,如纸介电容器在额定电压下失效率为 $7.5×10^{-7}/h$,而在 50% 额定电压下的失效率为 $0.5×10^{-7}/h$,即可靠性提高 15 倍;变压器在内部温度为 100 ℃时的失效率为 $1.1×10^{-5}/h$,在内部温度为 60 ℃时的失效率为 $0.05×10^{-5}/h$,即可靠性提高 22 倍。失效率降低的数量并不与工作水平降低成正比,它们之间存在一个极限值,超过极限值之后,再降低工作水平,对提高可靠性的作用不大。电子器件已有一些减额工作曲线和图表,给出了不同减额工作水平和不同温度下失效率的百分比,可以通过各种元器件手册查到。

另一减额使用是改善元器件的环境条件(如温度、湿度、振动、冲击等)。用密封、保温等措施均可改善元器件的环境条件,从而提高可靠性,如导弹仪器舱采用隔热、防震和消声的措施能提高系统的可靠性。

降额设计也应注意掌握如下的一些原则。

(1)系统中失效率较高,功能很强,采用其他技术途径难以达到提高可靠性要求的重要组成单元、子系统、结构件、元器件在必要时采用降额设计。

(2)降额设计中,对负载、应力等降低的幅值不能过大,并应经过仔细计算分析,尽可能通过试验考核,降额之后应确保系统(子系统、组成单元)的功能和可靠度要求,且不致引起性能下降。

(3)机械结构的应力不能降得太小(即安全系数不能过大),不能导致体积质量的大幅度上升。

(4)电子元器件在降额使用时应保证良好的工作特性曲线。线性元器件,降额只能在线性范围内,不能出现非线性。

系统可靠性设计中进行降额设计时,应提供一些可供参考的数据资料,包括以下几点。

(1)数学模型,包括计算系统部件、机械构件、电子失效率用的应力(或负荷)降额因子。

(2)系统组件在不同应力(或负荷)比值对应的一组应力与失效率的关系曲线。

(3)应力(负荷)与最大额定值百分数之间的工作特性曲线,即降额图。这些曲线通常把降额等级与某些临界环境因素或物理因素的联系描述出来。

(4)应力(负荷)等级的分区特性曲线,描述出供设计选择参考的包络线。

4)防护设计技术

系统的可靠性防护设计技术主要是指使用环境防护设计,就是把系统所受的环境应力(负荷)如温度、湿度、电磁场、风沙、海浪、云雾、盐雾、机械振动、冲击等降低到系统组件能够(或允许)承受的程度。

这种设计根据环境条件的能量辐射和负荷强度及载荷类型进行。例如:在热源附近工作的组件,进行防热、隔热设计;在电磁场附近工作的组件,进行防电磁辐射设计;在舰上使用的武器系统要进行防盐雾设计等。一般还需进行三防设计和电磁兼容设计。这些问题可参阅相关技术资料。

本章知识小结

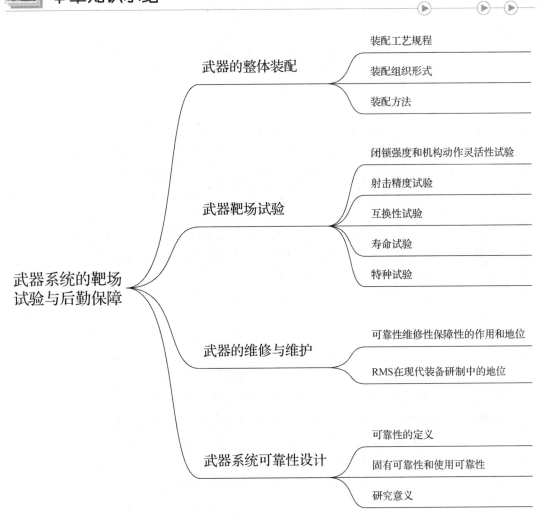

 习题

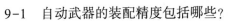

9-1　自动武器的装配精度包括哪些？

9-2　自动武器的装配方法一般有哪些？

9-3　为了保证武器使用的可靠性和生产的稳定性，需要进行的实弹射击试验项目主要有哪些？

9-4　考核自动武器寿命的指标有哪些？

参 考 文 献

[1]王先逵. 机械制造工艺学[M]. 北京：机械工业出版社，2019.

[2]王玉玲，李长河. 机械制造工艺学[M]. 北京：北京理工大学出版社，2018.

[3]胡忠举. 现代制造工程技术实践[M]. 3版. 北京：机械工业出版社，2014.

[4]薄玉成. 武器系统设计理论[M]. 北京：北京理工大学出版社，2010.

[5]康锐. 可靠性维修性保障性工程基础[M]. 北京：国防工业出版社，2014.

[6]唐雪梅，李荣. 武器装备综合试验与评估[M]. 北京：国防工业出版社，2013.

[7]唐庆源，董存学. 自动武器制造工艺学[M]. 北京：兵器工业出版社，1990.

[8]宋昭祥，胡忠举. 现代制造工程技术实践[M]. 北京：机械工业出版社，2019.

[9]傅水根. 机械制造工艺基础[M]. 北京：清华大学出版社，2010.

[10]李爱菊，孙康宁. 工程材料成形与机械制造基础[M]. 北京：机械工业出版社，2012.

[11]周桂莲，付平. 机械制造基础[M]. 西安：西安电子科技大学出版社，2009.

[12]熊良山. 机械制造技术基础[M]. 武汉：华中科技大学出版社，2020.

[13]许桂云，袁秋，杨阳. 机械制造基础[M]. 成都：西南交通大学出版社，2021.

[14]鞠鲁粤. 机械制造基础[M]. 上海：上海交通大学出版社，2020.

[15]陈国光. 弹药制造工艺学[M]. 北京：北京理工大学出版社，2010.

[16]王启平. 机械制造工艺学[M]. 哈尔滨：哈尔滨工业大学出版社，1997.

[17]赵小冬，潘一凡. 机械制造基础[M]. 南京：东南大学出版社，2000.

[18]费从荣. 机械制造工程实践[M]. 北京：中国铁道出版社，2000.

[19]童秉枢. 机械CAD技术基础[M]. 北京：清华大学出版社，2000.

[20]陈红霞. 机械制造工艺学[M]. 北京：机械工业出版社，2006.

[21]刘等平. 机械制造工艺及机床夹具设计[M]. 北京：北京理工大学出版社，2008.

[22]周世学. 机械制造工艺与夹具[M]. 2版. 北京：北京理工大学出版社，2006.

[23]张世昌. 先进制造技术[M]. 天津：天津大学出版社，2004.

[24]陈旭东. 机床夹具设计[M]. 北京：清华大学出版社，2010.

[25]艾兴. 高速车削加工技术[M]. 北京：国防工业出版社，2004.

[26]王先逵. 机械加工工艺手册[M]. 2版. 北京：机械工业出版社，2007.

[27]傅水根，张学政. 机械制造工艺基础[M]. 3版. 北京：清华大学出版社，2010.

[28]杨平. 数字化设计制造技术概论[M]. 北京：国防工业出版社，2005.

[29]刘飞. 制造系统工程[M]. 2版. 北京：国防工业出版社，2000.

[30]王隆太. 先进制造技术[M]. 2版. 北京：机械工业出版社，2015.